介质阻挡放电等离子体/催化剂协同有机废水处理技术

王慧娟　董进波　解清杰　著

中国环境出版集团・北京

图书在版编目（CIP）数据

介质阻挡放电等离子体/催化剂协同有机废水处理技术/王慧娟，董进波，解清杰著. -- 北京：中国环境出版集团，2024.5

ISBN 978-7-5111-5868-0

Ⅰ. ①介… Ⅱ. ①王…②董…③解… Ⅲ. ①有机废水处理 Ⅳ. ①X703

中国国家版本馆 CIP 数据核字（2024）第 103721 号

策划编辑 葛 莉
责任编辑 范云平
封面设计 宋 瑞

出版发行 中国环境出版集团
（100062 北京市东城区广渠门内大街 16 号）
网 址：http://www.cesp.com.cn
电子邮箱：bjgl@cesp.com.cn
联系电话：010-67112765（编辑管理部）
发行热线：010-67125803，010-67113405（传真）

印 刷 北京中科印刷有限公司
经 销 各地新华书店
版 次 2024 年 5 月第 1 版
印 次 2024 年 5 月第 1 次印刷
开 本 787×960 1/16
印 张 15
字 数 250 千字
定 价 69.00 元

前 言

随着社会经济的发展，排入环境的毒性新有机物种类和浓度不断增加，造成有机废水污染问题日益严重。毒性新有机物是一类具有高生物毒性、难降解、可远距离传输，并会随食物链在动物和人体中富集、放大的污染物，极具危害性。近年来，高级氧化技术因其高效分解水体中的有机污染物而成为各国学者的研究热点。为了进一步提升高级氧化水处理技术的作用效果及应用效率，各种以高级氧化为核心的协同技术应运而生。

作为高级氧化技术的一种，低温等离子体技术已被成功用于挥发性有机物（VOCs）的降解、水体中难降解有机污染物的处理、有机污染土壤的修复及材料改性等多个领域。但是，能量利用效率低的问题一直制约着该技术的发展。添加催化剂被认为是提高低温等离子体体系能量利用效率及作用效果的主要途径。本书聚焦于介质阻挡放电等离子体这一研究较多的低温等离子体技术，介绍了介质阻挡放电等离子体与不同催化剂相协同的有机废水处理技术，书中选用的催化剂包括纳米金属氧化物、石墨烯-金属氧化物复合物和金属氧化物-纤维素膜等，介绍了这些协同处理技术在处理水体中各种新有机污染物，如内分泌干扰物和抗生素等方面的处理效果与作用机理。本书对于高效矿化有机废水、提高低温等离子体系统的能效、推进催化剂材料及介质阻挡放电等离子体技术在水处理领域的应用具有一定的参考价值。

本书汇集了作者近几年基于介质阻挡放电等离子体技术，在水体新污染物降解研究中所获得的第一手资料。在此，感谢闫欣、毛丹妮、沈舟、张会会、胡坤、宋世林等同学在本书所涉及的实验系统建立、样品采集、数据整理与分析等试验、研究工作中的辛勤努力和付出！特别感谢江苏满江春城市规划设计研究有限责任公司和镇江市水业有限责任公司团队在课题研究过程中给予的大力支持！在相关课题的完成及本书写作过程中，周晓红、肖思思、韩松和杜彦生等老师提供了指导和帮助，在此表示衷心感谢！

由于作者水平有限，书中难免存在不妥之处，真诚地期待专家和读者不吝赐教，提出宝贵意见。

作者

2024 年 4 月

目 录

第1章

水体新污染物及危害

1.1 水体新污染物

科技发展带给人们便捷生活的同时，也在某些方面使环境污染程度不断加深。近年来，水体中的新污染物逐渐被关注和重视。新污染物这一概念最早于2003 年由 Petrovic 等提出，之后迅速成为国内外环境领域的研究热点。习总书记在 2018 年全国生态环境保护大会上提出要对“新的污染物”治理展开专项研究和前瞻研究。2022 年 5 月 4 日，国务院办公厅《关于印发新污染物治理行动方案的通知》（国办发〔2022〕15 号），新污染物治理由此正式成为我国国家层面的行动计划。2023 年全国生态环境保护大会再次强调“持续推进新污染物协同治理和环境风险管控”[1]。

新污染物种类繁多，目前，国内外广泛关注的新污染物主要包括持久性有机污染物、内分泌干扰物、抗生素、微塑料等。与常规污染物相比，它们难以降解、风险隐蔽，且具有生物毒性、环境持久性和生物累积性等特点。进入环境的新污染物通常难以自然降解，常规的水处理方法也难以将其完全去除，导致其在水环境中广泛分布，某些物质在迁移和转化过程中还有可能产生新的结构和性质，对生态系统和人类健康构成威胁[2]。因此，寻找清洁高效的处理技术解决水体新污染物问题是环境领域的重要研究方向。

1.2 环境激素类废水的特点及危害

20 世纪后期，人类乳腺癌、睾丸癌的发病率呈逐年上升趋势，同时水生动物也出现了生殖器官发育不成熟的现象。经研究发现，环境中一类具有雌激素效应的化合物会干扰人体的内分泌系统，影响人体的生殖发育机能。1977 年，日本学者首次提出了“环境激素”的概念，此后，在《被夺去的未来》一书中，这一概念被再次提及。2010 年，研究发现在个别婴儿奶粉中含有环境激素，会导致婴儿性早熟，这一发现使“环境激素”这一名词被中国广大民众所熟知。2011 年，在儿童玩具中检测出邻苯二甲酸酯这一环境激素类物质超标，它会严重影响儿童的成长发育[3]，这进一步加剧了人们对环境激素类新污染物的关注。

环境激素是一种可以改变内分泌的外源性有机污染物，在自然环境中无处不在，又被称为内分泌干扰物质、环境荷尔蒙或环境雌激素等。该类有机化合物可以模拟生物体内源激素，阻碍内源激素与受体结合，从而抑制内源激素的分泌，导致机体内分泌失调，最后影响生物体的生殖、发育等功能。此外，环境激素可以通过食物链富集，从而对人体、神经等产生多种毒性影响，具有一定的致畸、致癌风险。目前较为典型的、影响较大的环境激素类化合物主要包括酚类、邻苯二甲酸酯类、多氯联苯类及 DDT 等[4]。它们一般来源于雌激素类药品、农药、激素饲料、化妆品和工业生产过程，与人们的生活密切相关，需要高度重视。

环境激素可存在于空气、水、土壤等多种介质中，具有持久性、广泛性及难降解的特点，对生物的繁殖构成了巨大的威胁。空气和土壤中的环境激素可以通过降水、地表和地下径流，汇聚排入河流等水体中。因此，针对水环境中环境激素的降解是当今水环境治理领域的热点研究课题之一。

1.3 抗生素类废水的特点及危害

抗生素是由微生物（包括细菌、真菌、放线菌属）或高等动植物等所产生的具有抗病原体的次级代谢产物，能干扰细胞的发育功能。1928 年，英国细菌学家弗莱明在培养皿中培养细菌时首次发现了青霉素，随后，一系列的抗生素被发现或合成，并应用于抑菌或杀菌领域。抗生素具有生物活性，可以抑制蛋白质、核酸和细胞壁的合成，还可以抑制 DNA 的复制和细胞分裂[5]，因此被广泛用于预防和治疗细菌性疾病。

抗生素的种类多达上万种，根据其化学结构进行分类，包括磺胺类（SAs）、四环素类（TCs）、氟喹诺酮类（FQs）、大环内酯类（MLs）、β-内酰胺类（BLs）和氨基糖苷类等[6]。抗生素类药物在有机体内的代谢相对缓慢，且只有少部分能被机体吸收转化为无活性的物质。因此，使用后的大部分抗生素仍会通过多种途径（地表水、地下水、沉积物和土壤）从源头（如排泄物、经处理的城市废水、水产养殖废弃物和垃圾填埋场渗滤液等）不断地进入环境[7]。如今，在地表水、地下水及沉积物等水环境中，抗生素类药物已被频繁检出。这些进入环境的抗生素对人类健康和生态环境构成了潜在威胁。

作为难降解的有机化合物，大多数进入环境的抗生素仍以原型或代谢物的形式存在于环境中。抗生素污染一旦形成，首先，会对水生生态系统产生不利影响，主要表现为抑制或杀灭一些有益的微生物，打破微生态平衡[8]；其次，通过食物链的传递影响其他生物及高级生物的生长，进而造成水生生态系统的失衡；再次，滥用抗生素还会导致一系列的人类健康问题，包括过敏反应、消化功能异常、器官损伤等；最后，抗生素药物还能够诱导细菌产生耐药性，从而促进耐药细菌和基因的增殖和扩散，间接形成对人类健康的潜在威胁[9]。

基于环境激素类物质和抗生素的危害，众多研究者利用多种水处理工艺对其降解和去除做了大量的研究。但是，由于大多的新污染物，特别是抗生素类物质结构复杂，含环境激素类物质和抗生素类物质的废水降解难度大，且去除机制有待进行更为深入的研究，因此，开展针对水体环境激素类和抗生素类污染物的高效去除效果与机制的研究显得尤为重要和有意义。

1.4　水体有机物处理技术的研究进展

废水处理是一个复杂的系统工程，水体中有机污染物的处理技术也在不断地发展。目前，国内外针对废水中有机物的处理方法主要有：化学法、物理化学法、生物法以及氧化过程涉及羟基自由基（•OH）的高级氧化技术。各类方法的具体分类、原理和应用总结如下。

1.4.1　化学法

化学法[10]是利用化学反应或者化学手段将废水中呈溶解状态的有机污染物进行分离和去除或将其转化为无毒或者微毒物质的处理方法。目前最常用的化学法有絮凝沉淀法及氧化法。

1.4.1.1　絮凝沉淀法

絮凝沉淀法通过向废水中添加混凝剂来破坏水体中细微悬浮颗粒和胶体

的分散系，使其聚集为有沉降能力的絮凝体，最终通过重力作用沉降到水底，最终达到水体中有机污染物去除的目的。该方法工艺简单、费用低、效率高、占地面积少，一般多用于染料废水的处理。

常用的混凝剂主要有硫酸铝、三氯化铁、硫酸亚铁及一些高分子缓凝剂等。张美华等[11]用聚铁作为絮凝剂处理淀粉废水，处理 90 min 后，COD 去除率达到 95.7%。赵若尘等[12]用絮凝沉淀法处理染料废水，染料的脱色率、COD 去除率及 SS 去除率分别达到 60%、20%及 40%。张林生等[13]用硫酸亚铁作为混凝剂来处理染料废水，结果发现硫酸亚铁对染料废水的处理效果十分显著，机理主要表现为 Fe^{2+}能与含有孤对电子基团的染料分子发生络合反应，形成大分子络合物，最后被吸附在 Fe^{2+}水解产物上继而被分离出去。

1.4.1.2 氧化法

氧化法主要通过添加化学氧化剂使之与有机物发生化学反应，破坏有机物的分子结构，改变其化学性质，从而达到无害化的目的。常用的氧化剂主要有臭氧、过氧化氢、二氧化氯和高锰酸钾。

臭氧能够氧化的有机物有很多，如氨基酸、有机胺、蛋白质、芳香族、腐殖质、链型不饱和化合物、木质素等。臭氧与有机物反应主要有两种途径，一种是与有机物直接反应，该反应有选择性，但速度慢，反应速率常数通常在 100～10^3 $M^{-1}\cdot s^{-1}$。另一种是转化成•OH 间接与有机物反应，该反应无选择性，但速度快，反应速率常数一般为 10^8～10^{10} $M^{-1}\cdot s^{-1}$，但其本身的无用耗费量也比较大。亓丽丽[14]用臭氧氧化水体中的对氯苯酚，结果表明臭氧作用于对氯苯酚 20 min 后，去除率可达 68.67%，氧化 60 min 后，对氯苯酚可被完全去除，且两种途径均参与对氯苯酚的降解。Trapido[15]用臭氧氧化芘、蒽、菲等多种芳香族化合物，结果表明，臭氧与大多数芳香族化合物反应都相当快。许芝[16]的研究表明臭氧对酸性染料处理 1 h 后，脱色率可达 99.9%，COD 去除率可达 78%。一般认为，臭氧氧化有机物的速率顺序一般为链烯烃＞胺＞酚＞多环芳烃＞醇＞醛＞链烷烃。

过氧化氢是一种弱酸，一般作为氧化剂与有机物发生化学反应，只有遇到比自身氧化能力更强的氧化剂时才会起到还原剂作用。一般在碱性溶液中的氧化反应要比在酸性溶液中快得多。过氧化氢作为氧化剂的一个重要优点就是其氧化有机物过程中不会给溶液带来新的杂质离子。在实际应用过程中，过氧化氢主要是与亚铁离子形成 Fenton 试剂[17]，该试剂作为较强的氧化剂自从 1984 年提出以来，在环境污染治理、精细化工、医疗化工、有机合成等众多领域已得到广泛应用，能够有效地处理酚类、氰化物、硫化物、芳烃类等难降解有机物。

二氧化氯是一种较强的氧化剂，遇水会很快分解，能够同时产生多种强氧化剂，如 $HClO_3$、$HClO_2$、Cl_2 等，具有较强的杀菌作用及脱色除臭等功能。二氧化氯在氧化有机物的过程中，具有氧化能力强、速度快、不会发生取代反应、不会产生卤代物和无二次污染等优点。唐世刚等[18]采用二氧化氯来处理苯酚废水，结果表明，二氧化氯处理初始浓度为 8 mg/L 的苯酚溶液 20 min 后，苯酚的去除率达到 93%，且溶液 pH 对苯酚的去除率影响较大，苯酚溶液 pH 的范围应控制为小于 8。近年来研究偏向于利用二氧化氯与其他技术联合来大幅提高有机废水的可生化性，金小龙等[19]利用活性炭与二氧化氯联合催化技术降解含酚废水，在 pH＜8 情况下，COD_{Cr} 的去除率达到 90%，同时催化剂活性炭得到再生，是一种有效的含酚废水的处理方法。

高锰酸钾在一定的 pH 范围内是一种较强的氧化剂。在氧化有机物的过程中不会产生有毒有害的卤代物，降解产物为絮凝性的 MnO_2，可以吸附水体中的有机物，提高有机物的去除率[20]。高锰酸钾降解有机物反应操作简单，对环境要求不高，是一种高效的有机物处理方法，近年来该技术得到不断地推广与应用。蔡东鸣等[21]用高锰酸钾对不同染料进行脱色处理，结果发现，高锰酸钾在酸性条件下有利于染料的脱色，对罗丹明 B 的脱色效果可达 99.9%。李国亭等[22]研究了紫外光协助高锰酸钾联合降解四环素，研究结果表明，用 254 nm 紫外光协同高锰酸钾降解四环素比单独的高锰酸钾处理效率提高了 21%。这说明，将高锰酸钾氧化技术与其他技术相联合能够提高有机物的降解率，也是该技术未来发展的方向之一。

1.4.2 物理化学法

废水处理的物理化学法就是利用物理和化学的综合作用去除水中有机物

的方法。该方法主要针对水体中难生物降解的有机物或胶体物质。既适应对浓度较低的污水进行深度处理，又适应对浓度较高的废水进行原料回收。废水的物化法主要有吸附法、萃取法、离子交换法、电渗析法、反渗透法、超过滤法等。

吸附法是利用多孔固体物质作为吸附剂吸附废水中有机污染物的方法，是吸附剂、溶质与溶液三者之间的相互作用的结果。常用的吸附剂有活性炭、树脂、活性纤维、沸石和腐殖酸等。吸附剂处理废水应用范围广，可用于脱色、除臭，对水体中重金属离子、可溶性有机物、放射性元素及细菌等脱除效果好，在实际应用中越来越受到人们的重视。刘敏敏等[23]用生物活性炭处理废水中的甲醇，底物浓度在一定范围内时，甲醇的去除率可达 80%以上。Bolto 等[24]利用阴离子交换树脂吸附水体中溶解性有机物，去除率最多可达 91%，尤其对带电荷的小分子溶解性物质去除效果更加显著。周岩梅等[25]用 3 种腐殖酸吸附水体中的多环芳烃，3 种腐殖酸在不同吸附阶段吸附多环芳烃的规律和模式有很大的区别。但吸附法也存在一定的缺点：预处理要求高，吸附材料的重复利用率差，成本较高，多用于废水的深度处理。

萃取法是根据溶质在两种互不相容的溶剂中（通常一种为水）溶解度不同，将溶质从一种溶剂分离到另一种溶剂的技术。废水的萃取处理法就是利用分配定律原理，用一种与水互不相容但对废水中某种污染物溶解度大的有机溶剂来提取该有机物，然后分离有机溶剂与与废水，最终达到废水处理的目的。在实际废水处理中，该方法主要去除废水中一些溶解性物质，对一些酚类、染料等处理效果较好。万辉等[26]用 BF_4 离子液来提取酚类化合物，对苯酚及邻甲酚萃取 10 min 即可达到平衡状态，萃取率超过了 90%。骆广生等用正丁醇作为萃取剂，同时与电萃取联合对染料进行分离，实现了染料回收及溶剂再生。萃取法操作复杂、精度要求高、难度大、对溶剂本身要求高，否则容易造成二次污染。

离子交换法利用离子交换剂与废水中的有害离子进行等当量交换，从而达到去除废水中有害离子的目的。该方法在许多方面都与吸附法相类似，离子交换的特点主要是吸附离子化的物质与等当量的离子进行交换。目前，水处理过程中离子交换剂主要是人工合成的离子交换树脂。离子交换的主要优点有：离子去除率高、设备简单和易操作。卢卫国等[27]用离子交换法对谷氨酸转化液中残留的γ-氨基丁酸进行提取，在一定的操作条件下，γ-氨基丁酸回收率可达 80%。陈卫等[28]研究了磁性离子交换树脂对水中有机物的去除，结果表明，磁性离子交换树脂能够有效去除水体中的有机物，对水中 UV254 的去除率可达 82%，COD_{Mn} 的去除率可达 50%，对磁性离子交换树脂预处理能够强化混凝沉淀进而提高有机物的去除率。但是，离子交换法也存在一定问题，废水的预处理高，离子交换剂品种少且成本较高，离子交换剂的再生及再生液的处理也是未来要解决的难题。

电渗析法是在直流电场的作用下，以电位差作为推动力，利用荷电离子交换膜的选择透过性（阳离子膜只允许阳离子通过，阴离子膜只允许阴离子通过），把电解质从溶液中逐渐分离出来，从而达到溶液精致、提纯、浓缩和淡化等效果。该方法在水处理应用中，具有耗能少、污染小、实用寿命长、效果显著、操作和维修方便等的优点，通常应用于海水淡化、轻工、造纸、环境保护等领域。李碧柳[29]用电渗析法处理废水中的苯胺，在一定条件下苯胺去除率可达 99.4%，且能耗较低，为 0.71 W·h/L。雷智平[30]用双极膜电渗析技术处理氨基酸废水，一方面使得低浓度和饱和浓度的氨基酸废水得到分离，另一方面回收得到了氨基酸，从而达到了双重的目的。但是，电渗析技术也存在不足之处：对水中不离解或者难离解的有机物难以去除，电解过程中易产生极化结垢和中性扰乱现象。

反渗透法又称逆渗透法，是利用压力差为推动力的膜分离方法。当对膜一侧的料液施加的压力超过它的渗透压时，溶剂会顺着与自然渗透相反的方向渗透。该方法可在常温下操作，无须加热，物料在分离过程中没有相变化，可处理水中溶解性固体及有机物或者胶状物质，是一种使用范围较广的膜分离技术，目前该技术已应用于海水淡化、自来水净化、化工分离、食品工业等领域。仲惟雷等[31]用反渗透技术处理印染废水，出水能够满足印染厂工艺用水的水质指标，实现了印染废水的重复利用。曾杭城等[32]用反渗透技术处理废水中大分子有机物，去除率可达 99%，处理后 COD 浓度小于 10 mg/L。但是，反渗透技术也面临一些问题，例如，操作压力问题、膜污染问题和高浓度废水水处理问题等，这些都是该技术在今后发展中需要解决的。

超滤法是一种以压力差作为推动力，按粒径大小作为基准，选择和分离溶液中的微粒和大分子物质（分子量＞500）的膜分离操作技术。超过滤法的主要用途是溶液过滤和澄清，以及大分子溶质的分级。超滤法处理废水具有操作简单、占地面积小、出水水质稳定、管理方便等优点。目前主要应用于电泳喷漆废水处理、含油废水处理、纺织废水处理、生活污水处理等众多领域。刘可[33]利用超过滤技术与微絮凝联合对微污染水体进行处理，结果表明，对浊度的去除率达到 99%，COD_{Mn} 去除率达到 53.4%。UV254 去除率达到 36.3%。马立艳[34]使用超滤法处理含油废水，去除率高达 93.26%，COD_{Cr} 去除率为 89.90%，且出水未发现悬浮物。虽然超滤膜技术被广泛应用于很多领域，但是膜的污染和膜通量较少的问题限制了该技术的发展。

1.4.3 生物法

废水的生物处理法是利用自然界广泛存在的微生物的新陈代谢作用，对废水中的污染物（主要是有机物）进行分解和转化的方法。废水的生物处理法就是建立在环境自净的基础上，人为地创造有利于微生物生长和繁殖的环境，促进微生物的新陈代谢作用和繁殖能力，提高微生物转化有机物的性能，进而达到废水的净化目的。根据有机物对溶解氧的需求不同，废水生物处理法可分为好氧法和厌氧法。

1.4.3.1 好氧生物处理法

好氧生物处理法是微生物利用水中存在的溶解氧进行分解和转化污染物的方法。好氧生物处理法主要包括活性污泥法和生物膜法。活性污泥法主要是利用污泥上存在的微生物或者微型动物来分解和转化废水中的有机物，使废水中的有机物得到去除的方法。生物膜法是与活性污泥法相类似的一种废水处理方法，原理主要是使微生物或者微型动物附着在滤料或者某些载体上生长繁殖，并在这些滤料和载体上产生膜状的生物膜，生物膜上的微生物能够分解和消耗废水中的有机物，最终达到废水净化的目的。好氧生物处理法处理效率高、速度快，且经济可靠，目前被广泛应用于污水的处理。官宝红等[35]用好氧法处理印染废水，发现好氧活性污泥能够快速有效地降解废水中的苯二甲酸，去除率大于 99%，COD 去除率大于 90%。林伟雄等[36]用生物膜法处理矿尾矿库废水，水力停留时间为 2 d，利用 50 cm×25 cm×0.4 cm 的已挂优势微生物的黏胶生物载体处理 50 L 废水，净化效果较明显，处理后的 COD 一般维持在 40 mg/L 左右，符合国家规定的出水要求。

1.4.3.2 厌氧生物处理法

厌氧生物处理法是厌氧微生物在断绝供氧的情况下，分解或转化废水中的有机物为简单的有机物或者无机物的处理方法。厌氧微生物一般繁殖比较缓慢，在实际水处理过程中，为了保持高速率的厌氧处理，一般需要满足两个原则：①维持足够的厌氧活性污泥及较长的污泥龄；②保证污泥与废水之间能够充分接触。与好氧生物处理法相比，厌氧生物处理法处理过程消耗的能量少，对有机物处理的效率更高，处理后的污泥一般可以作为优质肥料，且处理过程中一般不需要额外添加营养物质。Razo-Flores 等[37]在中温的情况下，利用上流式厌氧污泥床反应器来处理染料废水，染料废水能够被完全脱色和降解，同时研究还表明一些偶氮染料可以为厌氧细菌繁殖所需的 C、N 及能量。但厌氧处理也存在一定的问题：一般废水经厌氧生物处理后，还会存在一定的浓度的 BOD 及 COD，因此处理后出水有臭味，还需要好氧处理；厌氧菌的繁殖比较缓慢且对环境要求十分严格。

在实际应用过程中，为了拓展两种技术的适用范围及提高有机物的去除效率，近年来研发了将好氧和厌氧（缺氧）两种技术联合的多单元的综合工艺。例如，A/O 工艺、O/A 工艺、A/A 工艺、A^2/O 工艺、O-A/O 工艺、A-A/O-O 工艺及 Phoredox 法等联合工艺。该联合工艺被广泛应用于废水的脱色除臭及脱氮除磷。荷兰帕克公司使用 O/A 连续工艺，成功将该国 TenCate 纺织厂的废水漂白和染色。该水处理工艺将厌氧反应器和好氧曝气池联合使用，废水的脱色率达 90%左右，且脱色过程大部分发生在厌氧反应器和预酸化池[38]。毕学军等[39]用倒置的 A^2/O 工艺进行脱氮除磷，结果发现，较正常的 A^2/O 工艺，倒置后的工艺对脱氮除磷的效果更加显著，且出水 PO_4^{3-}-P 明显降低，比反硝化速率可提高 30%～50%。随着技术不断发展，在水处理过程中，将好氧与厌（缺）氧与其他治理方法相联合，也是当今废水领域的热点。例如，A-SBR

工艺、综合塘（AIPS）及超滤-活性污泥法复合法等。李亚峰等[40]用多级交替式 SBR 工艺进行脱氮除磷，在一定的运行参数下，COD、TN、TP 的平均去除率分别达到 97.34%、90.78%和 92.14%，在一定温度条件下，活性污泥培养 2 个月就能完成驯化，达到污水处理要求。

生物法是废水处理的主要工艺，具有经济可靠、管理简单、效率高、无二次污染等优点。作为有机废水二级处理的重要手段，被广泛应用于制药、印染、农药等工业废水及生活污水的治理。但是生物法处理废水也存在一定问题，如占地面积大、处理周期长、出水水质不稳定等。微生物繁殖需要特定的环境，如水质 pH、溶解氧、温度及营养元素等都会影响微生物的新陈代谢作用，因此需要严格控制微生物的生存环境才能维持该技术的正常运行。再加上微生物对有机物降解的选择性，废水中的某些有机物不能够降解或者完全降解，使废水需要进一步处理才能满足要求。

1.4.4 高级氧化技术

高级氧化技术（advanced oxidation technologies，AOTs）是 20 世纪 80 年代由 Glaze 等提出的一种新兴水处理技术，是以•OH 为主要氧化剂氧化水体中有机物的方法。该方法主要是借助于各种光、电、声、磁等物理及化学作用产生的大量的•OH 氧化有机物。•OH 具有极强的氧化性，氧化能力仅次于氟（普通氧化剂分子及基团的氧化电位见表 1-1），几乎可以无选择性地氧化水体中各种有机物，尤其对水体中高毒性、持久性难降解的有机物，可在短时间内将这些有机物氧化成可生化降解小分子物质或无机物，达到无害化的目的[41]。

表 1-1 羟基自由基和水处理工程中常用氧化剂的氧化还原电位

氧化剂	氧化还原标准电极电位/V
•OH	2.80
O_3	2.07
H_2O_2	1.77
MnO_4^-	1.51
ClO_2	1.50
Cl_2	1.30

目前高级氧化技术已成为国内外水处理领域的热点，根据反应条件不同及自由基的产生方式的差异，可分为臭氧氧化法、光化学及光催化氧化法、电化学氧化法、Fenton 法及类 Fenton 法、超声氧化法、湿式氧化法和超临界氧化法、低温等离子体法等。有关新污染有机废水高级氧化处理方法将在第2章详细介绍。

第2章

有机废水高级氧化处理方法

水体新污染物具有热稳定性和光稳定性，且降解难度大，传统的水处理方法难以高效去除，如物理法处理效率低、能耗大，且存在二次污染问题；化学法成本较高，对促成化学氧化反应所需化学药品有严格要求，且因存在氧化不彻底的问题而仍无法保证出水水质；生物法处理速度缓慢，周期长，且所用微生物易受外界影响，此外，经生物处理的难降解有机废水出水水质仍难以达标。

相较于传统的有机废水处理方法，高级氧化技术（AOTs）是利用光、电、声、磁等物理或者化学反应产生高活性的羟基自由基（•OH）等强氧化性物质作用于目标有机物，将废水中难降解的大分子毒性有机物质分解为毒性相对较低或无毒的小分子有机物质，进而将有机物彻底矿化为无机物的氧化技术。高级氧化技术具有高效降解难降解有机物、适用范围广、处理速率快等优势，因而在新污染物处理领域备受关注。常见的高级氧化技术包括臭氧氧化法、光催化氧化法、电化学氧化法、Fenton 氧化法和低温等离子体技术等。

2.1　臭氧氧化法

臭氧（O_3）氧化法是常规水处理方法的有效替代方法。O_3 具有高的氧化电位（2.07 V），属于强氧化剂，能够氧化多种有机、无机化合物。已知 O_3 在水溶液中的氧化过程主要通过两个途径：一是 O_3 直接氧化目标有机物；二是 O_3 在液相中反应生成•OH（氧化电位为 2.8 V），进而间接氧化有机物[42]。Urbano 等[43]考察了水溶液中磺胺喹啉（sulfaquinoxaline，SQX）的催化 O_3 氧化降解过程，发现溶液的 pH 会改变氧化机制（直接或间接）。基于溶液 pH 变化对 O_3 作用效果的影响，O_3 氧化法一般适用于 pH 较高的有机废水处理，有利于产生更多的•OH 等活性物质。但是，由于 O_3 氧化法存在 O_3 溶解度较低、氧化不充分、选择性氧化、O_3 制备的经济成本较高，以及对有机废水中的化学需氧量（COD）去除效果不理想等问题，在实际应用中一般选择与其他工艺联合使用。

2.2 光催化氧化法

光催化氧化法是指催化剂在光子激发下产生电子（e^-）和空穴（h^+）对，电子和空穴可以进一步反应生成•OH 等活性氧物质，这些活性氧物质能够与废水中的有机组分发生反应，使其降解。已有研究证实，单独的光化学工艺对抗生素的降解效果并不理想，而利用半导体材料辅助形成光催化作用是一种有效消除抗生素等难降解有机物的方法。但在光催化过程中，电子-空穴对的快速复合等问题也会影响其降解效果，为提高催化效率，可以通过单一掺杂或共掺杂的方法来增强催化剂的性能，常用的掺杂剂有银（Ag）、镁（Mg）、铜（Cu）、钌（Ru）、铷（Rb）、硫（S）、氮（N）和磷（P）等元素。光催化氧化过程中，光催化剂对高效降解有机物起着决定性的作用，但量子产率低、对可见光利用率不高和稳定性不足等问题限制了该技术的实际应用。

2.3 电化学氧化法

电化学氧化法是通过电解池中电极的反应直接或间接与溶液中的污染物发生作用，使其氧化分解。该方法包括直接氧化和间接氧化两种过程。直接氧化利用电子转移在阳极表面直接氧化有机污染物；间接氧化则通过电极与水和空气发生反应，生成•OH、次氯酸（HClO）、氯气（Cl_2）、O_3等强氧化性物质，这些物质继而作用于目标污染物，促使其分解。电化学氧化法易于控制、能够进行连续操作且不需要添加额外的化学品，属于环境友好型技术。然而，对于低浓度的有机废水，传统电化学氧化工艺的效率会受弱质量传递限制而被削弱，且可能产生毒性更高的中间产物。针对这些问题，研究者通过开发新型电极材料或将电催化材料与电极相结合，制备出催化电极材料来提高电化学氧化法的反应速率。金属氧化物，如三氧化钨（WO_3）、二氧化锡（SnO_2）、二氧化锰（MnO_2）和三氧化钼（MoO_3）等，由于具有环境友好、无毒、高稳定性和良好的催化活性等优点，已作为电催化活性材料被引入电化学领域，但是，这些材料较低的导电性和比表面积又限制了其在电催化应用中的效果。

2.4 Fenton 氧化法

Fenton 氧化法是应用最早的一种高级氧化技术，它通过 Fe^{2+}和 H_2O_2 的氧化还原反应，生成•OH 作用于目标有机物，从而实现有机物的氧化分解。该方法在抗生素废水处理中的作用机制主要包括两个方面：①Fe^{2+}和 H_2O_2 反应生成的•OH 作用于目标有机分子；②反应中生成的 $Fe(OH)_3$ 可用作絮凝剂，吸附、絮凝部分污染物，具体反应如下：

$$Fe^{2+} + H_2O_2 \longrightarrow Fe^{3+} + \cdot OH + OH^- \quad (2.1)$$

$$\cdot OH + \text{目标有机物} \longrightarrow \text{氧化产物} \quad (2.2)$$

$$Fe^{3+} + 3OH^- \longrightarrow Fe(OH)_3 \quad (2.3)$$

与其他高级氧化技术相比，Fenton 氧化法具有处理时间短、速度快、操作简单等优点，因而被广泛应用于有机废水处理。针对 Fenton 氧化过程中 H_2O_2 利用率低的问题，类 Fenton 氧化工艺开始受到研究者的重视。这种工艺将 Fenton 法与光、电、声等技术结合，或使用过渡金属代替 Fe^{2+}，以实现污染物的更高效降解。类 Fenton 氧化过程不仅使催化剂的回收利用率得以提高，也降低了 H_2O_2 的投加量；但是，受溶液 pH、温度，以及 H_2O_2 和 Fe^{2+}添加量等因素的影响较为显著。

2.5 超声氧化法

超声氧化法是利用超声波（一般在 16 kHZ～1 MHz 范围内）辐射溶液形成空化作用，在溶液中产生的局部高温高压，还可以产生局部高浓度的氧化物如•OH、•O 及 H_2O_2，同时可以形成超临界水，最终使有机物得到快速降解的一种水处理方法。超声氧化是集自由基氧化、高温热解及超临界水为一体的高级氧化技术。具有效率高、降解条件温和、无二次污染、适应范围广等优点。Vassilakis C 等[44]用 80 kHZ 的超声处理水中的对香豆酸，结果表明，初始浓度的增加不利于两种物质的降解，能量及温度的增加有利于两种物质的降解，降解率最高可达 90%，降解过程中的产物主要为对苯二酚、苯-1,4-苯醌。尽管单独的超声法能够高效降解有机物，但对一些亲水性或者难挥发性有机物降解效果不明显、有机物的矿化不彻底、处理成本较高。近年来，将超声法与其他技术联用提高了有机物的去除率，同时降低了处理成本。彭晓云等[45]用超声/Fenton 联用技术处理废水中的活性红 2，使用超声降解活性红 2 的脱色率仅为 27%，使用 Fenton 氧化时活性红 2 的脱色率仅为 45%，但是采用超声/Fenton 联用技术，脱色率达到 90%及以上。Ragaini V 等[46]用超声与光催化联合处理邻氯苯酚，在相同的处理时间下，较单独的超声法，超声与光催化联合技术对邻氯苯酚降解率提高了 60%～70%，在联合体系中降解过程为：光催化半导体使电子空穴分离，这些电子空穴或半导体与水接触产生•OH进而氧化邻氯苯酚。官赟赟等[47]研究了两段式超声波技术结合 H_2O_2 氧化丙烯酸废水，结果表明经处理后的废水 COD 值大幅降低，可生化性提高，未完全降解的有机物经后期生化处理，出水可达国家一级排放标准。Zhou 等[48]利用超声协助臭氧氧化三苯甲烷，结果表明与单独臭氧氧化相比，超声协助臭氧氧化技术能够缩短降解时间，同时减少臭氧剂量。

2.6　湿式氧化法

湿式氧化法（wet air oxidation，WAO）是在高温（150～350℃）、高压（0.5～20 MPa）下，利用氧化剂将废水的有机物或者还原态的无机物转化成 CO_2 和 H_2O，从而达到污染物去除的目的。WAO 降解有机物过程中自由基反应起到了主要的作用。与普通方法相比，WAO 对有机物的降解效果更显著、消耗时间少、使用范围广，处理过程中几乎无二次污染同时还能够达到回收能源的目的，目前被广泛应用于高浓度难生物降解有机废水及有毒有害工业废水的处理。Joglekar H. S.等[48]用 WAO 处理苯酚，苯酚的降解率可达到 99%，COD 去除率达到 90%，反应所消耗的活化能一般为 12.4×10^3～201×10^3 kJ/kmol。WAO 也存在一定局限性：反应的温度高、压力大，反应过程中往往会产生有机酸，会腐蚀设备材料，也有可能会产生毒性更强的中间产物；仅适用于小流量的高浓度有机废水，不适合低浓度流量大的有机废水。因此，需要研制出高效稳定的催化剂及高效的反应器来解决以上问题，拓宽该技术应用领域。Hua 等[50]用 $CuO/\gamma\text{-}Al_2O_3$ 作为催化剂催化 WAO 降解偶氮染料，$CuO/\gamma\text{-}Al_2O_3$ 在 WAO 降解偶氮染料时具有很强的催化能力，反应 2 h 后，脱色率和 TOC 去除率分别达到 99%和 70%。$CuO/\gamma\text{-}Al_2O_3$ 催化 WAO 产生的•OH 及其他自由基首先氧化偶氮染料分子的—N═N—继而氧化成其他的中间产物，最终氧化成 CO_2 和 H_2O。

2.7 超临界水氧化法

超临界水氧化技术（supercritical water oxidation，SCWO）利用温度为 374℃、压力为 22.1 MPa 的超临界水作为介质氧化分解有机物，是湿式氧化技术的强化与改进。超临界水是存在于气、液两种流体状态之外的第三种流体，兼具气态和液态水的性质，因此可以与非极性的有机物、空气、氧气、氮气等以任意比互溶。超临界水氧化有机物的过程主要为：对溶解有机物的水体进行加压、升温至超临界状态，这些溶解于水中的有机物被空气或者氧气迅速氧化成 CO_2 和 H_2O 或者无机盐，最终达到降解有机物的目的。

SCWO 目前主要应用于酚的氧化、多氯联苯等有机物的降解、聚苯乙烯的降解及废水处理厂活性污泥的氧化等。具有分解效率高、反应速度快、选择性好及高效节能等优点，目前在国内外被广泛使用。Bermejo M.D.和 Cocero M.J. [51]用 SCWO 处理工业废水，进水流量为 16 kg/h，进水温度为 320℃，蒸发流动比为 0.32 时，有机物去除率达到 99.9%，处理后 TOC 仅为 2 mg/L。进水流量为 18 kg/h，进水温度为 290℃，反应温度为 570℃，蒸发流动比为 0.6 h，处理后 TOC 为 35 mg/L。Lee S.H.等[52]用 $NaNO_3$ 和 $NaNO_2$ 催化超临界水氧化多氯联苯，在反应温度为 450℃，超临界密度为 0.25 g/cm^3，处理 30 min 后，多氯联苯的去除效率达到 100%，气态产物的产生主要是由于硝酸盐和亚硝酸盐的减少。

2.8 低温等离子体技术

等离子体的概念最早由 Langmuir 等提出，是指由电子、离子、原子、自由基和激发态分子等组成的整体呈电中性的电离态气体。低温等离子体在形成过程中可以将系统注入的能量选择性地转移到电子上，产生高能电子（e*）；e*与气体分子碰撞则可以生成激发态的原子、活性氧物质（reactive oxygen species，ROS）、过氧化氢（H_2O_2）和 O_3 等；含有这些活性物质的等离子体能够破坏大量复杂的化学键，从而降解有机物。这一过程在常温常压下即可完成，且具有强大的氧化能力和广泛的适用性，因而被诸多学者关注，并用于处理水体中的多种毒性有机物。

低温等离子体的产生方法多种多样，包括脉冲电晕/火花/电弧放电、直流电晕放电、直流辉光放电、滑动弧放电、介质阻挡放电（dielectric barrier discharge，DBD）等。其中，DBD 方式因其独特优势而备受关注。相较于其他低温等离子体发生方式，DBD 是一种在放电电极间放置绝缘介质的特殊放电形式，具有电场均匀稳定、放电状态温和、操作环境开放等优点，并且便于通过调整电极形式进行系统优化。这些优点使其成为最具工业应用前景的低温等离子体技术。

（1）脉冲电晕/火花/电弧放电

在脉冲电场中，电子经过加速产生高能电子，与水分子碰撞，使其电离或激发裂解，形成等离子体通道。典型的脉冲放电涉及两个不对称电极，一个是曲率非常高的电极（如针、环或电线），另一个是小曲率电极（如板）。改变施加电压或者电极间距会使电晕放电转变为火花放电，对反应器施加足够大的能量，火花放电也可转变为电弧放电。

（2）直流电晕放电

一般情况下，直流电晕电极的曲率较小（如针）。与脉冲电晕相比，直流电晕可连续产生自由基，提高有机污染物降解效率。但从另外一个角度来看，由于连续运行，体系会消耗更多的能量，并且容易受到溶液电导率的影响。

（3）直流辉光放电

典型的直流辉光放电为接触式辉光放电，可在电极和周围的电解质之间产生等离子体，被认为是用于水净化的有效反应器。然而，辉光放电一般需在较低的气压条件下产生，否则会形成热等离子体。

（4）滑动弧放电

滑动弧放电是一种较新的低温等离子体技术，发生在弧形电极附近，可利用大气流产生等离子体流，继而转化成另一种形式的等离子体，这种等离子体本身的能量更高，可以生成更多的活性物质。

2.9 介质阻挡放电等离子体水处理技术

2.9.1 基本原理

介质阻挡放电是将阻挡介质（如石英、陶瓷、玻璃等绝缘材料）插入放电空间或者覆盖于电极上，在电极上施加足够高的电压，使两电极间的气体因电离被击穿，形成均匀稳定、电子密度较高的介质阻挡放电等离子体（dielectric barrier discharge plasma，DBDP）。与其他放电形式相比，介质阻挡放电具有以下显著优势：

（1）放电均匀稳定、能量密度高，绝缘介质可以限制电流的增加，从而保证放电形式不易转变为火花或弧光放电，因此不会出现短路现象，放电状态较温和。

（2）放电在常温常压下即可进行，操作范围广，放电频率可在几十赫兹至兆赫兹范围内调节，因此能够适应不同的处理条件。

（3）反应装置可根据废水处理量的变化进行调整，便于装置体积的优化，有利于技术的实际推广和应用。

（4）放电空间较大，产生的活性物质浓度高，有利于有机废水的高效降解。

目前，常见的介质阻挡放电反应器结构有平板式［图2-1（a）］和同轴圆筒式［图2-1（b）］。

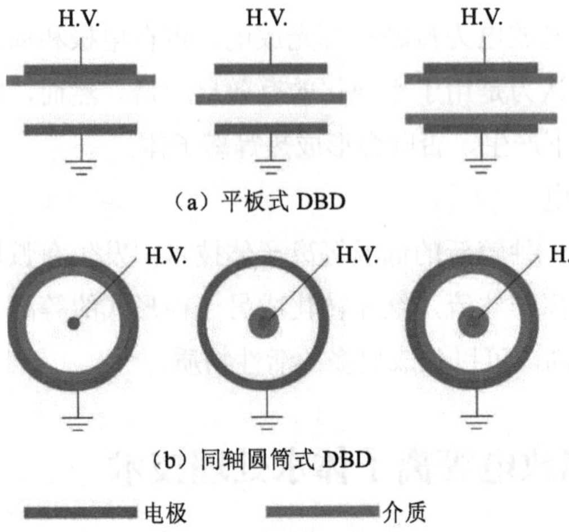

图 2-1 DBD 的反应器结构

在放电过程中，DBDP 体系中会产生化学效应和物理效应。化学效应表现为体系中生成的一系列活性物质，包括•OH、O_3、H_2O_2 等，以及其他活性氧物质（reactive oxygen species，ROS）和活性氮物质（reactive nitrogen species，RNS）等；物理效应主要为产生紫外光、e*、冲击波等。这些活性物质和物理过程可以直接或间接作用于目标有机污染物，达到高效降解有机污染物的效果。DBDP 体系中产生的各种化学、物理效应具体介绍如下[53]：

（1）化学效应

•OH：DBDP 体系中可以生成多种自由基，如•OH、氧自由基（•O）等。其中，•OH 的氧化能力最强，可以无选择性地氧化多种有机物。DBDP 体系中的•OH 可以通过电离、解离等过程产生［反应式（2.4）～（2.6）］，•OH 与有机物发生碰撞后，可以使之脱氢［反应式（2.7）］，继而生成一系列中间产物，再通过后续的各种氧化反应将中间产物进一步氧化成小分子物质。

$$H_2O + e^- \longrightarrow H_2O^+ + 2e^- \quad (2.4)$$

$$H_2O + H_2O^+ \longrightarrow \cdot OH + H_3O^+ \quad (2.5)$$

$$H_2O + e^- \longrightarrow \cdot OH + \cdot H + e^- \tag{2.6}$$

$$\cdot OH + RH \longrightarrow \cdot R + H_2O \tag{2.7}$$

H_2O_2： DBDP 体系中产生的•OH 寿命短，可相互结合生成 H_2O_2（反应式 2.8）。此外，水分子与高能电子相互作用也可生成 H_2O_2（反应式 2.9）。

$$\cdot OH + \cdot OH \longrightarrow H_2O_2 \tag{2.8}$$

$$2H_2O + 2e^- \longrightarrow H_2O_2 + H_2 + 2e^- \tag{2.9}$$

O_3： 放电过程中，高能电子攻击空气中的氧分子，可使其电离形成•O、O_2^-、O_2^+等物质，O_2受到•O 的进一步攻击可生成 O_3［反应式（2.10）～（2.11）］。O_3可对污染物进行直接氧化或者分解成•OH 间接作用于污染物［反应式（2.12）～（2.13）］：

$$O_2 + e^- \longrightarrow 2\cdot O + e^- \tag{2.10}$$

$$O_2 + \cdot O \longrightarrow O_3 \tag{2.11}$$

$$O_3 + H_2O_2 \longrightarrow \cdot OH + O_2 + \cdot HO_2 \tag{2.12}$$

$$O_3 + \cdot HO_2 \longrightarrow \cdot OH + O_2 \tag{2.13}$$

RNS: 空气中的 N_2 在高能电子的攻击下电离生成•N，•N 与•OH 发生一系列反应生成 HNO_2，HNO_2 再与•OH 进一步发生反应，最终生成 HNO_3［反应式（2.14）～（2.18）］。研究发现，DBDP 体系中的 RNS 对部分污染物也可以起到一定的降解作用。

$$N_2 + e^- \longrightarrow 2\cdot N + e^- \tag{2.14}$$

$$\cdot N + \cdot OH \longrightarrow \cdot NO + \cdot H \tag{2.15}$$

$$\cdot NO + \cdot OH \longrightarrow HNO_2 \tag{2.16}$$

$$HNO_2 + \cdot OH \longrightarrow NO_2 + H_2O \tag{2.17}$$

$$NO_2 + \cdot OH \longrightarrow HNO_3 \tag{2.18}$$

（2）物理效应

紫外光：放电过程中可产生紫外光效应，紫外光既能够直接作用于污染物，也可以促使 O_3、H_2O_2 等光解生成•OH（反应式 2.19～2.23），进而间接降解污染物。

$$h\nu + H_2O + O_3 \longrightarrow O_2 + H_2O_2 \tag{2.19}$$

$$h\nu + O_3 \longrightarrow \cdot O + O_2 \tag{2.20}$$

$$\cdot O + H_2O \longrightarrow 2\cdot OH \tag{2.21}$$

$$h\nu + H_2O_2 \longrightarrow 2\cdot OH \tag{2.22}$$

$$2O_3 + H_2O_2 \longrightarrow 2\cdot OH + 3O_2 \tag{2.23}$$

e*：正负两极在高电压的作用下形成强电场，导致气体电离，使得电子不受原子核的管束，形成自由电子，再次加速后可以形成 e*。e*与反应体系内的其他粒子发生碰撞后可以生成更多的活性物质，包括•OH、•O、O_3、氢自由基（•H）、水合电子等，进而促进污染物的降解。此外，污染物也可被 e*直接作用发生化学键的断裂。这一分析说明了 e*在有机污染物降解中的重要作用。

冲击波：在放电过程中，等离子体由于通道扩张会导致周围的水溶液形成冲击波。因此，只有液相等离子体才能形成冲击波，而气相等离子体则不能直接形成冲击波。有机污染物被降解时，冲击波在液相空化的作用下，能够直接促使反应体系内部发生热解及与之有关的化学反应，如水分子可以在冲击波的作用下电离生成更多的•OH 与 H_2O_2。

2.9.2 DBDP 在有机废水处理中的研究进展

近年来，DBDP 技术因在废水处理方面的优越表现而受到国内外研究者的重视。该技术在处理有机废水方面的有效性已得到多项实验证实，为后续研究提供了数据与理论参考。Zhang 等[54]采用针板型平面 DBDP 反应体系降解水溶液中的亚甲基蓝，发现 20 mg/L 的亚甲基蓝在处理 40 min 后被完全降解。Sang 等[55]研究了 DBDP 降解苯胺的过程，结果表明，施加电压、苯胺初始浓度、溶液初始 pH 等参数对苯胺的去除率影响很大。在施加电压为 3 kV、pH 为 8.43 的条件下，放电 12 min 后，100 mg/L 苯胺的降解率为 90.2%，•OH 在其降解过程中起到了关键作用。Hafeez 等[56]研究了一种新型电晕-介质阻挡放电混合低温等离子体微反应器，用于 O_3 生成和染料活性黑-5 的降解，在 16 min 内除去 98%的活性黑-5，同时 COD 减少了 87%。Tang 等[57]采用一种以空气作为介质的 DBDP 反应器降解水中的土霉环素，放电处理 20 min 后，在施加电压 7.5 kV，空气流量 1.0 L/min，初始浓度 100 mg/L，初始 pH=5.0 的实验条件下，去除约 93.4%的土霉环素。Hu 等[58]使用 DBDP 降解培氟沙星，放电 25 min 处理后，初始浓度 120 mg/L 的培氟沙星降解率达到 96.1%。Zhao 等[59]利用一种新型液膜 DBDP 反应器，降解罗丹明 B，在初始浓度为 40 mg/L，输入功率为 125 W，初始 pH 为 6.78 的最优条件下，处理 21 min 后，约 90.2%的罗丹明 B 降解，且溶液的 BOD_5/COD 从 0.032 6 提高到 0.386 7，其生物降解性也有显著提高。Zhang 等[60]采用多点-平面液体 DBDP 降解亚甲基蓝，20 mg/L 浓度下的亚甲基蓝在 40 min 后几乎完全降解。Liu 等[61]采用 DBDP 去除 3 种糖皮质激素，结果证实，DBDP 处理可以有效地去除氟西诺酮、曲安奈德和丙酸氯倍他索，在 45.2 W 的空气 DBDP 系统中，效率分别为 72%、71%和 74%，过程遵循准一级动力学，能量产率为 6 mg/（kW·h）。以上研究证明了 DBDP 针对水体有机污染物处理的有效性。岳维明等[62]采用 DBDP 处理盐酸四环素，结果表明，当盐酸四环素的初始浓度、放电电压和载气速率分别为 25 mg/L、9 kV 和 120 L/h 时，放电处理 50 min 后降解率达到 80%及以上。Hu 等[63]采用 DBDP 处理环丙沙星，研究表明，当放电时间为 24 min，放电功率分别为 9.8 W、19.7 W 和 32.6 W 时，环丙沙星的降解率分别为 84.1%、91.2%和 93.4%；溶液初始浓度和初始 pH 会影响环丙沙星的降解，•OH 在促进环丙沙星降解的过程中起到关键作用。Kim 等[64]研究了利用 DBDP 在合成废水中降解多种抗生素（林可霉素、环丙沙星、恩诺沙星、氯四环素、土四环素、磺胺噻唑、磺胺甲恶唑、磺胺二甲基嘧啶和甲氧苄氨嘧啶）的方法，其中，环丙沙星的降解难度较大，磺胺噻唑最容易降解，氯四环素和土四环素相对容易降解。O_3被认为在抗生素的降解过程中起着重要的作用。此外，除磺胺二甲基嘧啶之外的磺胺类抗生素的能量常数都相对较小。研究结果表明，抗生素的降解效率与放电功率、处理时间、抗生素的化学结构和 DBDP 产生的活性物质有关。综合相关研究，可以归纳：目前，DBDP 技术存在空间利用率低、系统能量利用效率低等缺点，需要进行改进和优化。目前，研究者们主要从反应器结构的改进和催化剂的添加这两个方面进行优化。

反应器结构改进方面：不同的结构设计都是为了使等离子体与液相有机分子充分接触，或者增加活性物质的产量，进而提升有机物的降解比例。Wang 等[65]对比了平行板结构、溶液循环结构、同轴圆柱结构对 DBDP 放电处理 4-氟苯酚（4-FP）的效果，发现 30 min 后的 4-FP 去除率分别从平行板结构体系中的 14.85%提高到循环结构体系中的 17%和同轴圆柱结构体系中的 94.85%。这一研究结果证实：可以通过优化 DBDP 体系的放电电极结构提高体系中有机物的降解效果。

催化剂添加方面：目前，单独 DBDP 过程会出现活性物质（O_3、H_2O_2）、紫外光等化学与物理效应没有被充分利用的问题，从而影响了有机物的降解效果。因此，研究者考虑在原有的 DBDP 单独作用系统中引入催化剂，高效利用反应体系中各种化学、物理效应，增加•OH 的生成量，最终实现提高 DBDP 系统的能量利用效率和系统中有机物降解率的目标。现有研究已经表明，通过添加光催化剂、O_3催化剂、H_2O_2催化剂等可以激活 DBDP 体系中不同的化学、物理效应：例如，采用 TiO_2可进一步激活紫外光效应；采用活性炭可进一步激活 O_3效应；采用 Fenton 或类 Fenton 试剂可进一步激活 H_2O_2效应。然而，目前的研究多集中于激活单一效应，而未能同时激活 DBDP 体系中的多种效应。鉴于此，构筑一种可以同时催化等离子体体系中多种物理、化学效应的催化剂，是提高 DBDP 体系能量利用效率和实现水体难降解有机污染物高效降解的有效途径之一。另外，目前与提高低温等离子体作用效果有关的催化剂各有弊端：例如，TiO_2光催化剂仅能利用 DBDP 体系中的紫外光；放电过程会不同程度地破坏用于催化 O_3的活性炭，进而影响到它的催化活性和循环使用性能，导致其应用潜能降低；用于催化 H_2O_2的 Fe^{2+}或 Fe^{3+}试剂会造成水体的二次污染。实际上，液相或气-液混合相放电过程中光效应的光谱波长可以从 200 nm 的紫外波段到 1 000 nm 的红外波段，甚至火花放电的光谱波长还可以延长至 2 000 nm；介质阻挡放电过程中的光辐射波长也覆盖了红外、紫外和可见光等光谱区。因此，若构筑的催化剂既能进行可见光催化，又能同时催化低温等离子体体系中的 O_3 和 H_2O_2，必将大幅提高低温等离子体体系的能量利用效率和有机物的降解率。此外，引入能够实现多效催化的膜型催化剂也是研究的一个重要方向，其目的是在提高 DBDP 能量利用率、增加有机物降解率的同时，便于催化剂的回收与再利用，从而更有利于该协同过程的大规模推广应用。

近年来国内外的专家学者研究了很多等离子体协同其他方法共同处理污染废水的方法，如 DBDP 协同光催化、DBDP 协同 Fenton 氧化、DBDP 协同催化臭氧化及 DBDP 协同吸附技术等。其中在 DBDP 体系中添加单一或者复合催化剂被认为是一种十分有效的水处理方法且得到了广泛的研究。He 等[66]评估了 α-MnO_2、β-MnO_2 和 γ-MnO_2 对应的 3 种不同晶体对美托洛尔（metoprolol，MET）和布洛芬（ibuprofen，IBU）的氧化反应性，其中 α-MnO_2 含有最丰富的氧空位和易于还原的表面吸附氧（O_2^-，O^-，OH^-），能够促进对 O_3 的利用率，对 IBU 和 MET 的催化性能最高，且 α-MnO_2 的引入促进了活性氧的生成，在 IBU 的降解过程中发挥了重要作用。Lin 等[67]评价了介质阻挡放电等离子体中 Ag/TiO_2 的光催化性能，在 TiO_2 上掺杂 Ag 能明显降低电子-空穴对的复合速率，当加入 0.2 g/L 0.5 wt% Ag/TiO_2 时，在 20 kV 放电电压下对苯酚的降解催化性能比单一的 DBDP 体系高 6%。Wang 等[68]研究了在 DBDP 体系中加入磁性材料 TiO_2/Fe_3O_4 进行甲基橙（methyl orange，MO）废水的处理，发现在 DBDP 体系中单独加入 Fe_3O_4 时 MO 的降解率有了明显的提高，通过对体系中产生的 O_3 和 H_2O_2 进行分析发现，Fe_3O_4 的加入能促进体系中的 O_3 和 H_2O_2 催化分解产生更多的•OH。Nian 等[69]采用 DBDP 与 ZnO-rGO 纳米片结合的方式对对羟基苯甲酸甲酯（methylparaben，MeP）在水溶液中的降解进行分析，表面积较大的氧化石墨烯为光催化反应提供了载体。当放电功率为 20 W，气体流速为 20 L/h 时，ZnO-rGO 纳米片添加量为 0.015 g/L 时，15 min 后初始浓度为 20 mg/L 的 MeP 降解效率能达到 99%，相对于单独的 DBDP 提高了 44%，表现出优异的光催化性能。由以上研究可知，复合催化剂的引入能够提高 DBDP 降解有机物的效率，且对目标物的降解效率高于单一催化剂/DBDP 体系。

2.10　DBDP 体系设计

根据电极结构、组成和排布位置的不同，介质阻挡放电可以分为体放电和表面放电（包括沿面和共面两种），体放电的放电区域广，但起始放电电压较高。与之相比，沿面放电的起始放电电压低，但等离子体（活性物质）分布区域窄。

综合沿面放电与体放电的优点，本书中所使用的 DBDP 水处理体系均采用体-沿面复合 DBDP 发生方式：外部容器由石英玻璃介质制成，通过贴在杯壁外部的铝箔胶带接地作为低压电极，避免了沿面放电中因内部液相流动造成电压不稳的问题；玻璃杯内部设有由石英玻璃介质制作的单向通气空间，内置螺旋式高压电极，不锈钢高压电极紧贴介质内壁，放电过程中产生大量活性粒子，这些粒子通过曝气头进入水体。实验验证，在本研究所设计的体-沿面复合 DBDP 发生体系中，每 15 min 放电时间，目标液体仅升温约 1℃，且实验过程中放电电压基本恒定，保证了系统的稳定运行。基于这一设计思路，本书详细介绍了研究所建立的 3 种 DBDP 水处理体系：单电极、多电极间歇式和单电极循环式。在不同体系中，分别引入了不同的催化剂材料，以提高各体系用于有机废水处理的作用效果。

2.10.1　单电极 DBDP 水处理体系

单电极 DBDP 水处理实验系统如图 2-2 所示[70, 71]。该体系主要由高压电源、反应器和电气监测系统 3 部分组成。

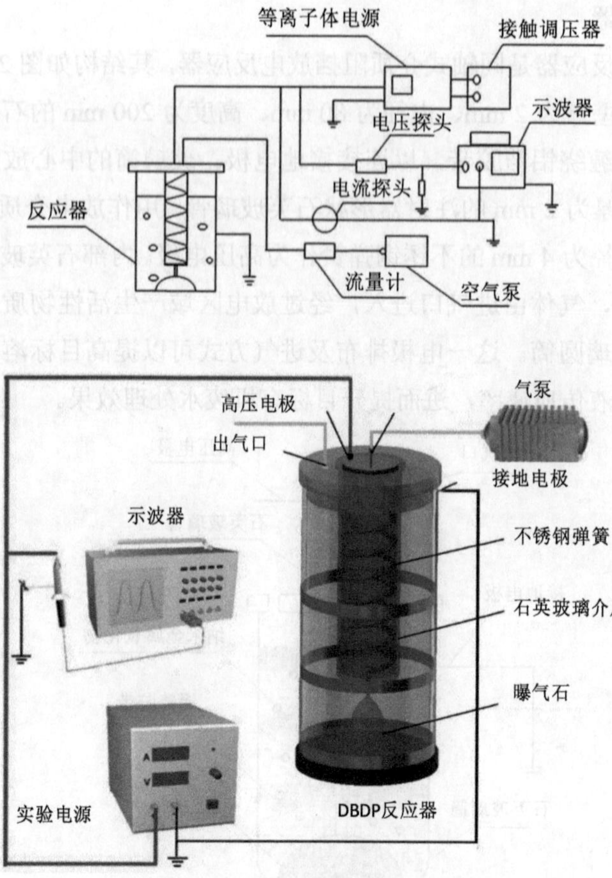

图 2-2 单电极 DBDP 水处理实验系统

（1）高压电源

本研究中所使用的高压电源购自南京苏曼等离子科技有限公司，它可以在大气压、低气压和各种气氛环境中产生稳定的电弧放电、介质阻挡放电和辉光放电，电源效率可达 90%以上，并有输入功率测量、高压输出电压和电流检测接口，可以与各种气体反应器、气液反应器或气固反应器相匹配。频率选择范围在 5～20 kHz，最大输出频率约为 10 kHz。电源功率可通过显示屏显示的电压和电流数值进行计算。

（2）反应器

实验所用反应器是同轴式介质阻挡放电反应器，其结构如图 2-3 所示。该反应器是一个壁厚为 2 mm、内径为 80 mm、高度为 200 mm 的石英玻璃筒。玻璃筒的外壁缠绕铝箔胶带，以连接接地电极。玻璃筒的中心放置一个外径为 40 mm、壁厚为 2 mm 的注射器形状石英玻璃管，用作放电介质。介质管内壁紧贴一个线径为 4 mm 的不锈钢弹簧作为高压电极。内部石英玻璃管的下端与曝气石相连，气体由进气口进入，经过放电区域产生活性物质，而后经曝气头进入大玻璃圆筒。这一电极排布及进气方式可以提高目标溶液中的气体含量，提升气液传质速率，进而提升目标有机废水处理效果。

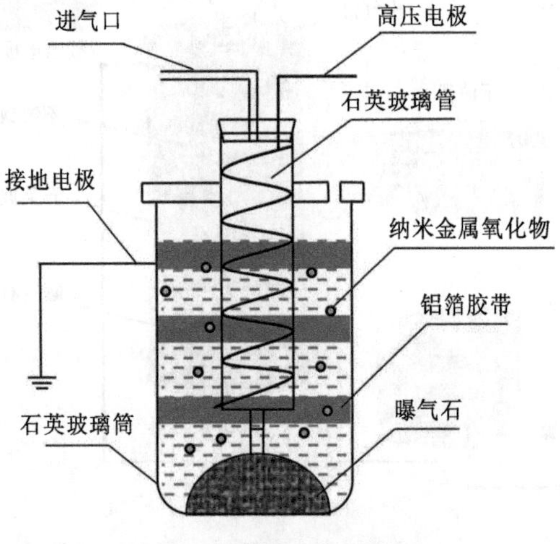

图 2-3　放电反应器结构

（3）电气监测系统

电气监测系统由示波器、电压探头和电流探头 3 部分构成。由数字示波器结合电压探头和电流探头监测 DBDP 系统的电压电流波形，电压、电流波形图和李萨如图形可由示波器导出。通过计算李萨如图形的面积、电压峰值和频率，可得出注入反应体系的能量。放电过程中典型的电压、电流波形图如图 2-4 所示。

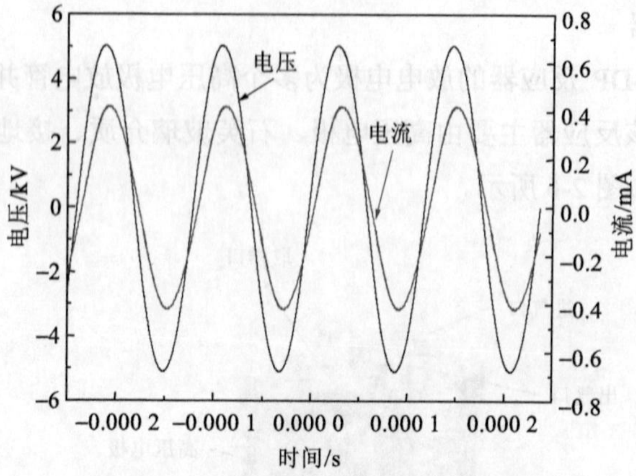

图 2-4　实验电压 5 kV 时示波器图形

2.11.2　多电极 DBDP 水处理体系

本研究所建立的多电极 DBDP 水处理体系如图 2-5 所示。系统同样由高压电源、反应器和电气监测系统 3 部分构成。使用的高压电源与单电极 DBDP 体系一致，多电极 DBDP 反应器及相应的电气参数监测结果介绍如下。

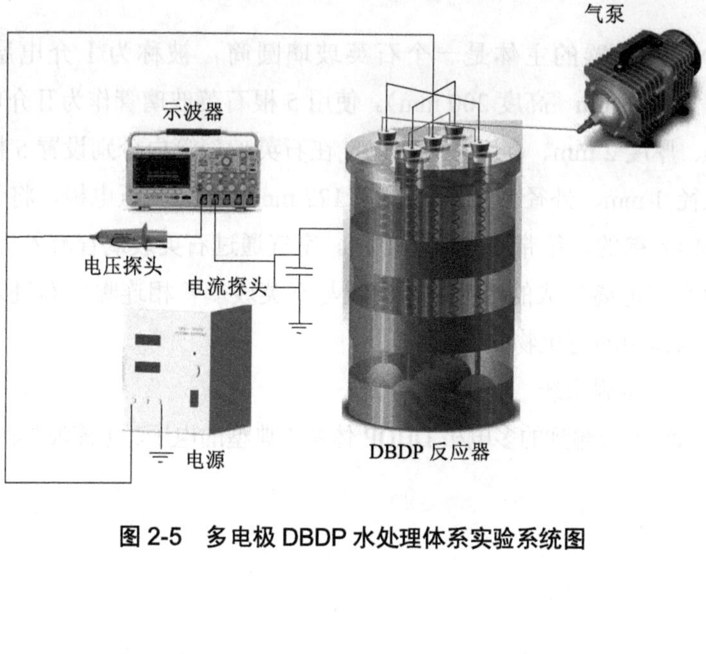

图 2-5　多电极 DBDP 水处理体系实验系统图

（1）反应器

多电极 DBDP 反应器的放电电极为多个高压电极放电管并联结构的同轴式放电电极。该反应器主要由高压电极、石英玻璃介质、接地电极、曝气石组成，其结构如图 2-6 所示。

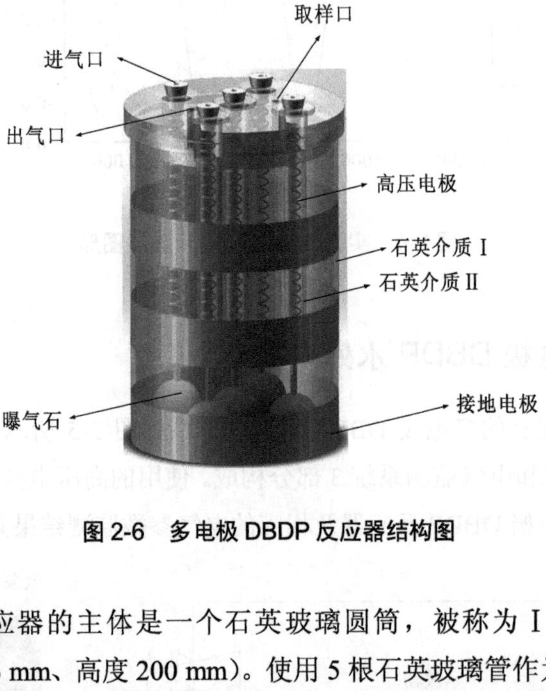

图 2-6　多电极 DBDP 反应器结构图

DBDP 反应器的主体是一个石英玻璃圆筒，被称为 I 介电层（内径 114 mm、厚度 3 mm、高度 200 mm）。使用 5 根石英玻璃管作为 II 介电层（内径 11 mm、厚度 2 mm、高度 155 mm），在石英玻璃管内分别设置 5 根不锈钢弹簧（线径 1 mm、外径 11 mm、长度 122 mm）作为高压电极，将包裹在石英玻璃圆筒外壁的铝箔带用作接地电极。空气通过石英玻璃管流入 DBDP 反应器，由空气电离形成的活性物质通过与石英玻璃管相连曝气石进入目标溶液，降解水体中的有机物。

（2）电气监测系统

通过示波器检测到的多电极 DBDP 体系中典型的电压、电流波形图如图 2-7 所示。

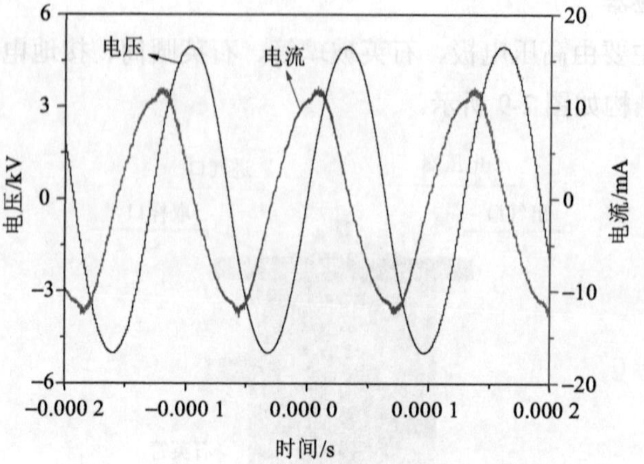

图 2-7 放电过程中示波器图形

2.11.3 循环式 DBDP 水处理体系

研究所建立的循环式 DBDP 水处理体系如图 2-8 所示[72]。该体系主要由高压电源、电气监测系统、循环系统、光谱监测系统和反应器五部分构成。其中，高压电源与前面一致，系统其他组成介绍如下。

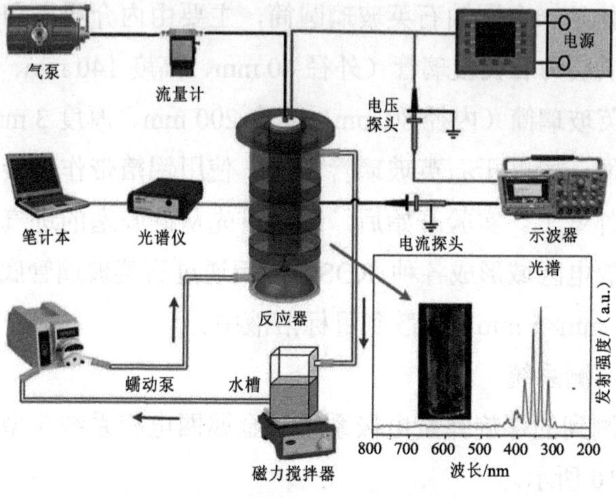

图 2-8 循环式 DBDP 水处理体系实验系统图

（1）反应器

反应器主要由高压电极、石英玻璃管、石英圆筒、接地电极和曝气石构成，其详细结构如图 2-9 所示。

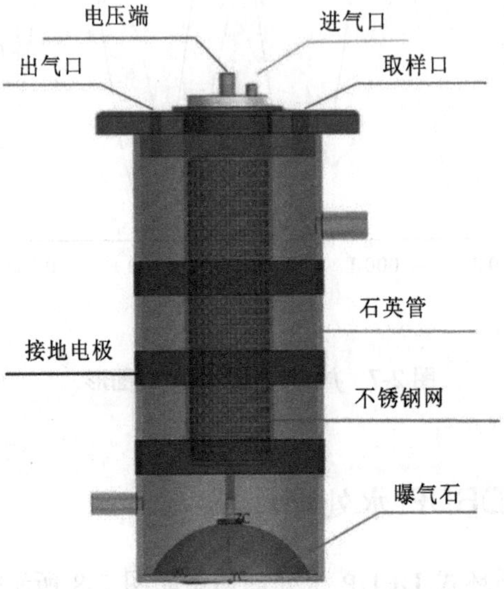

图 2-9　网电极 DBDP 反应器结构图

反应器主体是一个同轴石英玻璃圆筒，主要由内介质层和外介质层两部分构成。内介质层为石英玻璃管（外径 40 mm、高度 140 mm、厚度 2 mm），外介质层为石英玻璃筒（内径 80 mm、高度 200 mm、厚度 3 mm）。高压电极为不锈钢金属网，紧贴于石英玻璃管内壁。使用铝箔带作为接地电极，黏附在玻璃圆筒的外壁上。实验开始后，载气首先从硅胶塞的进气孔进入石英玻璃管内，通过放电区域形成各种 ROS，而后通过石英玻璃管底部连接的曝气石（60 mm×45 mm×5 mm）扩散到目标溶液中。

（2）电气监测系统

研究中监测到的螺旋弹簧电极系统和金属网电极系统典型的电压、电流波形图如图 2-10 所示。

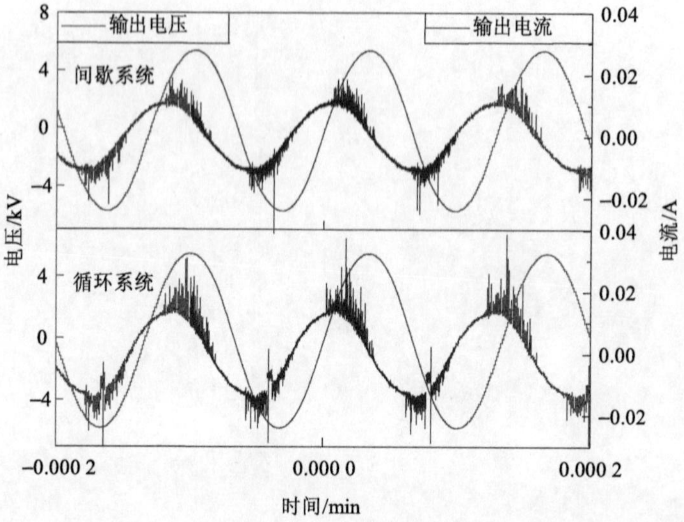

图 2-10 螺旋弹簧电极系统和金属网电极系统典型的电压、电流波形图

（3）循环系统

循环系统由蠕动泵、亚克力水箱和 DBDP 反应器构成。污染物溶液在亚克力水箱中通过磁力搅拌器混合均匀，而后经蠕动泵载入 DBDP 反应器中进行降解处理。溶液循环速度可以根据实验具体需求进行调节。

（4）光谱监测系统

光谱监测系统由电脑、光谱仪和 DBDP 反应器构成，光谱仪将 DBDP 放电过程中产生的光信号进行捕捉并分析，用于定性表征 DBDP 反应器内产生的部分气相活性自由基。

第3章

DBDP/纳米金属氧化物协同有机废水处理技术

3.1 纳米金属氧化物催化技术

3.1.1 纳米金属氧化物的定义与特性

纳米金属氧化物是指由氧原子与金属原子结合形成的粒径在 1～100 nm 范围内的化合物。当物质达到纳米尺度时，其物理和化学性质会发生变化，形成一些特殊效应。常见的特殊效应首先是表面效应，表现为粒径越小的物质表面积越大，从而增加了纳米粒子与其他物质的接触面积；其次是小尺寸效应，即当纳米粒子的尺寸过小时，粒子的热、光、电等性能会发生变化。除此之外，还会形成宏观量子隧道效应、界面与表面效应、量子尺寸效应、介电限域效应等。

纳米金属氧化物具有催化活性，因此作为催化剂被广泛用于光、氧化、脱氢、加氢、聚合等催化反应中。其催化氧化过程通常是在一定的条件下，金属氧化物与空气、O_2、H_2O_2、O_3 等氧化性物质发生的氧化反应。金属氧化物可以催化 O_3、H_2O_2 等物质生成•OH 及其他活性物质，提高反应空间内强氧化物质的浓度，从而提升难降解有机物的降解效果。

3.1.2 纳米金属氧化物催化技术研究进展

以纳米金属氧化物为催化剂的研究众多。董乾英等[73]采用化学沉淀法制备了纳米氧化锌（ZnO），考察了其光催化性能。他们以品红和甲基橙为目标污染物进行了光催化降解实验，结果表明：ZnO 具有较强的光催化能力，对酸性品红和甲基橙的降解率分别高达 98.75%和 92.37%。Deka 等[74]采用水热法制备了纳米氧化铜（CuO），并研究了其类 Fenton 催化性能。实验发现：以 5 mg/L 亚甲基蓝为目标污染物，在室温条件下，加入 3 mg CuO 以及 1 mL H_2O_2(30%)，在 40 min 后，亚甲基蓝的降解效率达到 99%。除此之外，近年来有报道指出，将低温等离子体技术与纳米金属氧化物相协同，可用于处理水体中的有机污染物。Lucks 等[75]将纳米二氧化钛（TiO_2）引入脉冲放电等离子体体系，显著提高了苯酚的降解率。Guo 等[76]建立了脉冲放电等离子体/氧化钨（WO_3）协同体系，证明了 WO_3 的正向激活效果。经过 60 min 的处理，环丙沙星的去除率从未添加 WO_3 时的 71.3%提升到 99.6%。Ghezzar 等[77]以 TiO_2 为催化剂，提高滑动电弧等离子体工艺的降解率。对纺织废水的电弧放电脱色处理结果表明，TiO_2 的添加使目标染料溶液在 30 min 内即可达到完全脱色的效果。

3.1.3 纳米 ZnO 及其催化作用

ZnO 的禁带宽度约为 3.3 eV，当能量大于 3.3 eV 的光照射时，会使其原子价带上的电子激发，产生相应的空穴 h^+，从而在其表面形成氧化还原体系，将表面吸附的 H_2O、H_2O_2 等分子氧化，生成•OH。ZnO 具有稳定性高、价廉、无毒的优点，在光催化领域备受青睐。此外，研究表明，ZnO 还可以催化 O_3 生成氧化性更强的•OH，进一步促进有机物的氧化降解。反应式如下：

$$h^+ + H_2O_2 \longrightarrow \cdot OH \tag{3.1}$$

$$ZnO\text{-}e^- + O_3 \longrightarrow ZnO\text{-}O_3^-\cdot \tag{3.2}$$

$$ZnO\text{-}O_3^-\cdot + H^+ \longrightarrow ZnO + \cdot HO_3 \tag{3.3}$$

$$\cdot HO_3 \longrightarrow \cdot OH + O_2 \tag{3.4}$$

3.1.4 纳米 WO_3 及其催化作用

WO_3 具有光稳定性好的特点，其禁带宽度为 2.7 eV 左右，既可以吸收可见光区的光子，又可以吸收紫外光，因此作为可见光响应催化剂而备受关注。此外，在有 H_2O_2 或 O_3 存在的 WO_3 光催化体系中，WO_3 光导带中的光激发电子易于生成•OH，进而提升了该光催化体系的作用效果。反应式如下：

$$WO_3 \longrightarrow e^- + h^+ \tag{3.5}$$

$$e^- + O_3 \longrightarrow \cdot O_3^- \longrightarrow \cdot OH \tag{3.6}$$

$$h^+ + H_2O_2 \longrightarrow H^+ + \cdot HO_2 \tag{3.7}$$

$$\cdot HO_2 + H_2O_2 \longrightarrow \cdot OH + H_2O + O_2 \tag{3.8}$$

基于纳米金属氧化物可以利用 O_3、H_2O_2 以及光效应生成•OH 这一特性，可以将其引入 DBDP 体系，以解决 DBDP 体系中能量利用效率不足的问题，并提高其对有机物的处理效率。

3.2　实验介绍

3.2.1　目标物简介

双酚 A（bisphenol A，BPA）又称 2,2-二（4-羟基苯基）丙烷，分子结构如图 3-1 所示，是一种不存在于自然界、人工合成的化工产品。由于添加 BPA 可以给产品带来较好的抗冲击性、抗裂变性，因此 BPA 广泛用于食品包装、水杯、医疗器械等产品的工业生产中。

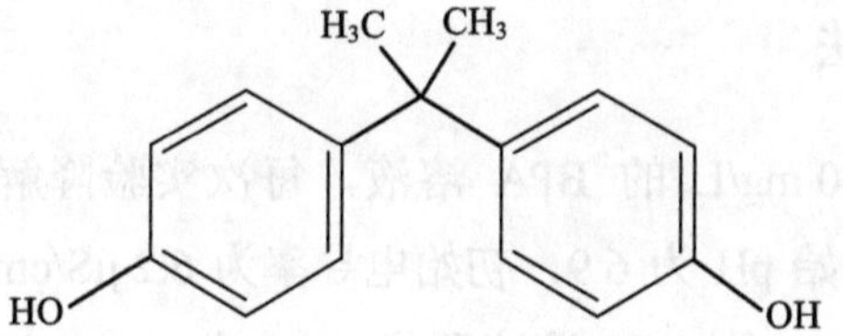

图 3-1　双酚 A 的结构图

然而，BPA 是一种典型的环境类内分泌干扰物（endocrine disruptor chemicals，EDCs），具有神经、生殖毒性，在体内可作为雌激素替代物。具有易富集、易接触、潜伏期长等特点，严重威胁人们的生理健康。因此，BPA 的降解引起了国内外研究人员的广泛关注。

3.2.2　纳米金属氧化物的制备

3.2.2.1　纳米 ZnO 的制备

以无水乙醇为溶剂，配制 0.1 mol/L 乙酸锌［$Zn(CH_3COO)_2$］溶液以及 0.8 mol/L 氢氧化钠（NaOH）溶液；将 40 mL NaOH 溶液用滴定管缓慢滴入

40 mL $Zn(CH_3COO)_2$溶液中，同时进行磁力搅拌 1 h 至乳白色溶液；将得到的溶液移至 100 mL 的聚四氟乙烯内胆中并用反应釜密封，放入 150℃烘箱中进行水热反应 2 h 后取出；冷却至室温，将所得白色溶液离心得到沉淀物，用无水乙醇与去离子水交叉洗涤 4 次，最后置于 60℃烘箱内干燥 12 h 得到最终产物。

3.2.2.2 纳米WO_3的制备

在室温下，取 0.005 mol 钨酸钠（Na_2WO_4•$2H_2O$）加入 80 mL 的烧杯中，向该烧杯中添加 32 mL 40%氟硼酸（HBF_4）（0.5 mol/L）水溶液，剧烈搅拌 1h，将黄绿色溶液倒入 50 mL 高压反应釜中，放置于 120℃恒温干燥箱内反应 24 h，自然冷却至室温，将所得产品用去离子水和无水乙醇洗涤多次，在 60℃下于恒温干燥箱中干燥 12 h，得到 WO_3样品，研磨保存。

3.2.3 实验方法

配制浓度为 20 mg/L 的 BPA 溶液，每次实验降解的模拟废水体积为 500 mL。BPA 的初始 pH 为 6.9，初始电导率为 6.2 μS/cm 左右，实验过程中的电导率由 0.1 mol/L 的 KCl 溶液调节，pH 由 0.1 mol/L 的 HCl 溶液以及 0.1 mol/L 的 NaOH 溶液调节。

未特殊说明的情况下，输出电压为 5 kV，载气为空气，流量为 0.5 L/min。每组实验条件进行 3 次实验，取平均值进行分析，以保证实验结果的可重复性。

3.2.3.1 BPA 浓度的测定

BPA 溶液浓度的检测采用安捷伦液相色谱仪测定，色谱柱为 Waters 公司的 Symmetry C_{18}色谱柱，流动相为乙腈与超纯水，其比例为 50∶50，进样量为 20 μL，柱温为 28℃，波长设定为 276 nm，流速 1 mL/min，保留时间 8 min。

将 100 mg/L 的 BPA 标准溶液采用稀释的方式配制成浓度分别为 5 mg/L、10 mg/L、15 mg/L、20 mg/L、25 mg/L 和 30 mg/L 的标准溶液，以去离子水作为参照，在最大吸收波长 276 nm 处分别测定 BPA 标准溶液的吸光度值。分别以浓度和吸光度为横纵坐标，绘制其标准曲线。

3.2.3.2　降解效率、反应动力学以及能量利用效率（G_{50}）分析

（1）降解率

降解过程中的BPA浓度根据液相色谱（high performance liquid chromatography，HPLC）检测峰面积，对比标准曲线计算浓度 C_t，BPA 降解率以公式计算：

$$\eta=(C_0-C_t)/C_0\times 100\% \tag{3.9}$$

式中，η 为 BPA 溶液的降解率，%；C_0 为 BPA 溶液的初始浓度，mg/L；C_t 为 t 时刻 BPA 溶液浓度，mg/L。

（2）反应动力学

降解过程中的 BPA 的浓度变化按照一级反应动力学方程拟合，拟合公式如下：

$$\ln(C_0/C_t)=kt \tag{3.10}$$

式中，C_0 为 BPA 溶液的初始浓度，mg/L；C_t 为 t 时刻 BPA 溶液浓度，mg/L；k 为反应速率常数；t 为反应时间，min。

（3）系统能量利用效率

$$G_{50}=0.5C_0/(\mathrm{SED}\cdot t_{50}) \tag{3.11}$$

式中，G_{50} 为能量利用效率，g/（kW·h）；C_0 为反应物初始质量浓度，g/L；t_{50} 为反应物被降解 50%时所用的时间，h。

相对能量密度（specific energy density，SED），表示等离子体废水处理装置单位体积内所注入的能量，kW/L。

$$\mathrm{SED}=P/V \tag{3.12}$$

式中，P 为电源系统的功率，kW；V 为装置处理的溶液体积，L。

$$P=f\times C\times S \tag{3.13}$$

式中，f 为输出电压频率，Hz；C 为试验电源内部取样电容，F；S 为李萨如图形面积。

3.2.3.3　化学需氧量（COD）的测定与分析

BPA 溶液的 COD 由连华科技的 COD 检测仪测定，COD 去除率由以下公式进行计算：

$$R_{COD}=（COD_0-COD_t）/COD_0\times100\% \quad (3.14)$$

式中，R_{COD} 为 COD 的去除率，%；COD_0 为溶液的初始 COD 浓度，mg/L；COD_t 为 t 时刻溶液的 COD 浓度，mg/L。

3.2.3.4 总有机碳（TOC）的测定与分析

溶液的总有机碳（TOC）采用 TOC 测定仪进行测定，矿化效率即 TOC 的去除率，使用以下公式计算。

$$R_{TOC}=（TOC_0-TOC_t）/TOC_0\times100\% \quad (3.15)$$

式中，R_{TOC} 为 TOC 的去除率，%；TOC_0 为溶液的初始 TOC 浓度，mg/L；TOC_t 为 t 时刻溶液的 TOC 浓度，mg/L。

3.2.3.5 液相 O_3 及 H_2O_2 浓度的测定

本研究中液相 O_3 浓度由臭氧检测仪测定。

H_2O_2 的浓度采用硫酸氧钛法测定，因为硫酸氧钛（$TiOSO_4$）可以与 H_2O_2 发生反应，生成橘黄色络合物，因此，可以利用分光光度计间接检测水体中 H_2O_2 的浓度。

硫酸氧钛溶液的配制：向 200 mL 浓硫酸（H_2SO_4）中加入 2 g $TiOSO_4$，加热至溶液澄清，冷却至室温，使用去离子水定容至 1 L，准备 1 000 mL H_2O_2 储备溶液，配制不同浓度的 H_2O_2 标准溶液，取 2 mL 标准液与 1 mL $TiOSO_4$ 溶液放置于比色皿中，摇晃均匀，在 410 nm 处检测其吸光度，绘制标准曲线。H_2O_2 浓度与吸光度的关系为

$$C（mg/L）= 73.845\,A \quad (3.16)$$

式中，C 为 H_2O_2 浓度；A 为样品吸光度，在实验测量 H_2O_2 浓度时，取 2 mL 待测溶液与比色皿中，并向其中加入 1 mL $TiOSO_4$ 溶液，在 410 nm 处测定吸光度，通过标准曲线公式计算液相中 H_2O_2 浓度。

3.2.3.6 BPA 降解产物分析

BPA 降解的中间产物由液相色谱质谱联用（LC-MS）进行分析，实验条件为 Waters 公司的 Symmetry C_{18} 色谱柱，以乙腈与超纯水作为流动相，其比例为

50：50，进样量 20 μL，柱温 28℃，BPA 波长设定为 276 nm，流速 1 mL/min，保留时间为 10 min，质谱检测范围为 50～500 *m*/*z*。

3.2.3.7 纳米金属氧化物的表征分析

（1）扫描电子显微镜

扫描电子显微镜（scanning electron microscope，SEM）可以观察到微米、纳米级物体表面形貌，本研究使用日本电子 JSM-7500F 进行检测。

制样方法：取少许样品，涂覆于导电胶上，真空喷金后测试。

（2）透射电子显微镜

透射电子显微镜（transmission electron microscope，TEM）可以观察到明暗不同的影像，从而一定程度上反映出物质的微观立体结构，检测仪器为日本电子 JEM-2100F。

制样方法：取少许样品，用乙醇超声分散后测试。

测试条件：加速电压为 200 kV，点分辨率为 0.24 nm，线分辨率为 0.14 nm。

（3）X 射线衍射仪

X 射线衍射仪（X-ray powder diffraction，XRD）可以对金属及粉末状物品进行物象分析，本研究使用德国 Bruker D8 ADVANCE 进行 XRD 检测。

工作温度为室温，采用 Cu Ka 辐射（λ=0.154 nm）靶，加速电压为 40 kV，发射电流为 100 mA，扫描范围为 2θ。

（4）固体紫外-可见漫反射光谱

紫外-可见漫反射光谱（UV-Vis diffuse reflectance spectroscopy，UV-Vis DRS）可以用于研究固体样品的光吸收性能，本实验使用岛津固体紫外分析仪，以硫酸钡（$BaSO_4$）为参考样品。

（5）比表面积（BET）

BET 的测试使用 QUANTACHROME/美国康塔 EVO 仪器进行检测。

温度范围：室温至 350℃。

3.2.4 纳米 ZnO 的表征

SEM 与 TEM 分析如图 3-2（a）、（b）所示，结果表明，样品为片状，大小从 80～200 nm 不等，具有多边形边界，厚度约为 40 nm。

（a）SEM

（b）TEM

图 3-2 纳米 ZnO 电子显微镜成像

图中 3-3 反映了水热法制备的 ZnO 的 XRD 图谱，其中 ZnO 在 31.7°、34.4°、36.5°、47.5°、56.6°、62.9°、67.9°、69.1°处均存在明显的晶面峰，分别对应（100）、（002）、（101）、（102）、（110）、（103）、（112）、（201）晶面，制备的纳米 ZnO

的峰与 JCPDS 卡上列出的 ZnO（00-036-1415）的标准图一致，这表明制备的 ZnO 具有六方纤锌矿结构，其中（101）的峰强度最高，证明 ZnO 晶体是沿着（101）方向生长的。没有多余杂质峰，表明制备的 ZnO 纯度较高。

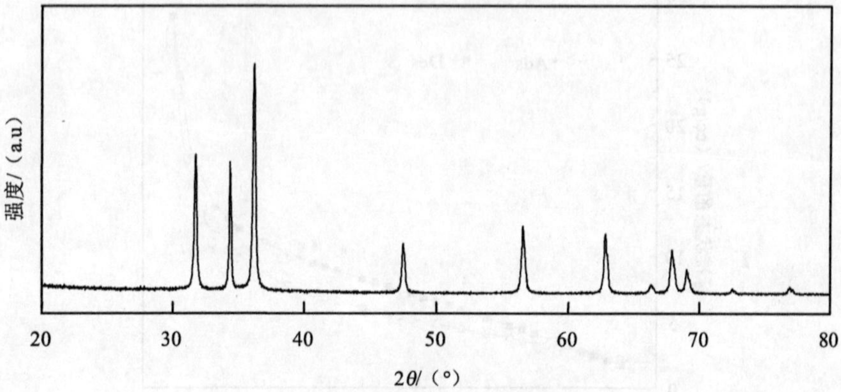

图 3-3　纳米氧化锌 XRD 图谱

ZnO 的 UV-Vis DRS 图谱如图 3-4 所示，ZnO 的吸收边为 389 nm，与标准 ZnO 的 385 nm 相近，ZnO 在 400 nm 及更长的可见光波段吸收很弱，证明 ZnO 吸收可见光较少，而在短波长范围内吸收更强，禁带宽度为 3.27 eV。

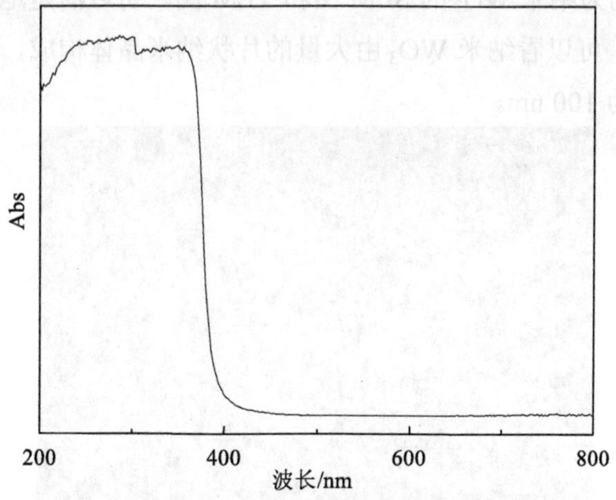

图 3-4　ZnO 的 UV-Vis DRS 图谱

通过进行 BET 检测，ZnO 的 N_2 吸附-脱附曲线如图 3-5 所示，ZnO 的比表面积为 28.014 m^2/g，由 N_2 吸附等温曲线可以看出存在 H3 型回滞环，证明样品中存在介孔。

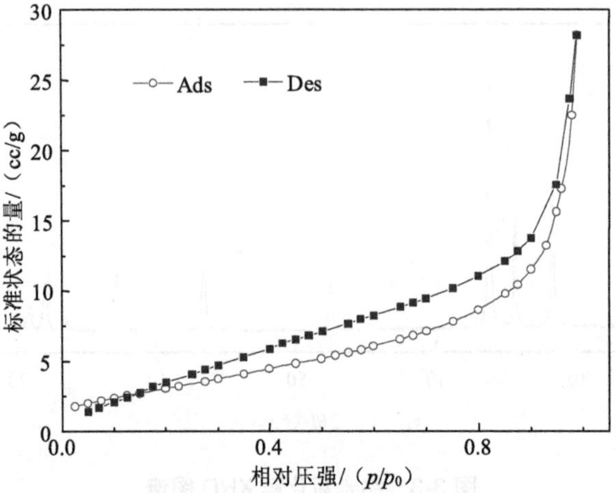

图 3-5 ZnO 的 N_2 吸附-脱附曲线

3.2.5 纳米 WO_3 的表征

图 3-6 分别为纳米 WO_3 的 SEM 图和 TEM 图，可以清楚地观察到产物的微观形貌特征，可以看纳米 WO_3 由大量的片状纳米晶体构成，分散均匀，纳米片的直径约为 100 nm。

（a）SEM

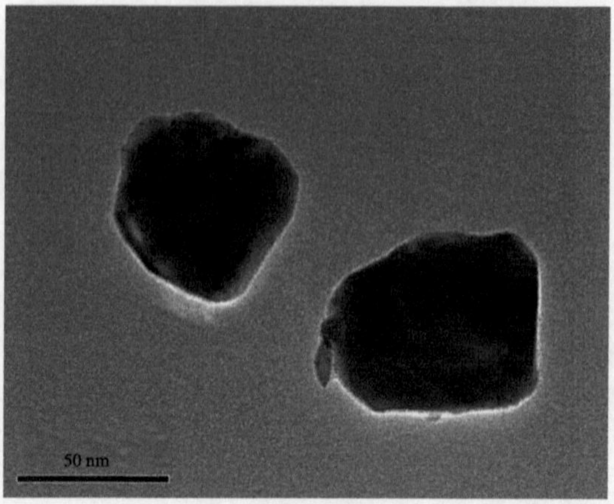

（b）TEM

图 3-6　纳米 WO_3 电子显微镜成像

图 3-7 为纳米 WO_3 的 XRD 图谱，通过图谱可以看出所有的样品峰都比较尖锐，证明样品具有良好的结晶性，在 23.1°、24.1°、28.8°、33.3°、34°、41.6°均出现衍射峰，与标准图 JCPDS#20-1324 对应。

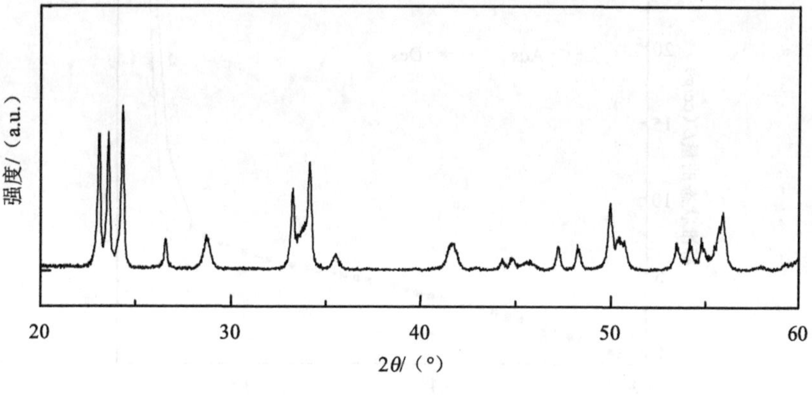

图 3-7　纳米 WO_3 的 XRD 图谱

WO_3 的 UV-Vis DRS 图谱如图 3-8 所示，可以看到 WO_3 在可见光区以及紫外光区均存在吸收峰，证明纳米 WO_3 既可以利用紫外光也可以利用可见光。

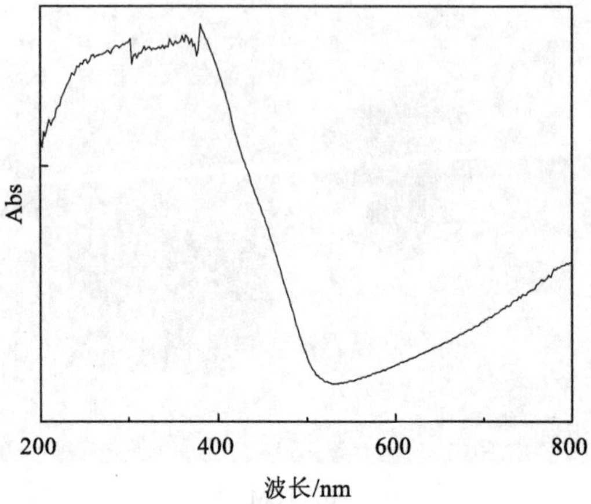

图 3-8 WO_3 的 UV-Vis DRS 图谱

本研究对 WO_3 样品进行 BET 检测，WO_3 的比表面积为 23.898 m^2/g，由图 3-9 可以看出，N_2 吸附等温曲线存在 H3 型回滞环，证明制备的样品中有介孔存在。

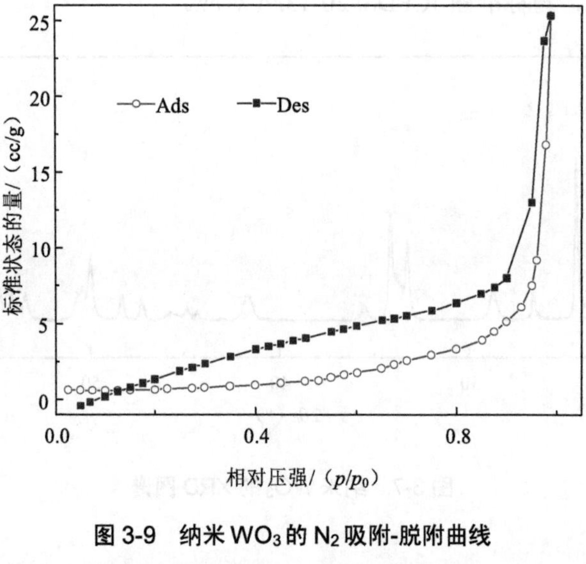

图 3-9 纳米 WO_3 的 N_2 吸附-脱附曲线

拉曼光谱可以反映出 WO_3 中原子之间的连接。图 3-10 显示了所制备的 WO_3 拉曼光谱，从图中可以看出有 4 个衍射峰，分别位于 259 cm^{-1}、640 cm^{-1}、809 cm^{-1}、

946 cm^{-1} 处，其中 946 cm^{-1} 处强烈且尖锐的衍射峰对应于 W^{6+}═ O 键。649 cm^{-1} 以及 809 cm^{-1} 处的衍射峰分别对应 O—W—O［ν（O—W—O）］的弹性振动以及弯曲振动。另外，在 259 cm^{-1} 处发现了对应 O—W—O［δ（O—W—O）］弯曲振动的衍射峰，说明了制备的 WO_3 中存在了大量的 O—W—O 键。

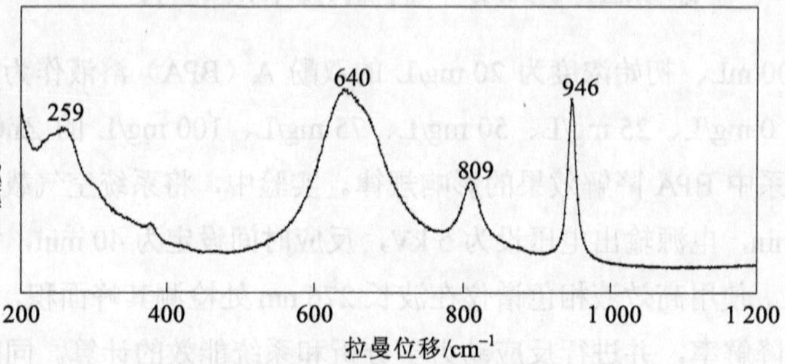

图 3-10　纳米 WO_3 的拉曼光谱图

图 3-11 为所制备的 WO_3 的傅里叶红外光谱，主要存在 3 个吸收峰，716 cm^{-1} 处的振动带是由于样品中存在 W-O-W 键所导致的，是 WO_3 的特征振动吸收峰。1 619 cm^{-1} 以及 3 441 cm^{-1} 处的吸收峰分别是由水中—OH 基的弯曲振动以及伸缩振动所引起的。图中没有—CH_3、—C═O 等基团的吸收峰，表明所制备的 WO_3 纯度较高。

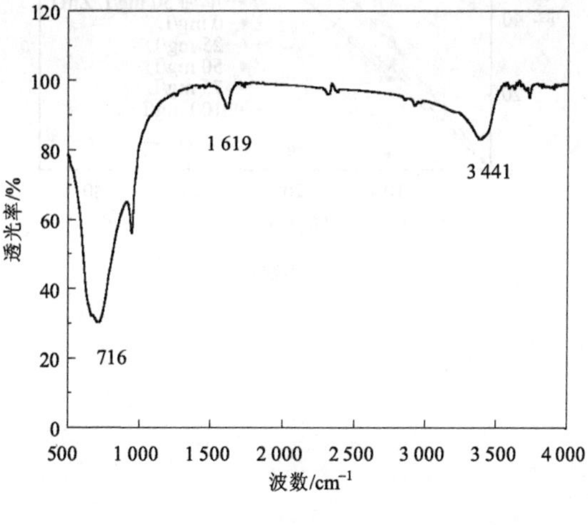

图 3-11　纳米 WO_3 的傅里叶-红外光谱图

3.3 DBDP 协同纳米 ZnO 降解双酚 A 研究

3.3.1 ZnO 添加量对双酚 A 降解效果的影响

以 500 mL、初始浓度为 20 mg/L 的双酚 A（BPA）溶液作为模拟废水，分别考察 0 mg/L、25 mg/L、50 mg/L、75 mg/L、100 mg/L 的 ZnO 的添加对 DBDP 体系中 BPA 降解效果的影响规律。实验中，将系统空气载入速率调节为 0.5 L/min，电源输出电压设为 5 kV，反应时间设定为 40 min，每隔 10 min 取样 2 mL，使用高效液相色谱仪在波长 276 nm 处检测其峰面积，根据标准曲线计算其降解率，并进行反应动力学分析和系统能效的计算。同时，还考察了 ZnO 单独吸附作用的影响（考察的添加浓度为 50 mg/L），研究结果如图 3-12 和表 3-1 所示。

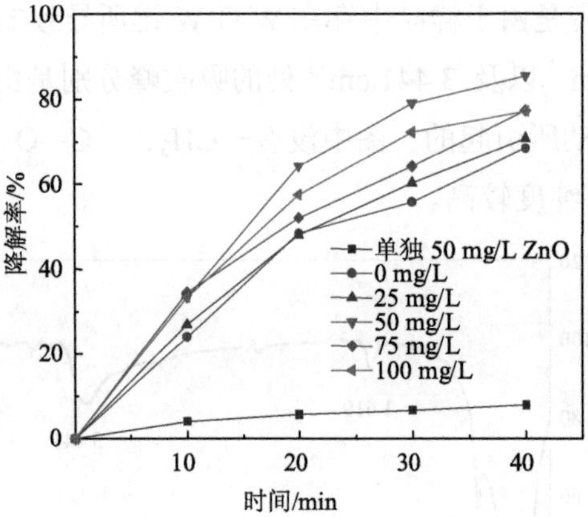

（a）降解率

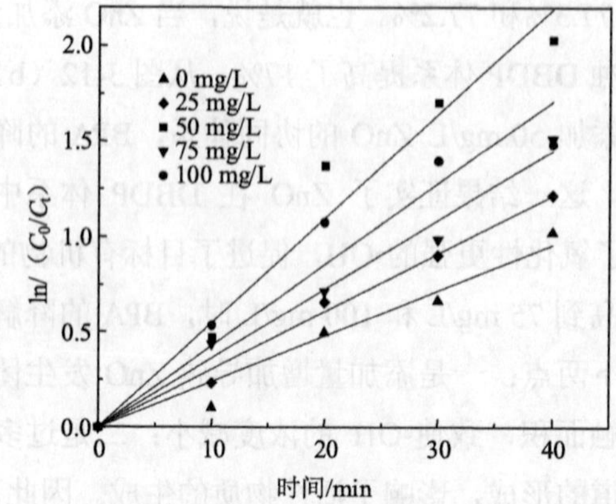

（b）动力学分析

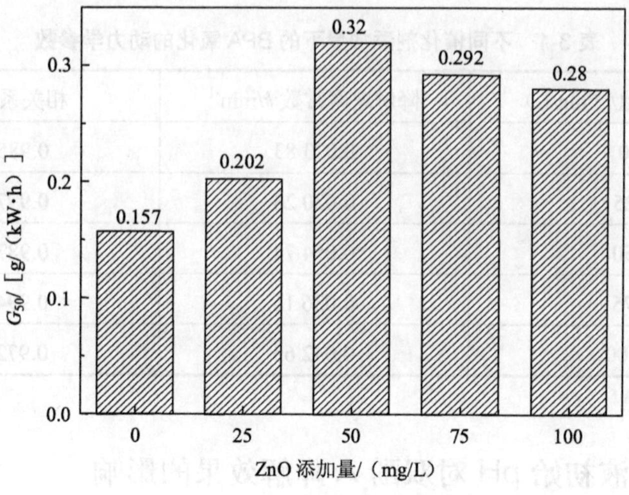

（c）系统能效

图 3-12　ZnO 添加量的影响

从图 3-12 中可以看出，随着反应时间的延长，DBDP 单独体系及 DBDP/ZnO 协同体系中 BPA 的降解整体呈上升趋势，但 DBDP/ZnO 协同体系中的 BPA 降解率更高。在处理时间为 40 min 时，单独 DBDP 体系与单独 ZnO 吸附体系中BPA的去除率分别为68.5%和7.9%，而ZnO添加浓度分别为25 mg/L、50 mg/L、75 mg/L 和 100 mg/L 的 DBDP/ZnO 协同体系中 BPA 的降解率分别为 70.8%、85.4%、77.3%和 77.2%。也就是说，当 ZnO 添加量为 50 mg/L 时，BPA 的降解率比单独 DBDP 体系提高了 17%。从图 3-12（b）和图 3-12（c）中同样可以看出，添加 50 mg/L ZnO 的协同体系，BPA 的降解速率常数和系统能量利用率更高。这一结果证实了 ZnO 在 DBDP 体系中的催化作用，使 DBDP 体系中生成了氧化性更强的•OH，促进了目标有机物的降解。但是，当 ZnO 添加量继续提高到 75 mg/L 和 100 mg/L 时，BPA 的降解率反而降低。分析其原因可能有以下两点：一是添加量增加导致 ZnO 发生团聚，从而降低了其与活性粒子的接触面积，致使•OH 的浓度减小；二是过多的悬浮粒子阻碍了等离子体放电通道的形成，影响了活性物质的生成。因此，适量的 ZnO 添加有利于促进协同体系中有机物的降解。

表 3-1 不同催化剂添加量下的 BPA 氧化的动力学参数

ZnO 添加量/（mg/L）	降解速率常数 k/min^{-1}	相关系数 R^2
0	0.023 83	0.985 01
25	0.030 28	0.997 23
50	0.054 74	0.987 90
75	0.036 16	0.994 97
100	0.042 63	0.972 47

3.3.2 溶液初始 pH 对双酚 A 降解效果的影响

溶液初始 pH 会影响 DBDP 体系中活性物质的产生。本研究选取电压为 5 kV、空气载入率为 0.5 L/min、ZnO 添加量为 50 mg/L 的系统操作条件，选取溶液初始 pH 分别为 2、4、6.8、8、10，考察不同 pH 下，DBDP 与 DBDP/ZnO 协同体系中 BPA 的降解效果。结果如图 3-13 和表 3-2 所示。

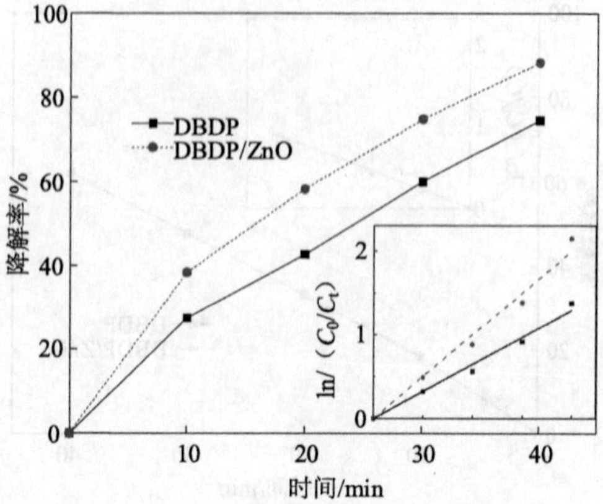

（a）pH=2

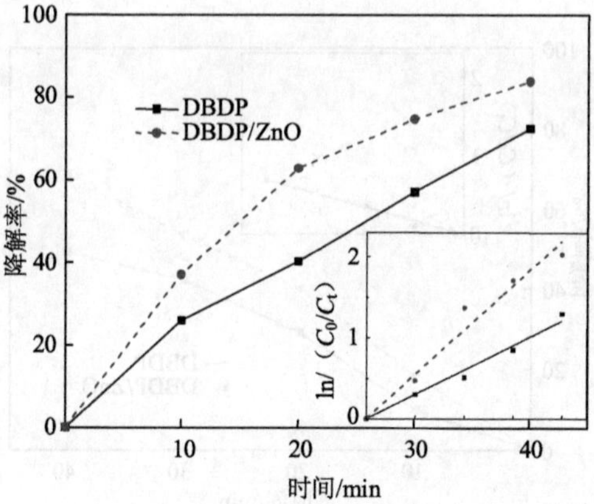

（b）pH=4

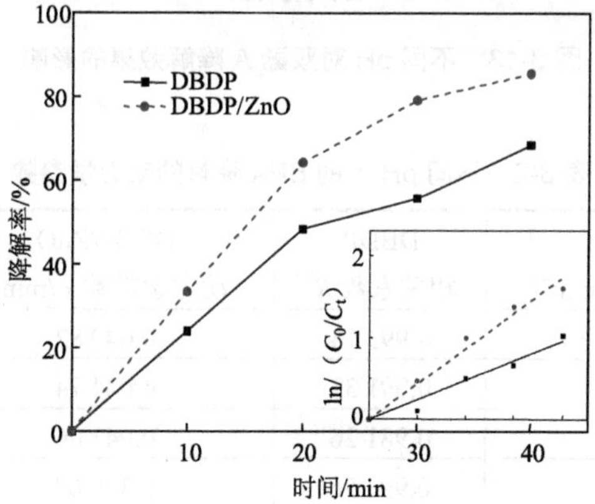

（c）pH=6.8

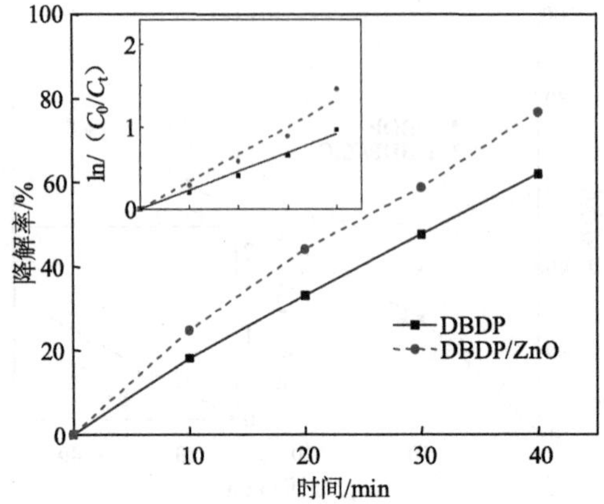

（d）pH=8

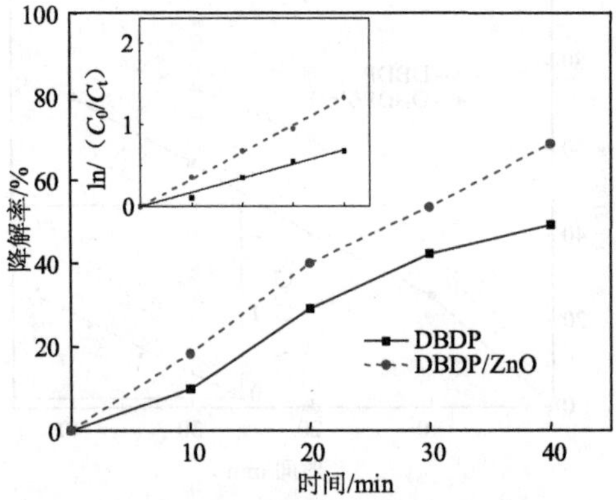

（e）pH=10

图 3-13　不同 pH 对双酚 A 降解效果的影响

表 3-2　不同 pH 下的 BPA 降解的动力学参数

pH	DBDP 动力学常数 k/min^{-1}	DBDP 相关系数 R^2	DBDP/ZnO 动力学常数 k/min^{-1}	DBDP/ZnO 相关系数 R^2
2	0.032 28	0.993 16	0.049 82	0.991 92
4	0.030 10	0.991 37	0.044 74	0.990 67
6.9	0.023 83	0.981 26	0.043 06	0.984 88
8	0.027 70	0.993 56	0.330 60	0.985 56
10	0.017 16	0.991 85	0.032 78	0.998 96

从图 3-13 中可以看出，相较于中性及碱性溶液，酸性溶液条件更有利于 BPA 的降解。当 pH 为 2 时，BPA 的降解率比 pH 为 10 时提高了 19.7%，降解速率常数是 pH 为 10 的 1.5 倍。能量利用率计算结果（图 3-14）显示，当 pH 为 2 时，G_{50}是 pH 为 10 的 1.65 倍。此外，研究结果表明，在研究考察的所有 pH 条件下，ZnO 均存在催化作用，这说明 DBDP 体系中 ZnO 的催化作用基本不受溶液 pH 变化的影响。

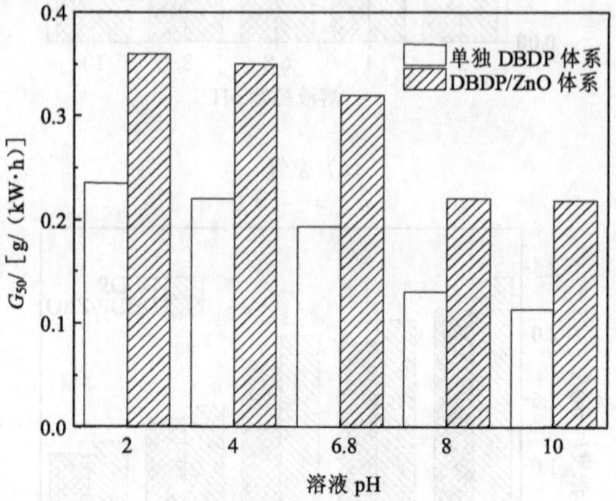

图 3-14 溶液初始 pH 对 G_{50} 的影响

为了说明 DBDP 体系中 ZnO 的催化作用，研究测定了单独 DBDP 体系与添加 50 mg/L ZnO 的 DBDP 体系中，载气分别为 O_2 以及空气的条件下，对应不同 pH 条件下去离子水为目标溶液时，放电 40 min 的 O_3 浓度，结果如图 3-15 所示。

从图 3-15 中可以看出，无论载气是空气还是氧气，在 5 个初始 pH 条件下，DBDP/ZnO 体系中 O_3 的浓度均比单独 DBDP 体系中低，这一结果更进一步地说明了 ZnO 的催化作用不受溶液初始 pH 的影响，ZnO 的催化 O_3 作用可以消耗体系中的 O_3，导致测得的 O_3 含量降低。从图 3-4 中还可以看出，液相 O_3 浓度随溶液 pH 的升高而降低，其原因是 O_3 在酸性条件下溶解性较强，而溶液 pH 增加则会促进 O_3 的分解。

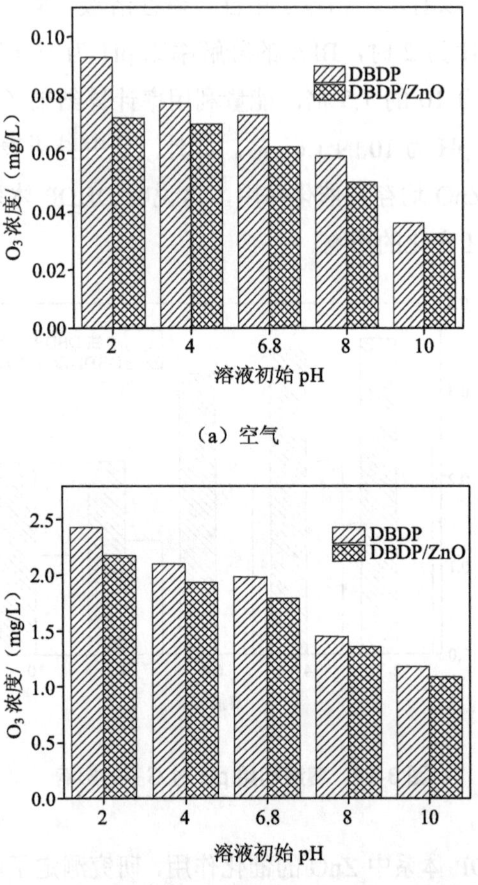

图 3-15 不同载气下溶液初始 pH 对液相 O_3 浓度的影响

3.3.3 不同载气种类对双酚 A 降解效果的影响

在 DBDP 体系中，气体在放电空间被电离产生活性粒子，不同的载气种类会影响体系中所生成的活性物质种类以及相应的浓度。因此，本研究分别考察了单独 DBDP 与 DBDP/ZnO 协同体系中，载气分别为 O_2、空气和氮气（N_2）时，BPA 降解效果随反应时间的变化规律。结果如图 3-16 和表 3-3 所示。

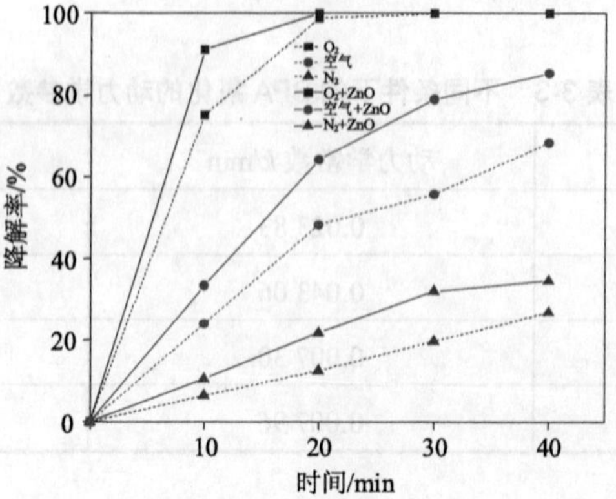

（a）降解率

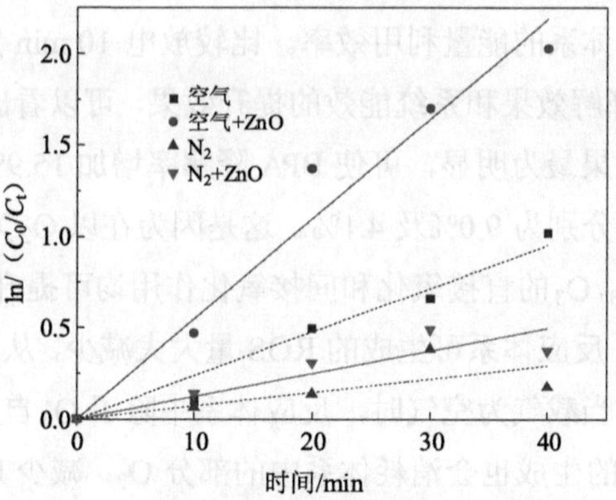

（b）动力学分析

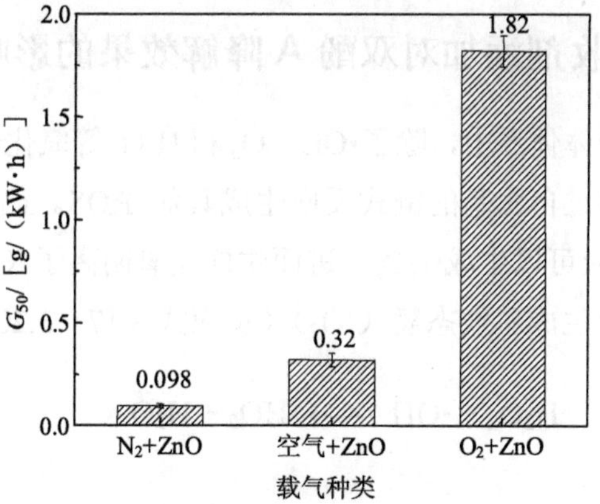

（c）系统能效

图 3-16　不同载气种类对双酚 A 降解效果的影响

表 3-3　不同条件下的 BPA 氧化的动力学参数

实验条件	动力学常数 k/min^{-1}	相关系数 R^2
空气	0.023 83	0.981 26
空气+ZnO	0.043 06	0.984 88
氮气	0.007 30	0.921 7
氮气+ZnO	0.007 96	0.934 18

如图 3-16（a）所示，在 3 种载气条件下，ZnO 的添加均可提高 BPA 的降解率，并可提升体系的能量利用效率。比较放电 10 min 时，不同载气体系中 ZnO 的添加对降解效果和系统能效的提升效果，可以看出：在以 O_2 为载气时，ZnO 的催化效果最为明显，可使 BPA 降解率增加 15.9%，在以空气及 N_2 为载气时，提高量分别为 9.0%及 4.1%。这是因为在以 O_2 为载气时，DBD 过程可生成更多的 O_3，O_3 的直接氧化和间接氧化作用均可提升 BPA 的降解效果。而当载气为 N_2 时，反应体系可生成的 ROS 量大大减少，从而削弱了体系中有机物的降解效果。当载气为空气时，反应体系中除了 O_2 自身的浓度减少，通过 N_2 生成的 NO_3^- 的生成也会消耗体系中的部分 O_2，减少 ROS 的产量，进而减少有机物的降解量，降低系统能效。

3.3.4　不同捕收剂添加对双酚 A 降解效果的影响

在低温等离子体体系中，除了•OH、O_3 和 H_2O_2 等氧化性物质可以氧化目标有机物，还会通过自由基的链式反应生成其他 ROS。已有研究证明，•OH 与水中的 H_2O_2 反应可以生成•HO_2，进而生成超氧阴离子（•O_2^-），•O_2^- 又可以与•OH、•HO_2 反应生成单线态氧（$^1O_2$）（反应式 3.17～3.20）。

$$H_2O_2 + \cdot OH \longrightarrow \cdot HO_2 + H_2O \tag{3.17}$$

$$\cdot HO_2 \longrightarrow \cdot O_2^- + H^+ \tag{3.18}$$

$$\cdot O_2^- + \cdot OH \longrightarrow {}^1O_2 + OH^- \tag{3.19}$$

$$\cdot O_2^- + \cdot HO_2 \longrightarrow {}^1O_2 + HO_2^- \tag{3.20}$$

为了分析不同 ROS 在 BPA 降解中的作用，本研究分别用三乙烯二胺、磷酸二氢钠、苯醌和异丙醇分别作为 $^1O_2$、e^-、$\cdot O_2^-$、$\cdot OH$ 的捕收剂。考察不同捕收剂添加对 DBDP/ZnO 协同体系中 BPA 降解率的影响，结果如图 3-17 所示。

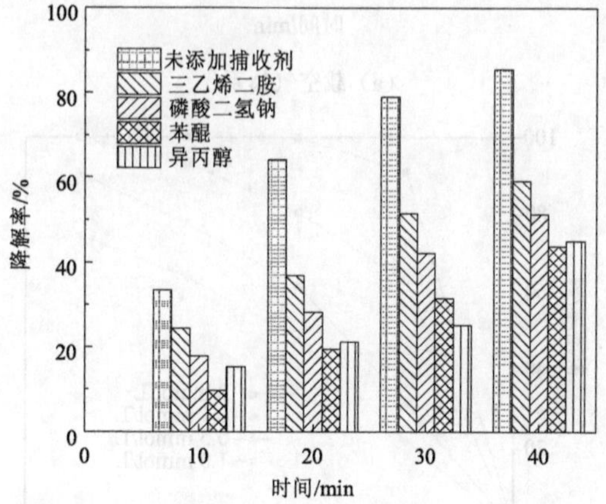

图 3-17　不同捕收剂添加对 BPA 降解率的影响

由图 3-17 可知，在 DBDP/ZnO 协同体系中添加不同的捕收剂后，BPA 的降解率均有所下降，证明了 $^1O_2$、e^-、$\cdot O_2^-$、$\cdot OH$ 在 BPA 降解过程中发挥了作用。反应时间 40 min 时，添加三乙烯二胺、磷酸二氢钠、苯醌和异丙醇后，BPA 的降解率分别降低了 26.3%、34.2%、41.7%和 40.5%。从降解率的变化幅度来看，苯醌和异丙醇对 BPA 降解的影响更大，说明反应体系中的$\cdot OH$ 和$\cdot O_2^-$对 BPA 降解的重要作用。

为了进一步探讨$\cdot OH$ 和$\cdot O_2^-$的重要作用，本研究分别以空气和 O_2 为载气，考察在 DBDP/ZnO 协同体系中分别加入 0.1 mmol/L、0.5 mmol/L、1.0 mmol/L 的苯醌和异丙醇对 BPA 降解率的影响。结果分别如图 3-18 和图 3-19 所示。

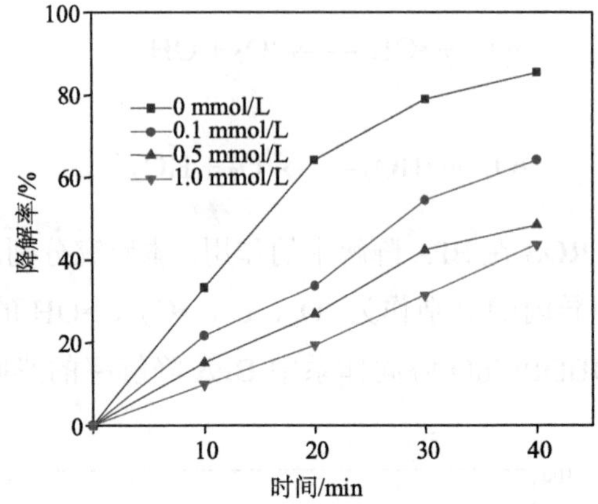

（a）载空气体系

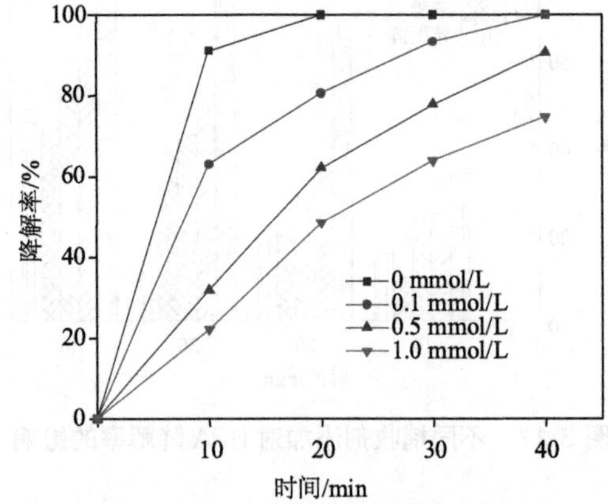

（b）载 O_2 体系

图 3-18 不同浓度苯醌添加对 BPA 降解率的影响

从图 3-18 中可以看出，无论是载空气体系还是载 O_2 体系，添加不同浓度的苯醌后，BPA 的降解效率均有所降低，并且随着苯醌添加量的增加，降低趋势更加明显，这进一步证实了$\cdot O_2^-$添加对反应体系中 BPA 降解的关键作用。比较图 3-19（a）和（b）的研究结果可以看出，在以空气为载气的体系中，$\cdot O_2^-$反应时间为 10 min 时，1.0 mmol/L 的苯醌添加导致 BPA 降解率下降 23.6%，而在载 O_2 体系中，相同条件下 BPA 降解率下降了 69%。这是因为在以 O_2 为载气的反应体系中，有更多的$\cdot O$ 和 O_3 等活性粒子生成，促使更高浓度的$\cdot O_2^-$

的生成，使其更容易被苯醌捕收，最终影响了 BPA 的降解。这一结果与 3.3.3 节中载气种类对 BPA 降解影响的研究结果相吻合。

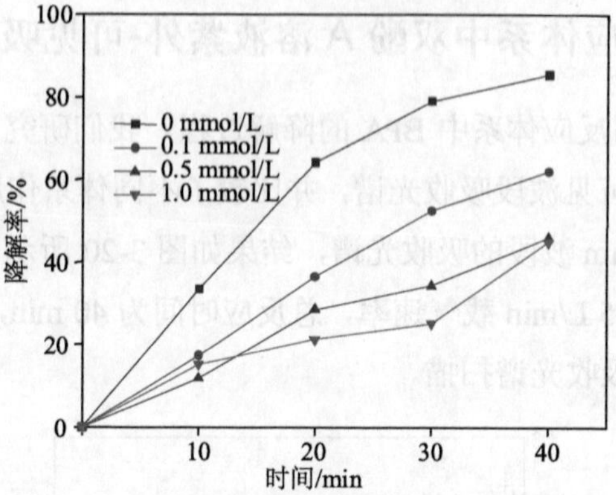

（a）载空气体系

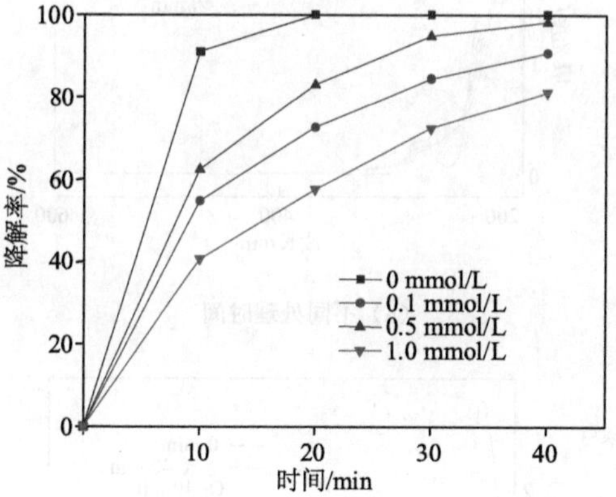

（b）载 O_2 体系

图 3-19 不同浓度异丙醇添加对 BPA 降解率的影响

图 3-19 为不同载气条件下，不同浓度异丙醇添加对 BPA 降解率的影响。从图可以看出，异丙醇的添加可以有效抑制 BPA 的降解。这一结果说明了反应体系中生成的•OH 对 BPA 降解的重要作用。比较不添加异丙醇的反应体系，在以空气为载气的情况下，处理 10 min 后，添加 1.0 mmol/L 异丙醇的体系中 BPA 的降解率降低了 18.2%。而在载 O_2 体系中，BPA 的降解率降低了 50.4%，

说明载 O_2 体系中有更多的•OH 生成，可以更高效地降解目标有机物，这同样验证了载气种类对 BPA 降解效果的影响规律。

3.3.5　不同反应体系中双酚 A 溶液紫外-可见吸收光谱的变化

为了对比不同反应体系中 BPA 的降解过程，我们研究了不同放电时间下 BPA 溶液的紫外-可见波段吸收光谱，并比较了不同体系作用 40 min 后，BPA 溶液在 200～600 nm 波段的吸收光谱，结果如图 3-20 所示。实验条件设定为 5 kV 峰值电压、0.5 L/min 载气速率，总反应时间为 40 min，每 10 min 间隔取样进行紫外-可见吸收光谱扫描。

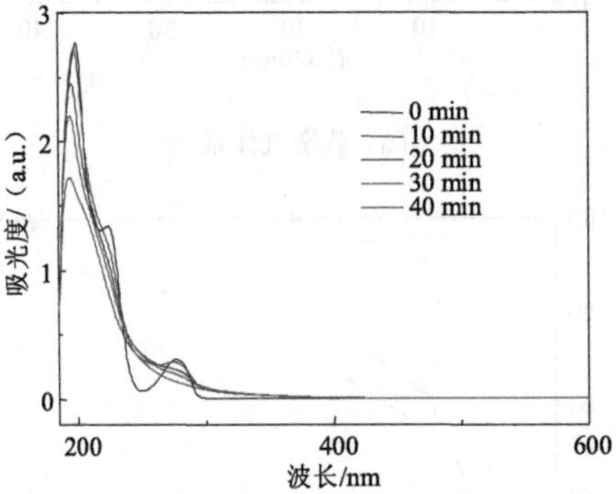

（a）不同处理时间

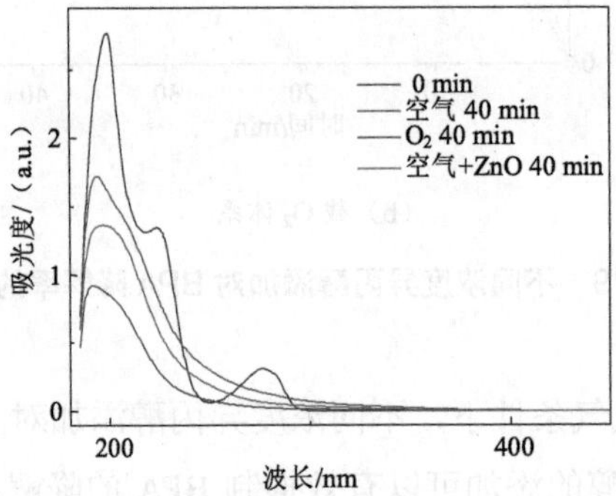

（b）不同反应体系

图 3-20　BPA 溶液的紫外-可见波段扫描图

从图 3-20（a）中可以看出，BPA 的特征峰出现在 276 nm 处，DBDP/ZnO 协同体系中 BPA 溶液的特征峰随着反应时间的增加而呈逐渐降低的趋势，说明 BPA 分子逐渐被降解。此外，在 240～260 nm 处出现了吸收峰，说明了 BPA 降解过程中有中间产物的生成。这些中间产物可能含有共轭双键、苯环和不饱和羰基等官能团，这些官能团在 230～300 nm 范围内具有吸光性，说明了 BPA 降解过程中有对苯二酚等中间产物生成。

图 3-20（b）显示了不同载气条件下 DBDP/ZnO 协同体系反应体系处理 40 min 后 BPA 溶液的紫外-可见吸收光谱。从图中可以看出：在载空气条件下，单独放电处理 40 min 后 BPA 的特征峰几乎达到平滑的状态，但在 240～260 nm 处出现了吸收峰，证明了 BPA 的降解。在以空气为载气的 DBDP/ZnO 协同体系中，放电处理 40 min 后，BPA 特征峰的强度逐渐降低，同时 240～260 nm 处的中间产物峰也逐渐降低，这表明了苯环结构的开裂，证明了 BPA 降解过程中初步生成的中间产物得到了进一步降解，进一步证实了 ZnO 在 DBDP 水处理体系中的催化作用。在以氧气为载气的体系，反应 40 min 后 BPA 溶液在 240～260 nm 处的吸光度更低，这证明了载 O_2 体系中 BPA 的高效降解。

3.3.6　反应过程中双酚 A 溶液 COD 及 TOC 的去除

COD 是水体中有机物被氧化剂氧化所需的氧的量，是衡量水体中有机物污染程度的重要指标，COD 值越高，说明水体可生化性越差。TOC 是指水中悬浮性和溶解性有机物的含碳总量，可以反映水体中有机物的矿化程度。为了说明不同反应体系对 BPA 溶液中有机物的矿化效果以及可生化性的影响，本研究考察了反应处理 40 min 后，不同反应体系中 BPA 溶液的 TOC 和 COD 去除率的变化情况，结果如图 3-21 所示。

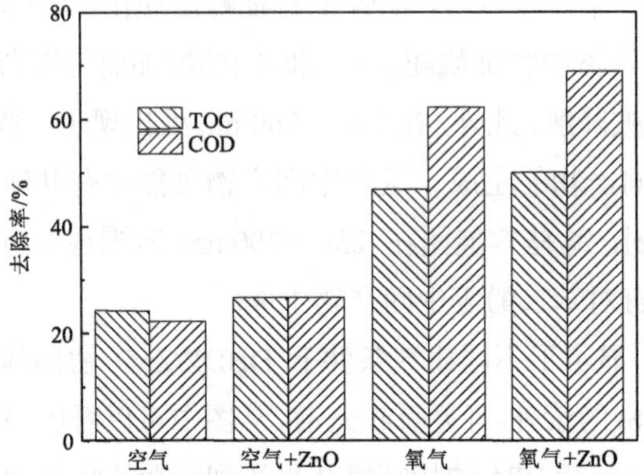

图 3-21 不同反应体系中 TOC 和 COD 的去除率

由图 3-21 可知，在载空气和载 O_2 的条件下，在 DBDP 体系中添加 ZnO 可以在一定程度上提高 BPA 溶液的 COD 和 TOC 去除率。此外，载 O_2 体系中 BPA 溶液的 COD 和 TOC 去除率较载空气体系明显提升，这一结果说明，添加 ZnO 催化剂可以提高 BPA 的矿化率和可生化性，证实了 ZnO 的催化作用。同时，与载空气体系相比，载 O_2 反应体系中活性物质的生成浓度更高，这使得经该反应体系处理的 BPA 溶液的矿化率和可生化性得以提高。

3.4 DBDP 协同纳米 WO_3 降解双酚 A 研究

3.4.1 WO_3 添加量对双酚 A 降解效果的影响

本研究探讨了在不同纳米 WO_3 添加浓度条件下（50 mg/L、100 mg/L、125 mg/L、150 mg/L、175 mg/L 和 200 mg/L），对 BPA 降解效果的影响。实验设定条件为电压 5 kV、载气为空气、进气量为 0.5 L/min，反应时长为 60 min，每隔 15 min 取样 1 次。相应的 BPA 降解率、动力学分析及系统能效分析结果如图 3-22 所示。

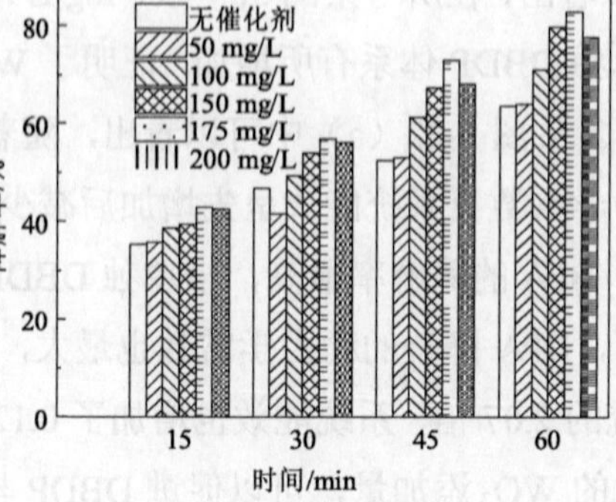

（a）降解率

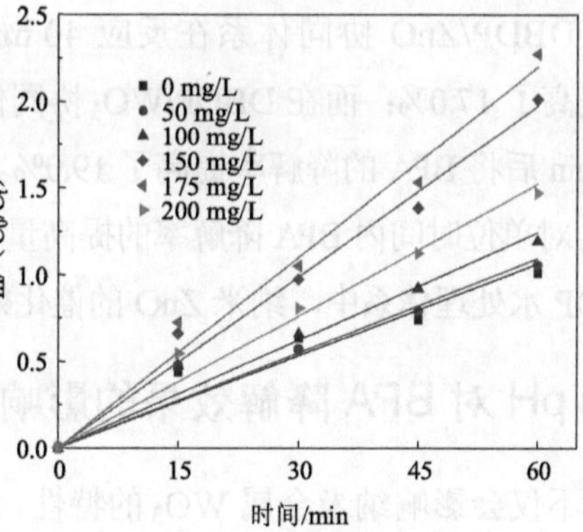

（b）动力学分析

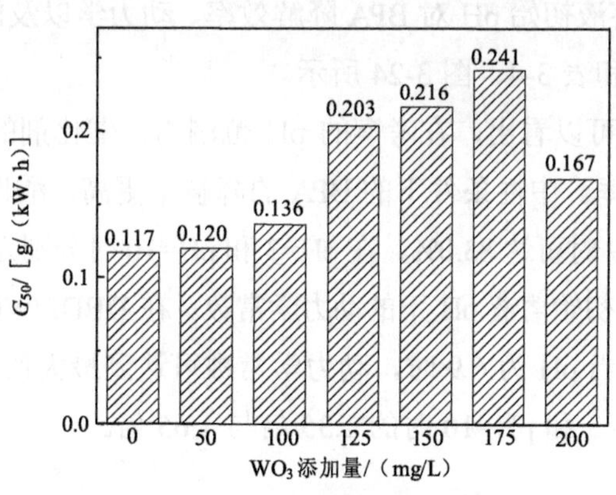

（c）系统能效

图 3-22　WO_3添加量对双酚 A 降解效果的影响

从图 3-22 中可以看出，在所考察的 50～200 mg/L 纳米 WO_3 添加范围内，BPA 的降解率均较单独 DBDP 体系有所增加，证明了 WO_3 的催化作用及其对系统能效的提升作用。从图 3-22（a）中可以看出，随着 WO_3 添加量的增加，BPA 的降解率、动力学常数及系统能效呈先增加后减少的趋势。当 WO_3 的添加量为 175 mg/L 时，BPA 的降解率最高，较单独 DBDP 体系提高了 19.3%，相应地，在此条件下，BPA 降解的动力学常数也最大，达到 0.036 65 min^{-1}，约为单独 DBDP 系统的 2.07 倍，系统能效也增加了 0.124 g/（kW·h）。这一结果说明存在一个最优的 WO_3 添加量，可以促进 DBDP 与 WO_3 协同作用。

将本实验结果与 3.3.1 节中的结果进行比较，可以发现：添加 50 mg/L 纳米 ZnO 催化剂的 DBDP/ZnO 协同体系在反应 40 min 后，BPA 的降解率比单独 DBDP 体系提高了 17.0%；而在 DBDP/WO_3 协同体系中，添加 175 mg/L 的 WO_3，在反应 60 min 后将 BPA 的降解率提高了 19.0%。尽管纳米 WO_3 的添加量高于 ZnO，但 WO_3 对单位时间内 BPA 降解率的提高量不及 ZnO。这一结果说明，在此单电极 DBDP 水处理体系中，纳米 ZnO 的催化效果优于 WO_3。

3.4.2 溶液初始 pH 对 BPA 降解效果的影响

溶液的初始 pH 不仅会影响纳米金属 WO_3 的特性，还会影响 DBD 体系中活性物质的产生，实验选取的初始 pH 分别为 3、6.9 以及 10，其他条件与上一节保持一致，溶液初始 pH 对 BPA 降解效率、动力学以及能量利用效率 G_{50} 的影响如图 3-23 和表 3-4、图 3-24 所示。

由图 3-23 中可以看出，在考察的 pH 范围内，催化剂的添加均可以大幅提高 BPA 的降解率。中性条件下的 BPA 的降解率更高，酸性条件次之，最高降解率在 pH 为 6.9 时可达 83.0%，在 pH=3 和 pH=10 时分别为 81.1%和 73.8%。表 3-4 表明了不同初始溶液 pH 下的动力学常数。在 DBDP/WO_3 体系中，与 pH 为 3 和 10 相比，当 pH 为 6.9 时，动力学常数可达到最大值为 0.366 5 min^{-1}，分别是同条件 pH=3 和 pH=10 时的 1.35 倍与 1.65 倍。

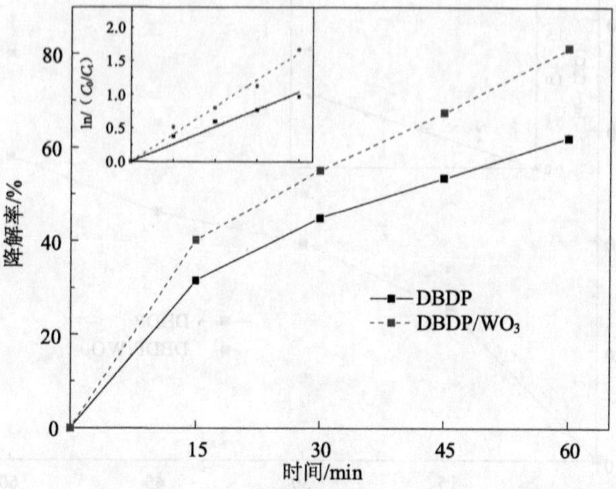
80
60
40
20
0
降解率/%
15
30
45
60
时间/min
DBDP
DBDP/WO$_3$
2.0
1.5
1.0
0.5
0.0
ln/（C_0/C）

（a）pH=3

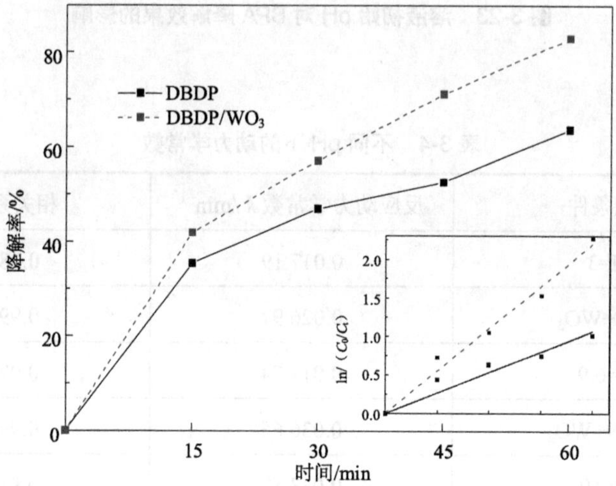
80
60
40
20
0
降解率/%
15
30
45
60
时间/min
DBDP
DBDP/WO$_3$
2.0
1.5
1.0
0.5
0.0
ln/（C_0/C）

（b）pH=6.9

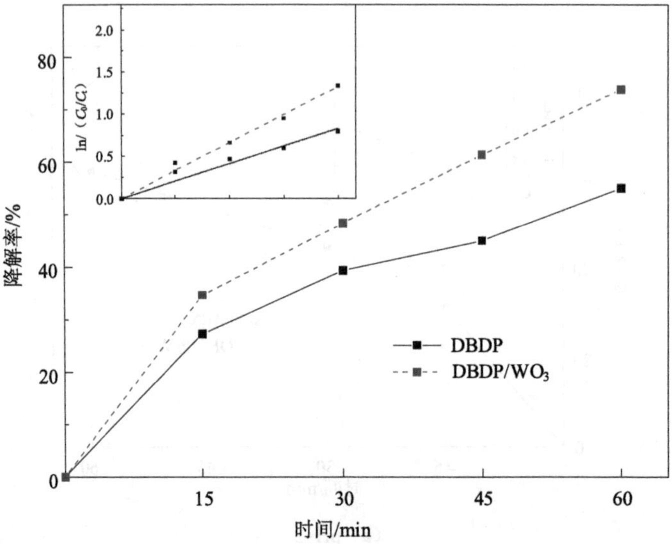

（c）pH=10

图 3-23　溶液初始 pH 对 BPA 降解效果的影响

表 3-4　不同 pH 下的动力学常数

实验条件	反应动力学常数 k /min^{-1}	相关系数 R^2
pH=3	0.017 19	0.984 44
pH=3+WO_3	0.026 97	0.994 15
pH=6.9	0.017 74	0.974 30
pH=6.9+WO_3	0.036 65	0.992 92
pH=10	0.013 87	0.984 16
pH=10+WO_3	0.022 10	0.995 88

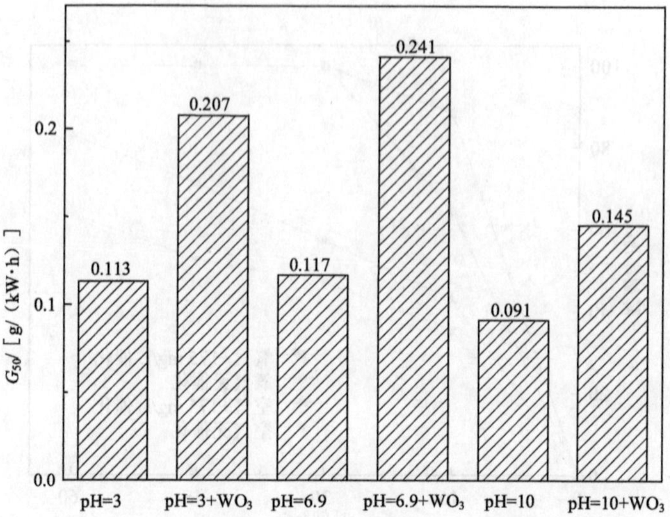

图 3-24　不同 pH 对能量利用效率的影响

此外，由图 3-24 中可以看出，当溶液为中性时添加 WO_3 的能量利用效率为 0.241 g/（kW·h），分别为 pH=3 与 pH=10 的 1.16 倍和 1.66 倍。因此，中性溶液下更有利于 BPA 的降解。

这是因为 O_3 在酸性溶液下的溶解度较高，因此酸性条件下 O_3 反应占主要作用，而 WO_3 在 pH=2.5 附近存在零电荷点，且当溶液的 pH 越接近 3，WO_3 的胶体稳定性越低，容易引起 WO_3 粒子的大量聚集，从而降低 WO_3 的比表面积，催化性能下降。在碱性溶液情况下的 O_3 很容易自分解，溶解度较低，此外在反应过程中还会产生 CO_3^- 等中间产物，捕捉活性粒子，使用于降解 BPA 的自由基浓度降低。因此，中性条件下更有利于 BPA 的降解。

3.4.3　不同载气种类对 BPA 降解效果的影响

为了考察通入不同气体对 DBDP/WO_3 体系降解 BPA 降解效果的影响，分别以 0.5 L/min 的速率向 DBD 反应器通入空气以及氧气，考察不同载气种类对单独 DBDP 体系与 DBDP/WO_3 中 BPA 降解效果的影响，其实验结果如图 3-25 所示。

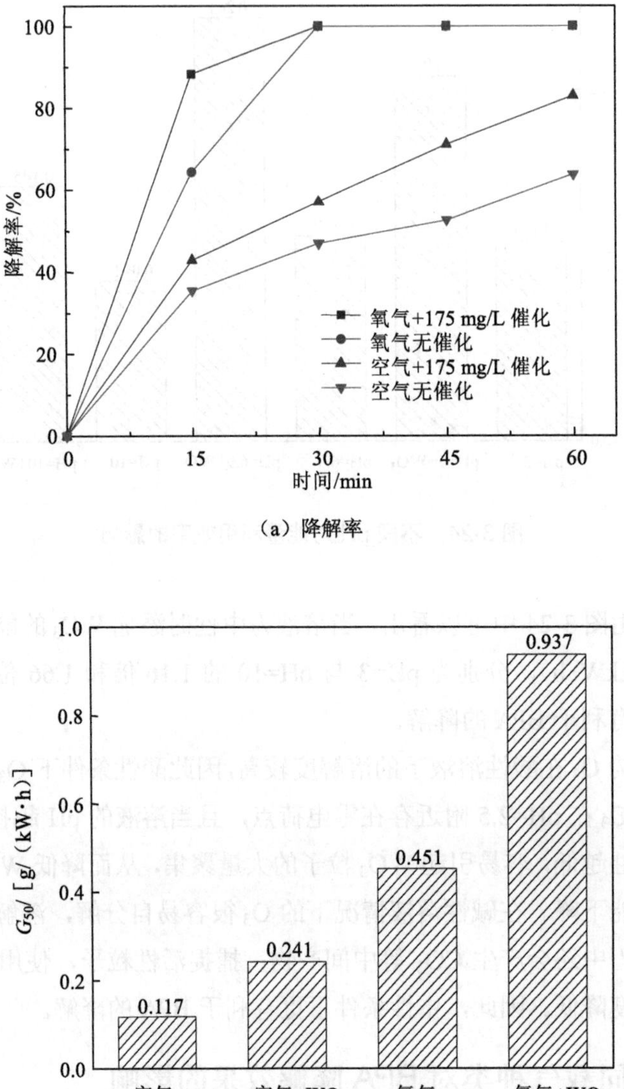

图 3-25　不同载气种类对 BPA 降解效果的影响

由图3-25（a）中可以看出，无论是氧气为载气还是空气为载气，WO_3的添加均使BPA的降解率有了提高，证明了WO_3的催化作用不受载气种类的限制。当降解10 min时，催化剂的添加使氧气体系提高了23.9%的降解率，而空气体系仅提高了7.5%，因为氧气条件下DBD放电产生了更多的•O，WO_3可以充分发挥催化作用，将其催化为•OH，•OH的氧化电位高于O_3，因此，氧气条件下添加催化剂的效果更好。当载气为氧气时，单独DBDP体系下，在反应30 min时降解率已达到100%，而此时同条件件空气为载气时，降解率仅为46.9%，氧气为载气提高了53.1%。图3-25（b）反映了体系的能量利用效率与载气条件的关系，添加催化剂的情况下，氧气条件下的能量利用效率为0.937 g/（kW·h），是空气的3.89倍。这是因为氧气经过放电空间生成了大量的O_3以及其他高氧化性的活性物质，增加了溶液的氧化电位，提高了BPA的降解率。

3.4.4　不同捕收剂对BPA降解效果的影响

为了证明BPA降解过程中活性物质的作用，本节研究了较为重要的异丙醇与苯醌捕收剂对DBDP以及DBDP/WO_3体系中BPA降解效果的影响。其中异丙醇与苯醌的浓度为1 mmol/L，实验结果如图3-26所示。

由图3-26可知，无论是DBDP体系还是DBDP/WO_3体系，添加捕收剂后的BPA降解率均有所下降，因此，在这两种体系中，均存在•OH及•O_2^-。单独DBDP体系，异丙醇及苯醌的添加分别导致BPA的降解率下降了18.5%及24.0%，当体系中加入WO_3后，异丙醇及苯醌分别下降35.8%及27.3%，通过对比DBDP体系以及DBDP/WO_3中添加异丙醇后BPA降解率的变化发现，添加WO_3后，体系中的BPA降解率明显下降了更多，表明DBDP/WO_3体系中的异丙醇捕收了更多的•OH，即WO_3的添加使体系内•OH的浓度升高，从而提高了BPA的降解率。

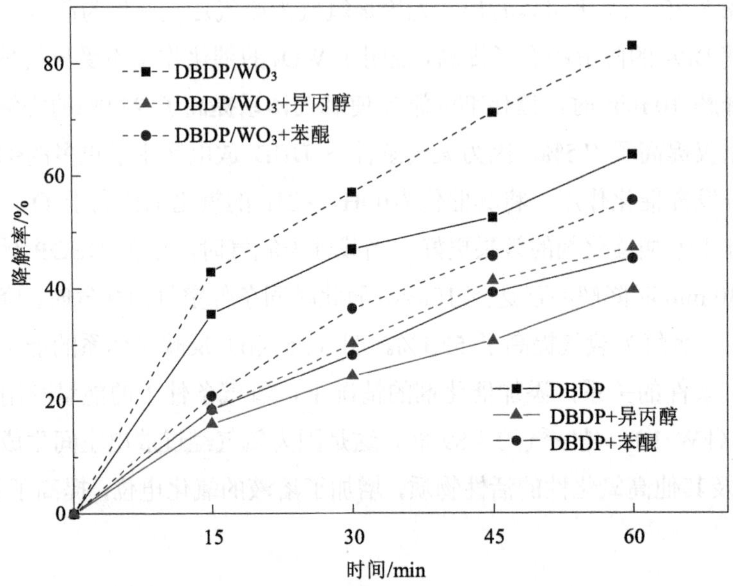

图 3-26　不同捕收剂对 BPA 降解率的影响

3.4.5　WO_3稳定性测试

为了评估所制备的 WO_3 催化剂的稳定性，本研究进行了循环使用稳定性的实验，WO_3 的添加量为 175 mg/L。图 3-27（a）为 WO_3 进行了 4 次循环使用后的 BPA 降解效果图。从图 3-27（a）中可以看出，第 4 次使用的 WO_3 依然保持了催化活性。在相同的实验条件下，反应 60 min 后，与初次使用相比，第 4 次循环使用的 DBDP/WO_3 协同体系中 BPA 的降解率仅降低了 4.7%，证明所制备的 WO_3 催化剂具有较好的稳定性。

此外，为了分析 DBD 过程对 WO_3 的影响，我们将使用前后的 WO_3 催化剂的表征结果进行了对比。XRD 结果如图 3-27（b）所示，经过 4 次循环使用后，WO_3 的 XRD 图谱几乎没有变化，说明其晶体结构保持稳定。SEM 结果（图 3-28）也显示，经过 4 次试验后催化剂的结构和形貌无明显变化。BPA 降解率的小幅降低可能是因为催化剂纳米片之间相互堆叠，结构变得更加紧密，使其对污染物的吸附力有所降低。

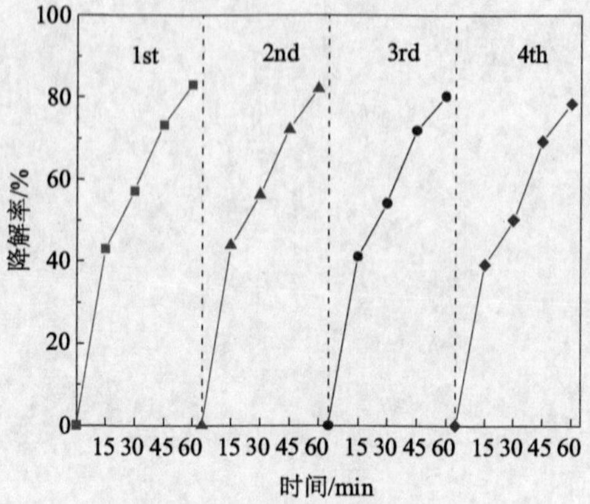

（a）降解率

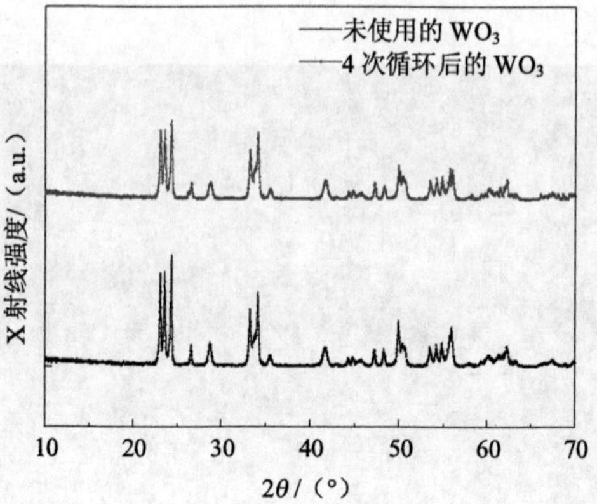

（b）XRD 图谱

图 3-27　WO_3 循环使用次数的影响

（a）初始的 WO_3

（b）循环使用后的 WO_3

图 3-28 SEM 图

3.4.6　反应过程中 O_3 与 H_2O_2 浓度分析

3.4.6.1　O_3 浓度分析

在 DBDP 放电过程中，高能电子会与水分子和 O_2 分子发生碰撞，生成活性自由基（•OH、•O 等）和活性分子（H_2O_2、O_3 等）。这些活性物质不仅可以直接氧化有机污染物，而且生成的 O_3 和 H_2O_2 还可以通过催化分解反应转化为其他 ROS。O_3 寿命长且检测方便，其浓度的高低可以在一定程度上说明不同反应体系中活性自由基的浓度。此外，在 DBDP/WO_3 协同体系中，纳米 WO_3 可催化 O_3 生成•OH。为了说明 BPA 降解过程中反应体系中 O_3 浓度的变化，并验证纳米 WO_3 对 DBDP 中生成的 O_3 的催化作用，本研究分别以 500 mL 的 20 mg/L 的 BPA 模拟废水和 500 mL 去离子水为目标水体，考察单独 DBDP 体系和 DBDP/WO_3 协同体系（WO_3 添加量为 175 mg/L）中 O_3 浓度的变化，每隔 15 min 取样测定，结果如图 3-29 所示。

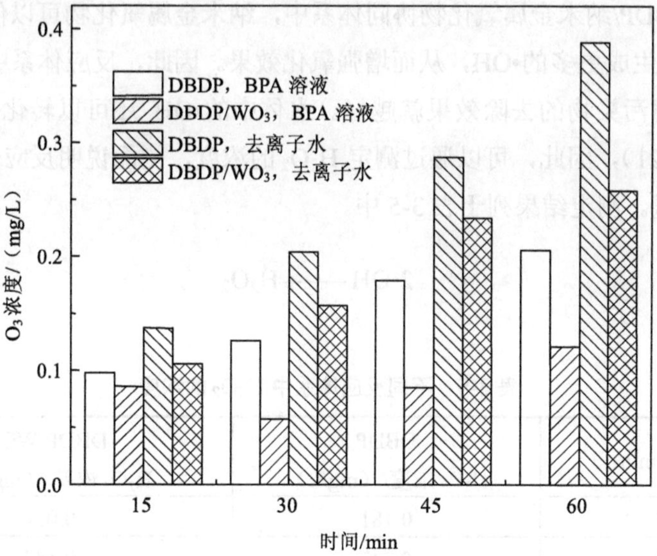

图 3-29　不同体系中 O_3 浓度的变化

由图 3-29 可知，随着反应时间的增加，无论是 BPA 溶液体系还是去离子水体系，液相 O_3 浓度基本呈上升趋势。这是因为随着反应的进行，放电作用生成的 O_3 持续不断地进入水体，使得 O_3 浓度增加。同时，从图中可以看出，无论是 BPA 溶液体系还是去离子水体系，WO_3 的添加均可导致液相 O_3 浓度的降低。这是因为纳米 WO_3 的催化作用可以将体系中的 O_3 转化为•OH 等氧化性更高的活性物质。此外，去离子水体系中的 O_3 浓度明显高于 BPA 溶液体系，当反应时间达到 60 min 时，添加 WO_3 的去离子水体系中液相 O_3 的浓度是 BPA 溶液体系中的 2.13 倍，这一结果证实了反应体系中生成的活性物质对 BPA 的氧化降解具有积极作用。

3.4.6.2　H_2O_2 浓度分析

H_2O_2 也是 DBDP 体系中存在的物质之一，它的生成源于水分子被体系中产生的高能电子解离、激发，或者是由 O_3 与 OH^- 反应生成 HO_2^- 后又进一步与 H^+ 结合而产生。H_2O_2 一般是通过反应生成氧化性较强的•OH 来作用于目标物的。在 DBDP/纳米金属氧化物协同体系中，纳米金属氧化物可以催化其中的 O_3 和 H_2O_2 生成更多的•OH，从而增强氧化效果。因此，反应体系中•OH 的含量越高，对污染物的去除效果就越好。水体中的•OH 还可以转化生成 H_2O_2（反应式 3.21），因此，可以通过测定 H_2O_2 的浓度，侧面说明反应体系中•OH 的相对含量。测定结果列于表 3-5 中。

$$2\cdot OH \longrightarrow H_2O_2 \tag{3.21}$$

表 3-5　不同反应体系中 H_2O_2 的浓度

时间/min	DBDP H_2O_2 浓度/（mg/L）	DBDP/WO_3 H_2O_2 浓度/（mg/L）
15	0.181	0.074
30	0.347	0.147
45	0.496	0.812
60	0.665	0.959

由表 3-5 可知，随着反应时间的增加，无论是单独 DBDP 体系还是 DBDP/WO_3 协同体系，液相积累的 H_2O_2 的浓度逐渐增加，说明了体系中 H_2O_2 含量的逐渐累积。此外，在反应的前 30 min 内，DBDP/WO_3 协同体系中的 H_2O_2 浓度比单独 DBDP 体系中低，这是因为在协同体系的反应初期，WO_3 的催化作用可以将 DBDP 体系中生成的 H_2O_2 转化为•OH，使得 H_2O_2 含量下降；而当反应时间超过 30 min 后，随着目标污染物浓度的降低，体系中的•OH 含量增加，此时多余的•OH 便可以转化生成 H_2O_2。

3.4.7 反应过程中双酚 A 溶液电导率与 pH 的变化

有机物降解反应生成的中间产物会影响溶液的性质。为了初步考察 BPA 降解产物对溶液性质的影响，本研究在峰值电压为 5 kV、载气速率为 0.5 L/min 的条件下，探究了单独 DBDP 体系与 DBDP/WO_3 协同体系中 BPA 溶液的电导率及 pH 随反应时间的变化规律。研究中 WO_3 的添加量为 175 mg/L，总反应时间为 60 min，每隔 15 min 测定一次溶液的电导率和 pH。研究结果如图 3-30 所示。

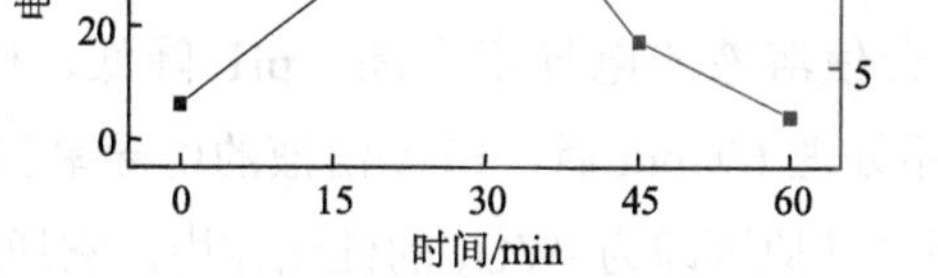

（a）单独 DBDP 体系

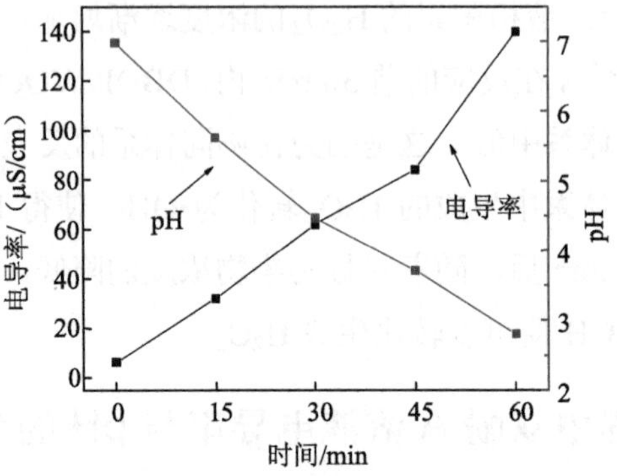

（b）DBDB/WO_3 协同体系

图 3-30　溶液电导率和 pH 的变化

从图 3-30 中可以看出，反应 60 min 后，单独 DBDP 体系中 BPA 溶液的电导率由初始的 6.2 μS/cm 增加至 92 μS/cm，而在 DBDP/WO_3 协同体系中，溶液电导率升至 140 μS/cm。相应地，单独 DBDP 体系中目标溶液的 pH 由初始的 6.9 降至反应 60 min 时的 4.75，而 DBDP/WO_3 协同体系中溶液的 pH 降至 2.98，即在降解过程中，溶液电导率呈上升趋势，而 pH 呈下降趋势。其主要原因是，在反应过程中，体系中生成的各种活性物质首先与 BPA 分子发生反应，促使其苯环之间的化学键断开，生成中间产物，如小分子酚类酸类物质以及 HCO_3^-、CO_3^{2-}等无机离子，这些产物的生成使溶液的电导率升高。此外，当空气作为载气进入反应体系时，可能会发生电离，生成硝酸、碳酸等无机酸类物质，也会使溶液的电导率升高、pH 降低。研究结果表明，经 DBDP/WO_3 协同体系处理 60 min 后，BPA 溶液的电导率和 pH 的变化幅度大于单独 DBDP 体系，其原因即为 WO_3 的催化作用，它通过协同效应提高了 BPA 的降解率，促成了更多 BPA 分子苯环的开裂，生成了更多无机酸类物质，进而导致了更明显的溶液电导率提高和 pH 降低。

$$e^- + N_2 \longrightarrow \cdot N + \cdot N + e^- \tag{3.22}$$

$$\bullet N + O_2 \longrightarrow NO + \bullet O \quad (3.23)$$

$$\bullet N + \bullet O \longrightarrow NO \quad (3.24)$$

$$NO + \bullet O \longrightarrow NO_2 \quad (3.25)$$

$$NO_2 + \bullet OH \longrightarrow HNO_3 \quad (3.26)$$

$$NO + \bullet OH \longrightarrow HNO_2 \quad (3.27)$$

$$2NO_2 + H_2O \longrightarrow HNO_2 + H^+ + NO_3^- \quad (3.28)$$

$$NO_2^- + O_3 \longrightarrow NO_3^- + O_2 \quad (3.29)$$

3.4.8　双酚 A 降解中间产物推测

为了说明 DBDP 与纳米 WO_3 协同降解 BPA 所生成的降解中间产物，以及 BPA 的降解途径，本研究采用液相色谱-质谱联用（LC-MS）技术分析了 BPA 降解过程中产生的中间产物，对保留时间为 1.18 min、1.70 min、2.28 min、5.39 min 时的特征峰进行了质谱分析。根据分析结果，推测出 BPA 在降解过程中产生的中间产物，结果列于表 3-6 中。根据鉴定得出的降解产物，分析了 DBDP/WO_3 协同体系中 BPA 的可能降解路径，结果如图 3-31 所示。

表 3-6　BPA 降解中间产物

名称	结构式
1,4-苯二酚	

名称	结构式
富马酸	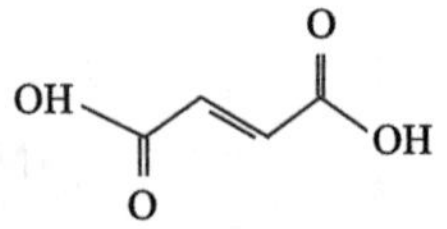
苯丙酮	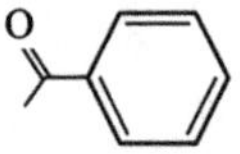
4-对羟基苯乙酮	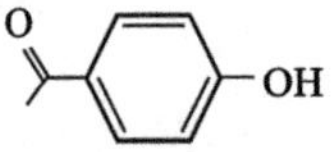
异丙基苯酚	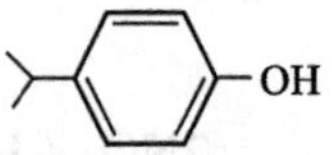
4-枯基苯酚	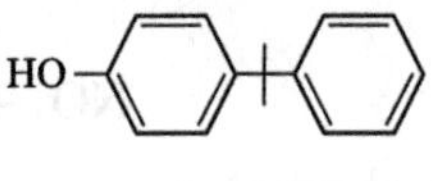

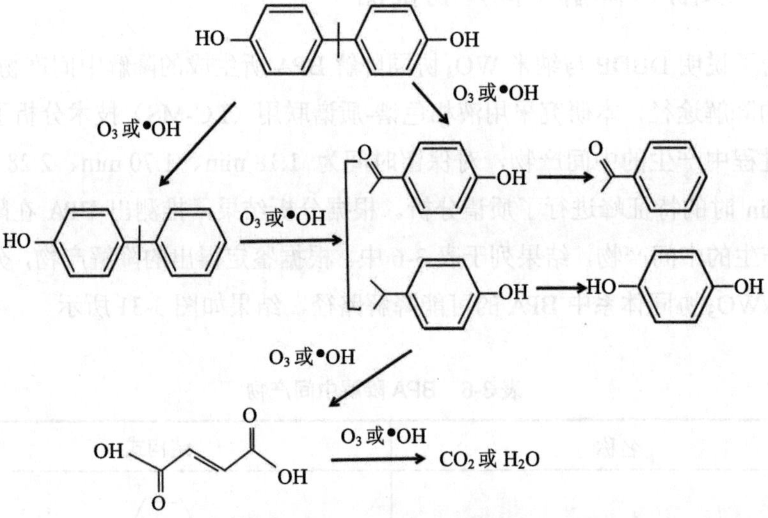

图 3-31 BPA 可能的降解路径

3.4.9 DBDP/ WO_3 协同降解双酚 A 机理推测

根据前文的研究结果，推测 DBDP/WO_3 协同降解 BPA 机理可概括如下：如图 3-32 所示，介质阻挡放电作用过程产生的光（高能电子）可以将 WO_3 激活并产生电子-空穴对，空穴可以将反应体系中的 H_2O_2、H_2O 等分子转化为 $\cdot HO_2$ 和氧化性能更强的$\cdot OH$。同时，DBDP 体系中生成的 O_3 以及外加入的 O_2 在电子的作用下转化为$\cdot O_3^-$，并通过进一步的反应生成$\cdot OH$。综上可知，DBDP/WO_3 协同体系中的 BPA 分子可以通过介质阻挡放电产生的物理效应和 H_2O_2、O_3 等化学效应实现直接或间接的氧化降解。此外，WO_3 的催化作用能充分利用 DBD 过程中产生的物理与化学效应，促进生成氧化性更强的$\cdot OH$，作用于目标 BPA 分子，促成 BPA 的更高效降解，提高 BPA 的降解率。

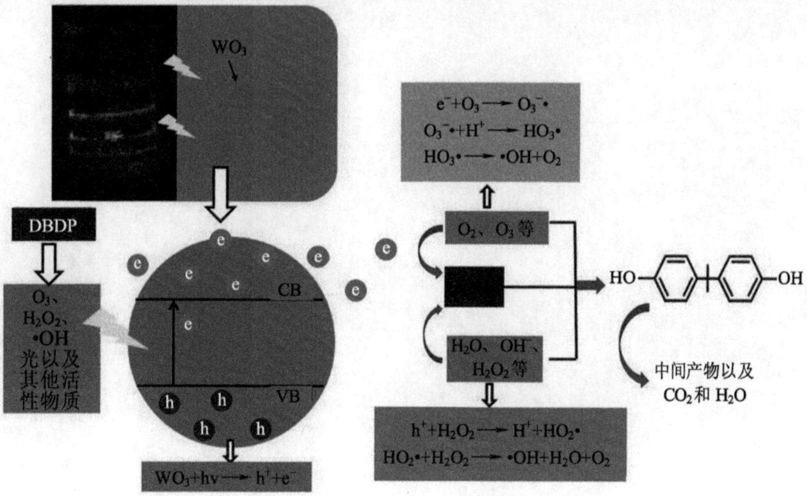

图 3-32　DBDP/ WO_3 协同降解 BPA 机理推测

第4章

DBDP/石墨烯-WO_3协同有机废水处理技术

4.1 石墨烯-WO_3复合催化剂

4.1.1 石墨烯的结构与性质

2004年，英国曼彻斯特大学科学家Andre Geim和Konstantin Novoselov通过胶带剥离这一简单方法，从石墨中成功剥离出单层石墨烯。石墨烯是碳的同素异形体，是由碳原子以sp^2杂化键合形成的单层六边形蜂窝晶格。它具有优异的光学、电学及力学特性，在材料学、微纳加工、能源、生物医学和药物传递等多个领域具有重要的应用前景，被称作“奇迹材料”[78]。石墨烯以其高的比表面积、良好的亲水性、耐酸碱性等优势，在废水处理领域得到了广泛研究，成为一种极具研究价值和应用潜能的新型材料。

4.1.2 石墨烯-金属氧化物在废水处理中的应用

近年来，石墨烯-金属氧化物复合材料的研究日益活跃，通过在石墨烯表面负载纳米金属氧化物，既可以改善石墨烯的表面官能团、比表面积和孔隙率等，也能够提升其整体的催化效果。与单一的纳米金属氧化物相比，石墨烯-金属氧化物复合材料的比表面积较大、吸附性较强、导电性较好、稳定性较高、使用寿命较长，在废水处理领域得到广泛应用。石墨烯复合WO_3、ZnO、TiO_2、Fe_2O_3等材料已被证明是有效促进有机污染物降解的光催化剂。

近期研究还探索了低温等离子体协同石墨烯-金属氧化物在降解水体有机污染物中的应用。Nian等[79]通过水热合成法制备出ZnO-石墨烯（reduced graphene oxide，rGO）纳米复合材料，并将其用于DBDP降解对羟基苯甲酸甲酯的研究，结果表明，在放电功率为20 W，ZnO-rGO的添加量为0.015 g/L时，对初始浓度为20 mg/L的对羟基苯甲酸甲酯的降解率在15 min时可高达99%。Guo等[80]制备了不同质量比的rGO-WO_3纳米复合材料，将其协同脉冲放电等离子体降解水体中的恩诺沙星。结果表明，石墨烯掺杂量为3%的rGO-WO_3复合材料表现出较高的催化活性，使恩诺沙星的降解率比单一脉冲放电等离子体体系高出23.1%。Zhang等[81]制备了TiO_2-rGO复合催化剂，将其协同DBDP降解水体中的乙酰氨基酚，结果表明，当TiO_2-rGO（3%）的添加量为 0.25 g/L 时，18 min 后对乙酰氨基酚的降解率可达 92%，此外，TiO_2-rGO的加入显著影响了DBDP体系中O_3和H_2O_2的产量。Li等[82]制备出不同质量比的 rGO-TiO_2 复合催化剂，将其负载于陶瓷蜂窝板上，协同DBDP降解噻虫胺，研究表明，8%的rGO-TiO_2具有较高的催化活性，放电处理120 min后，0.1 g/L的噻虫胺溶液的降解率可达98.9%。

事实上，DBDP协同石墨烯-金属氧化物纳米复合材料在废水治理方面具有诸多优势：首先，石墨烯作为电子受体，能够有效抑制电子-空穴对的复合；其次，石墨烯本身的特殊结构使其能够吸附更多的污染物，提高传质效率，进而提升催化效果；再次，石墨烯能够有效避免纳米金属氧化物粒子间的团聚，有效减少金属氧化物的腐蚀和其向水体的迁移，延长催化剂的使用寿命，同时抑制二次污染；最后，石墨烯也能催化O_3生成•OH，进而提高材料的催化效果和系统能效。由此可见，石墨烯与金属氧化物结合而成的复合催化剂在废水处理方面具有较优的应用潜能和较高的研究价值。

4.2 DBDP协同石墨烯-WO_3复合催化剂降解双酚A研究

本研究采用水热合成法制备WO_3，并通过调整石墨烯与Na_2WO_4的质量比、反应时间、反应温度等参数条件，制备出不同系列的rGO-WO_3复合催化剂，采用SEM、TEM、XRD、FT-IR、Raman、UV-Vis DRS等方法对这些材料进行表征。将制备好的催化剂添加到DBDP体系中，建立DBDP/rGO-WO_3协同体系，以BPA为目标污染物，首先考察不同催化剂添加量和不同催化剂制备参数对BPA降解效果及系统能效的影响，确定最优的催化剂添加条件和制备参数；而后通过实验证明DBDP、石墨烯、WO_3三者间的协同作用，并通过测定rGO-WO_3复合催化剂添加前后BPA溶液在反应过程中的紫外-可见吸收光谱的变化，进一步证实rGO-WO_3的催化作用；最后，评估了rGO-WO_3复合催化剂在DBDP水处理体系中的稳定性。

4.2.1 石墨烯-WO_3添加量对双酚 A 降解效果的影响

为了验证所制备的 rGO-WO_3纳米复合材料的催化作用，本研究对比了单独 DBDP 体系、DBDP/WO_3协同体系和 DBDP/rGO-WO_3协同体系在不同 rGO-WO_3添加量下的 BPA 降解情况。BPA 的初始浓度设定为 20 mg/L，峰值电压为 5 kV，载气为空气，载气量为 0.5 L/min，总反应时间为 60 min。复合催化剂的制备条件为：GO 与 $Na_2WO_4 \cdot 2H_2O$ 的质量比为 5：1 000、反应时间为 12 h，反应温度为 120℃。样品编号为 GW5-12-120。研究中考察的 rGO-WO_3纳米复合材料的添加量分别为 20 mg/L、40 mg/L、60 mg/L，WO_3的添加量为 40 mg/L。研究结果如图 4-1 所示。

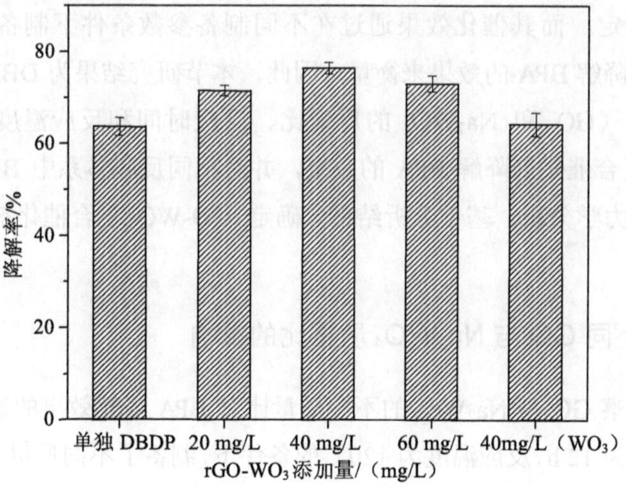

图 4-1 不同催化剂及 rGO-WO_3添加量对 BPA 降解的影响

从图 4-1 中可以看出，DBDP/rGO-WO_3协同体系对 BPA 的降解率高于单独 DBDP 体系及 DBDP/WO_3协同体系。当 rGO-WO_3的添加量为 40 mg/L 时，反应处理 60 min 后，BPA 的降解率为 76.4%，比单独的 DBDP 体系提高了 12.7%，比添加 40 mg/L WO_3的 DBDP 体系提高了 12.2%。与单独 DBDP 体系相比，向 DBDP 体系中添加 40 mg/L 的 WO_3仅使 BPA 降解率增加了 0.5%，说明在 DBDP/WO_3协同体系中，40 mg/L 的 WO_3添加量基本体现不出催化作用。这一结果证实了 rGO 和 WO_3 的复合催化活性。此外，实验还发现，随着 rGO-WO_3 添加量的增加，BPA 的降解率先呈现升高的趋势，但在添加量超过 40 mg/L 后，降解率反而降低了，这可能是因为过多的催化剂导致了团聚现象，从而使 DBDP 与催化剂作用的活性位点减少，降低了 rGO-WO_3 的催化活性。另外，添加过多的催化剂会使溶液变得浑浊，削弱了体系中形成的物理效应，进而致使•OH 的生成速率降低，不利于有机物的降解。因此，该研究结果表明，rGO-WO_3 的较优添加量为 40 mg/L。在此基础上，本节以下的研究中，将 rGO-WO_3 的添加量固定为 40 mg/L。

4.2.2 石墨烯-WO_3 复合催化剂制备参数优化

rGO-WO_3 复合催化剂的最佳制备参数可以通过其在 DBDP 体系中的催化效果来确定，而其催化效果通过在不同制备参数条件下制备的催化剂与 DBDP 协同降解 BPA 的效果来衡量。因此，本节研究结果为 DBDP 协同在不同制备条件（GO 和 Na_2WO_4 的质量比、反应时间和反应温度）下制备的 rGO-WO_3 复合催化剂降解 BPA 的效果，并对不同反应体系中 BPA 的降解进行了一级动力学分析。基于分析结果，确定 rGO-WO_3 复合催化剂的较优制备参数。

4.2.2.1 不同 GO 与 Na_2WO_4 质量比的影响

为了考察 GO 与 Na_2WO_4 的不同质量比对 BPA 降解效果的影响，本研究在反应时间为 12 h、反应温度为 120℃的条件下，制备了不同质量比（1∶1 000、2∶1 000、5∶1 000、7∶1 000）的 rGO-WO_3 复合催化剂。通过比较不同催化剂在 DBDP/rGO-WO_3 协同体系中对 BPA 降解的反应速率常数，以及分析不同反应体系的系统能效，来评估不同原料质量比下的催化效果。其他实验条件与 4.2.1 节一致。研究结果如图 4-2 所示。

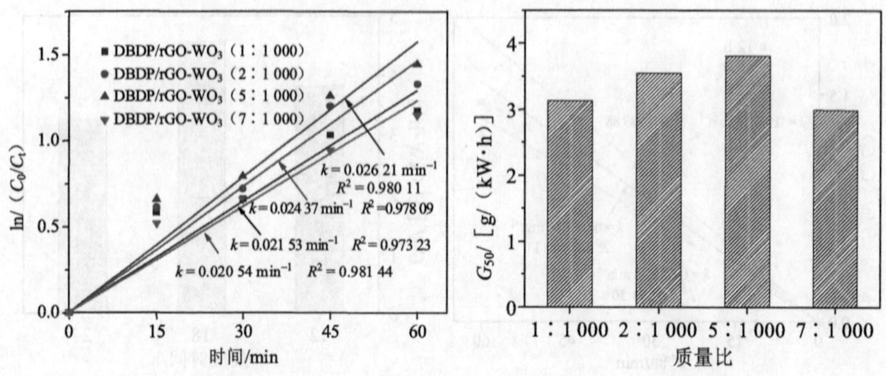

（a）动力学分析 （b）系统能效

图 4-2 GO 和 Na_2WO_4 的质量比的影响

从图 4-2 中可以看出，随着 GO 比例的增加，反应速率常数呈先增后减的趋势，当 GO 与 Na_2WO_4 的质量比为 5∶1 000 时，BPA 的降解速率常数最大，为 0.026 21 min^{-1}，分别是质量比 1∶1 000、2∶1 000 与 7: 1 000 时的 1.22 倍、1.08 倍和 1.28 倍。同时，在这一质量比下，DBDP/rGO-WO_3 协同体系降解 BPA 的能量效率值也最高，为 3.81 g/（kW·h）。这一研究结果表明，当 GO 添加比例较低时，复合催化剂的催化性能有限；而 GO 比例过高时，其纳米片的重叠堆积不利于能量吸收，从而削弱了催化活性，降低了 DBDP/rGO-WO_3 协同体系中 BPA 的降解率。

4.2.2.2 不同制备时间的影响

本研究在 GO 和 Na_2WO_4 的质量比为 5∶1 000、反应温度为 120℃的条件下，考察了制备反应时间分别为 12 h、18 h、24 h 下，rGO-WO_3 复合催化剂的添加对 DBDP/WO_3 协同体系中 BPA 降解速率常数的影响，并对体系能量利用率进行了分析。结果如图 4-3 所示。

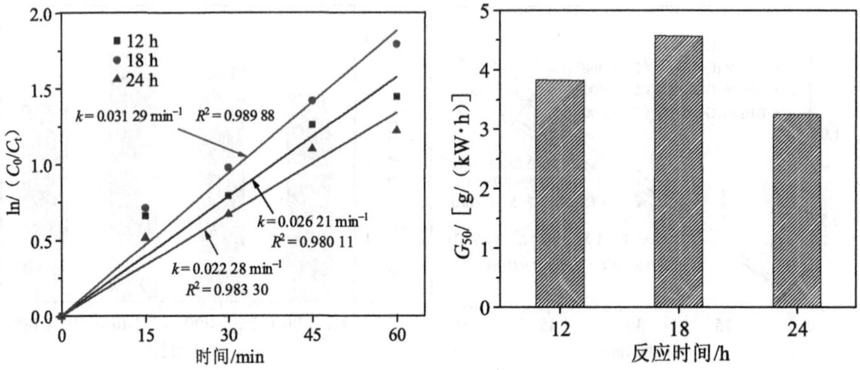

（a）动力学分析　　　　（b）系统能效

图 4-3　反应时间的影响

从图 4-3 中可以看出，反应时间为 18 h 条件下制得的 $rGO-WO_3$ 催化剂对应的反应速率常数最大（0.031 29 min^{-1}），分别是反应时间为 12 h（0.026 21 min^{-1}）和反应时间为 24 h（0.022 28 min^{-1}）的 1.19 倍和 1.4 倍，而此时体系降解 BPA 的系统能效最大［4.56 g/（kW·h）］，表明反应时间为 18 h 条件下制得的 $rGO-WO_3$ 催化活性较高。

4.2.2.3　不同制备温度的影响

依据前面的实验结果，本研究在 GO 和 Na_2WO_4 的质量比为 5∶1 000、反应时间为 18 h 的条件下，选择在不同温度（100℃、120℃和 140℃）下制备出不同的 $rGO-WO_3$。比较不同制备条件下，$rGO-WO_3$ 复合催化剂在 DBDP 体系中降解 BPA 的反应速率常数，并对体系能量利用率进行了分析，结果如图 4-4 所示。

从图 4-4 中可以看出，制备温度 120℃下制得的 $rGO-WO_3$ 应用于 DBDP 体系中的 BPA 降解反应速率常数最高，为 0.031 29 min^{-1}，分别是制备温度为 100℃（0.023 9 min^{-1}）和制备温度为 140℃（0.027 63 min^{-1}）的 1.31 倍和 1.13 倍。从图 4-4（b）中可以看出，此时的系统能效最佳，为 4.56 g/（kW·h），表明制备温度为 120℃条件下制得的 $rGO-WO_3$ 催化活性较高。

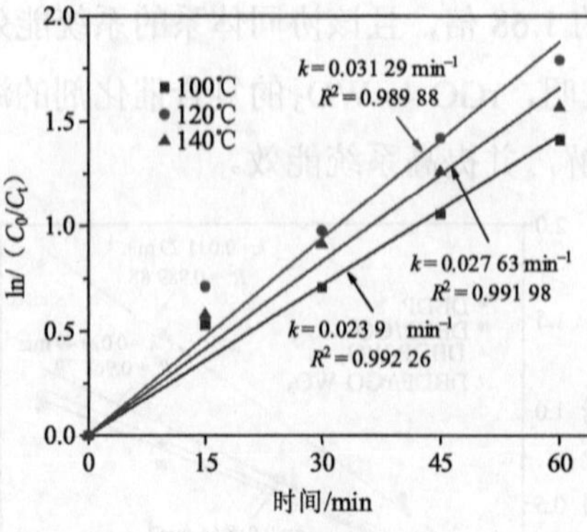

（a）动力学分析

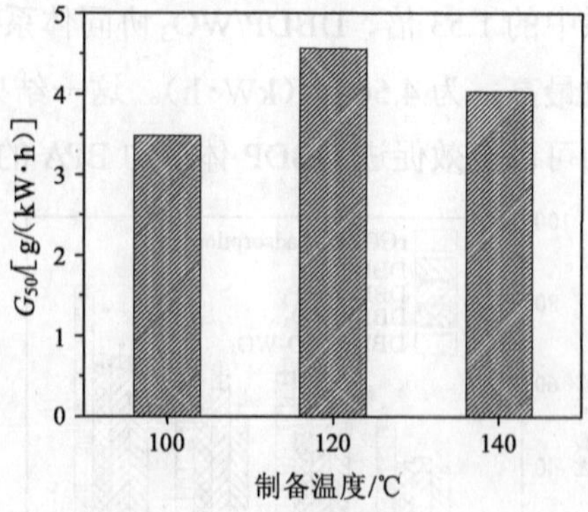

（b）系统能效

图4-4 不同制备温度的影响

综合以上研究结果，可以得出具有较高催化活性的rGO-WO_3复合催化剂的制备条件：GO和Na_2WO_4质量比为5∶1 000，反应时间为18 h，制备温度为120℃。在这些条件下，DBDP/rGO-WO_3协同体系中BPA降解的反应速率常数最大，且体系的能量利用率最高。本章后续内容将基于这些条件下制备的rGO-WO_3复合催化剂（标记为GW5-18-120）进行进一步研究。

4.2.3 DBDP、石墨烯与WO_3的协同作用

为了更清晰地阐释DBDP、石墨烯与WO_3三者对目标有机物的协同降解作用，本研究考察了单独DBDP、DBDP/WO_3、DBDP/GO和DBDP/rGO-WO_3这4种反应体系中BPA的降解效果，并探究了rGO-WO_3的单独吸附作用。评价参数包括BPA降解率、降解动力学分析以及系统能效分析。研究结果如图4-5所示。

由图4-5（a）可知，在DBDP/rGO-WO_3体系中，BPA的降解率为83.3%，较单独DBDP体系提高了19.6%，较DBDP/WO_3协同体系提高了19.1%，较DBDP/GO协同体系提高了17.2%。此外，作用60 min后，rGO-WO_3的吸附作用去除了17.6%的BPA。这一结果证实了DBDP、rGO及WO_3三者对目标BPA的协同降解作用。此外，在DBDP/rGO-WO_3协同体系中，BPA的降解速率常数为0.031 29 min^{-1}，是单独DBDP体系中的1.78倍、DBDP/GO协同体

系中的 1.53 倍、DBDP/WO_3 协同体系中的 1.68 倍，且该协同体系的系统能效也最高，为 4.56 g/（kW·h）。这一结果表明，rGO 与 WO_3 的复合催化剂的添加可以有效促进 DBDP 体系中 BPA 的降解，并提高系统能效。

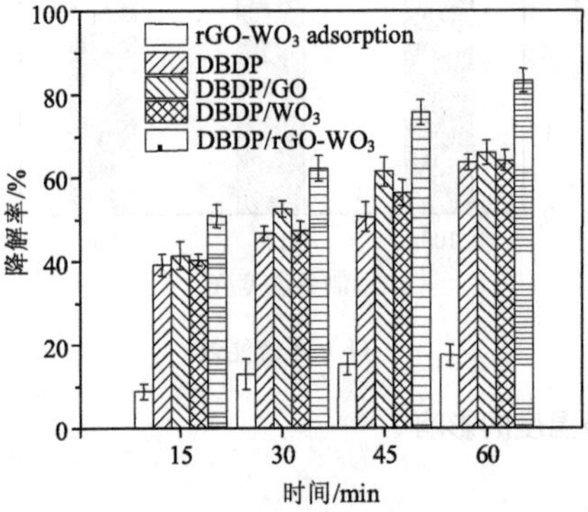

（a）降解率

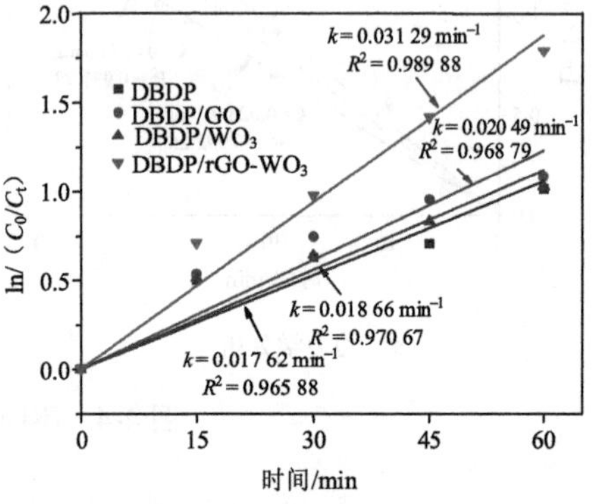

（b）动力学分析

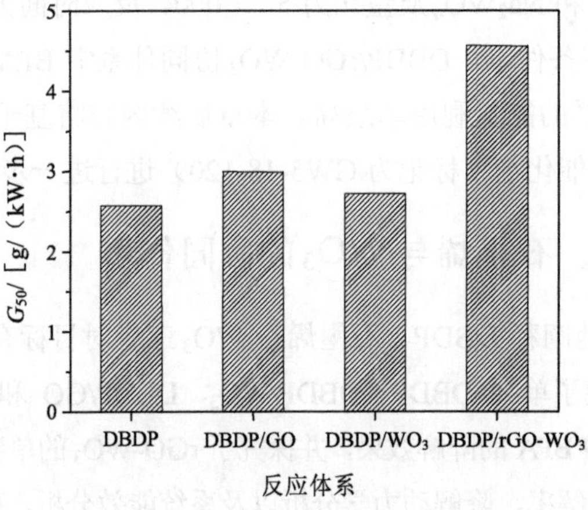

（c）能量效率

图 4-5　不同反应体系的影响

4.2.4　反应过程中双酚 A 溶液的紫外-可见吸收光谱变化

为了进一步探究 DBDP 体系中 rGO-WO_3 复合催化剂添加前后的 BPA 降解效果差异，本研究进行了降解过程中 BPA 溶液的紫外-可见吸收光谱分析，分别测定单独 DBDP 体系和 DBDP/rGO-WO_3协同体系中 BPA 溶液的紫外-可见吸收光谱图。实验设定总反应时间为 60 min，每隔 15 min 取样 1 次，进行反应溶液的紫外-可见吸收光谱测定。结果如图 4-6 所示。

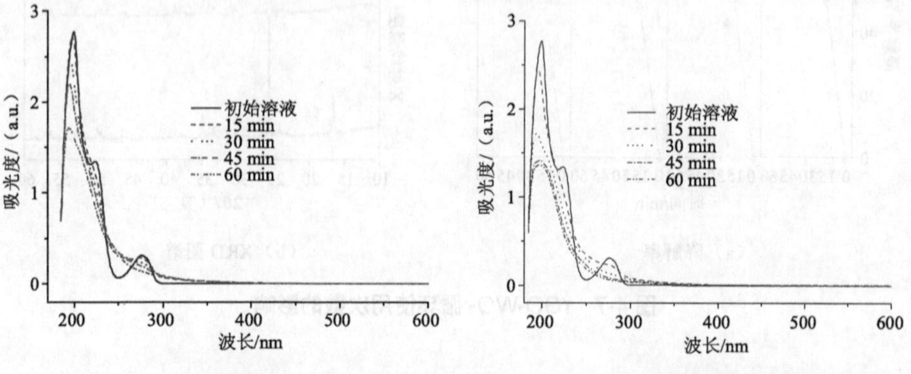

（a）DBDP　　（b）DBDP/rGO-WO_3

图 4-6　BPA 溶液在不同反应系统中的紫外-可见吸收光谱变化

从图 4-6 中可以看出，无论是在单独 DBDP 体系中，还是在 DBDP/rGO-WO_3协同体系中，BPA 的特征峰强度均随反应时间的延长而大幅下降，这说明 BPA 得到了有效降解。值得注意的是，DBDP/rGO-WO_3协同体系中 BPA 特征峰的强度下降更明显，证实了 DBDP 与 rGO-WO_3在 BPA 降解中的协同作用。此外，BPA 溶液在 240～260 nm 的波长范围内产生了新的特征峰，推测其在降解过程中生成了降解中间体。

4.2.5　石墨烯-WO_3稳定性测试

为了验证 rGO-WO_3复合催化剂在 DBDP 体系中对有机物降解的可重复使用性能和稳定性，本研究对单次使用过的 rGO-WO_3复合催化剂进行了离心收集，并在烘干后进行了重复使用实验。实验中，催化剂的循环使用次数设定为 4 次，每次使用的系统操作条件保持一致，均与 4.2.1 节中的条件相同。结果如图 4-7 所示。

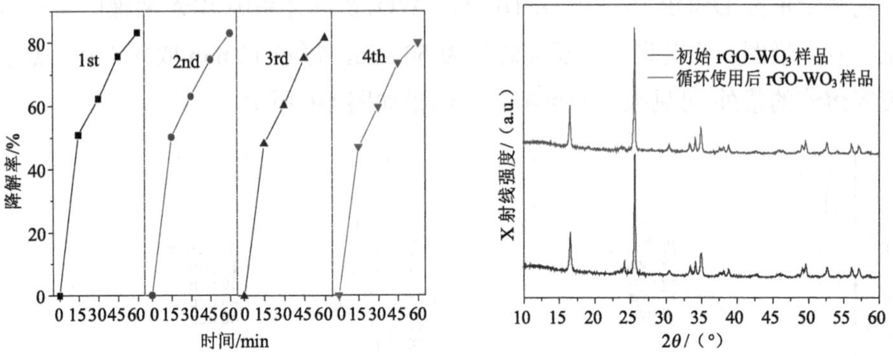

（a）降解率　　（b）XRD 图谱

图 4-7　rGO-WO$_3$ 循环使用次数的影响

从图 4-7 中可以看出，在 4 次循环使用过程中，处理 60 min 后 BPA 的降解率分别为 83.3%、82.6%、81.5%和 80.1%，有下降趋势，但降幅并不显著。经过 4 次循环使用后，BPA 的降解率较第 1 次使用仅下降了 3.2%。此外，图 4-7（b）中显示的使用前后 rGO-WO$_3$ 的 XRD 对比图，可以观察到，经 DBDP 处理后的 rGO-WO$_3$ 复合催化剂的 XRD 图谱与初始图谱基本一致。这一结果说明 rGO-WO$_3$ 复合催化剂较为稳定，经 4 次循环使用后，仍保持了催化活性。而 BPA 降解率的小幅度降低可能是因为 rGO 纳米片之间发生堆叠，导致亲水性能下降，影响了 rGO-WO$_3$ 复合催化剂对有机物的吸附性能。

4.3 DBDP 协同石墨烯-WO$_3$ 复合催化剂降解邻苯二甲酸二甲酯研究

为了探究 DBDP 协同石墨烯-WO$_3$ 复合催化剂处理有机废水的有效性，本节基于前期对 rGO-WO$_3$ 复合催化剂的最佳添加量和制备参数优化的研究，选择另一种环境激素——邻苯二甲酸二甲酯（dimethyl phthalate，DMP）为目标污染物，研究 DBDP/rGO-WO$_3$ 协同体系中溶液参数（污染物初始浓度、pH、电导率）和载气参数（载气种类、载气量）等对 DMP 降解效果以及系统能效的影响，以此来优化 DBDP 协同 rGO-WO$_3$ 复合催化剂高效降解 DMP 的操作条件，明确

DBDP/rGO-WO_3 协同降解 DMP 的较优操作条件，并通过分析催化剂添加前后 DMP 的紫外-可见吸收光谱的变化，进一步验证 DBDP 与 rGO-WO_3的协同作用。

4.3.1 DMP 溶液初始浓度对其降解率的影响

一般情况下，溶液初始浓度对污染物降解效果的影响表现为随着初始浓度的降低，降解率升高，浓度越低，降解率越高。本研究考察了 DMP 在 10 mg/L 和 20 mg/L 两种初始浓度下，其降解率的变化。研究过程中的反应条件：放电电压为 6 kV，载空气速率为 0.5 L/min，rGO-WO_3添加量为 40 mg/L，总反应时间为 60 min，每隔 15 min 取样 1 次，通过高效液相色谱（HPLC）测定样品峰面积，从而计算相应的 DMP 降解率。此外，对实验数据进行了相应的动力学和能量利用效率分析，结果如图 4-8 所示。

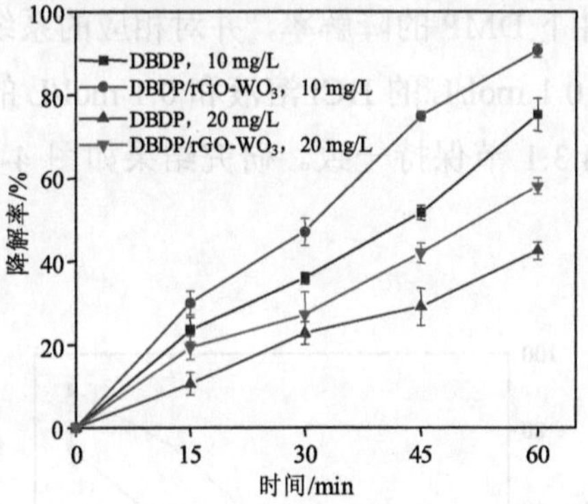

（a）降解率

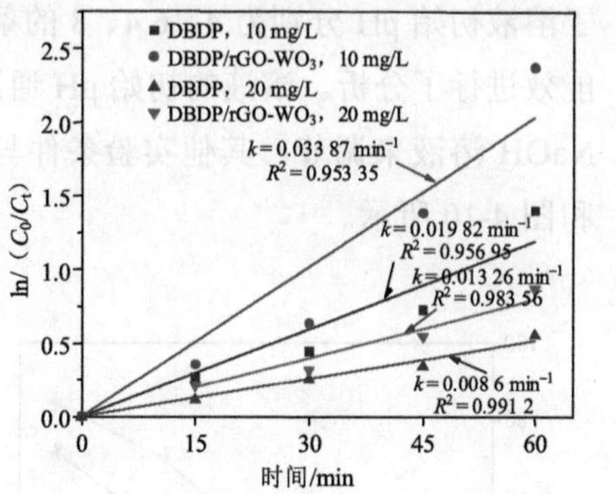

（b）动力学分析

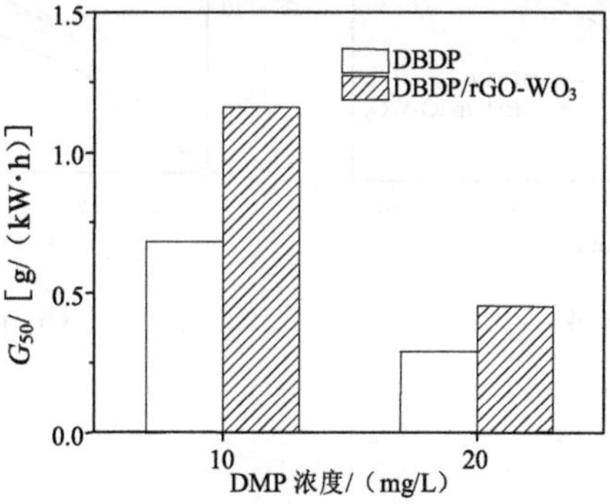

（c）系统能效

图 4-8　DMP 溶液初始浓度对其降解率的影响

从图 4-8 中可以看出，放电处理 60 min 后，初始浓度为 10 mg/L 时，DBDP/rGO-WO_3 协同体系中 DMP 的降解率为 90.6%，较单独 DBDP 体系提高了 15.3%；而初始浓度升至 20 mg/L 时，DBDP/rGO-WO_3 体系中 DMP 的降解率为 58.1%，相较单独 DBDP 体系提高了 15.6%。说明在所考察的 DMP 初始浓度范围内，rGO-WO_3 发挥了催化作用。此外，当 DMP 溶液的初始浓度为 10 mg/L 时，DBDP/rGO-WO_3 协同体系中 DMP 的降解率比初始浓度为 20 mg/L 时提高了 32.5%，动力学常数为 0.033 87 min^{-1}，是初始浓度为 20 mg/L 的 2.55 倍，此时的系统能效也最大［1.16 g/（kW·h）］。

4.3.2　DMP 溶液初始 pH 对其降解率的影响

本研究同样考察了溶液初始 pH 的变化对 DMP 降解效果的影响，考察了溶液初始 pH 分别为 4、6.4、8 的条件下 DMP 的降解率，并对相应的系统能效进行了分析。溶液的初始 pH 通过 0.1 mol/L 的 HCl 溶液和 0.1 mol/L 的 NaOH 溶液来调节，其他实验条件与 4.3.1 节保持一致。研究结果如图 4-9 和图 4-10 所示。

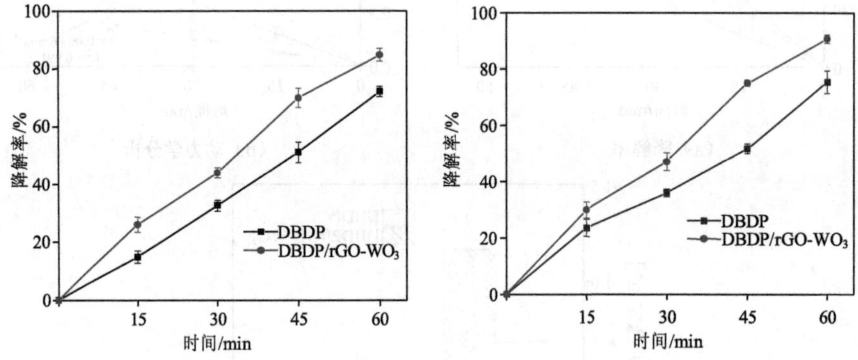

（a）pH=4　　　　（b）pH=6.4

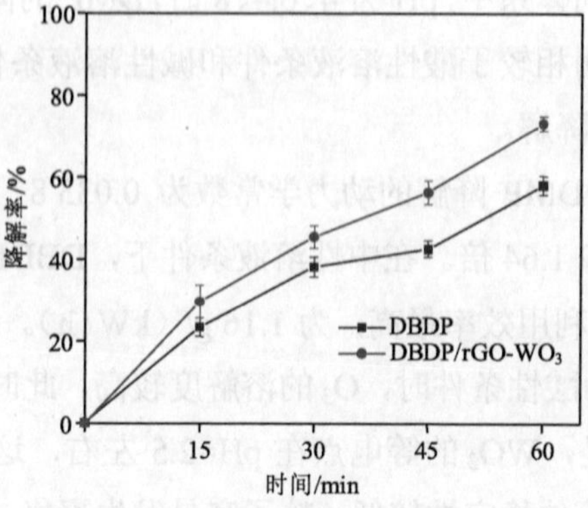

(c) pH=8

图 4-9　DMP 溶液初始 pH 对其降解率的影响

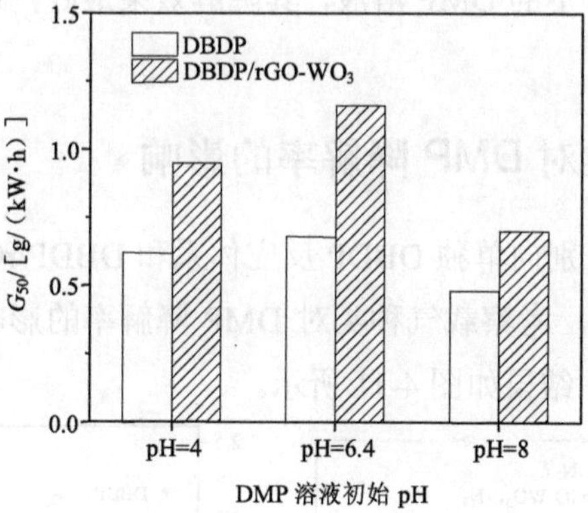

图 4-10　DMP 溶液初始 pH 对其降解能量效率的影响

从图 4-9 中可以看出，pH=4 时，rGO-WO$_3$ 的添加使 DMP 的降解率提高了 12.6%；在 pH=6.4 的条件下，降解率提高了 15.3%；而在 pH=8 的条件下，降解率提高了 15.1%。说明在所考察的溶液 pH 范围内，rGO-WO$_3$ 均具有催化作用。此外，对比不同初始 pH 条件下单独 DBDP 体系和 DBDP/rGO-WO$_3$ 协同体系中 DMP 的降解效果，可以看出，在单独 DBDP 体系中，pH=6.4 时的 DMP 降解率为 75.3%，比 pH=4 时高 3.2%，比 pH=8 时高 17.3%；在

DBDP/rGO-WO_3协同体系中，pH 为 4、6.4、8 时，DMP 的降解率分别为 84.7%、90.6%、73.1%，说明相较于酸性溶液条件和碱性溶液条件，中性溶液条件更有利于 DMP 溶液的降解。

当 pH=6.4 时，DMP 降解的动力学常数为 0.033 87 min^{-1}，分别是 pH=4 和 pH=8 的 1.21 倍和 1.64 倍。在中性溶液条件下，DBDP/rGO-WO_3协同体系中 DMP 降解的能量利用效率最高，为 1.16 g/（kW·h）。这一结果的原因分析如下：当反应溶液为酸性条件时，O_3的溶解度较高，此时O_3与污染物易发生直接氧化反应，但是，WO_3的等电点在 pH=2.5 左右，这说明在 pH=2.5 左右的条件下，WO_3的胶体稳定性较低，粒子容易发生聚集，使其比表面积降低，从而导致其催化效果减弱；在碱性溶液条件下，尽管O_3可分解生成氧化性更强的•OH，但在降解过程中会生成能够捕获•OH 的CO_3^{2-}，影响降解效果；此外，溶液处于碱性条件时，•OH 的氧化电位也会下降，进一步影响降解效果。因此，处于中性条件下的 DMP 溶液，其降解效果最好，系统的能量利用效率也最高。

4.3.3　载气种类对 DMP 降解率的影响

在本研究中，分别向单独 DBDP 反应体系和 DBDP/rGO-WO_3协同体系中通入空气、O_2和N_2，考察载气种类对 DMP 降解率的影响，并进行动力学和能量利用效率分析，结果如图 4-11 所示。

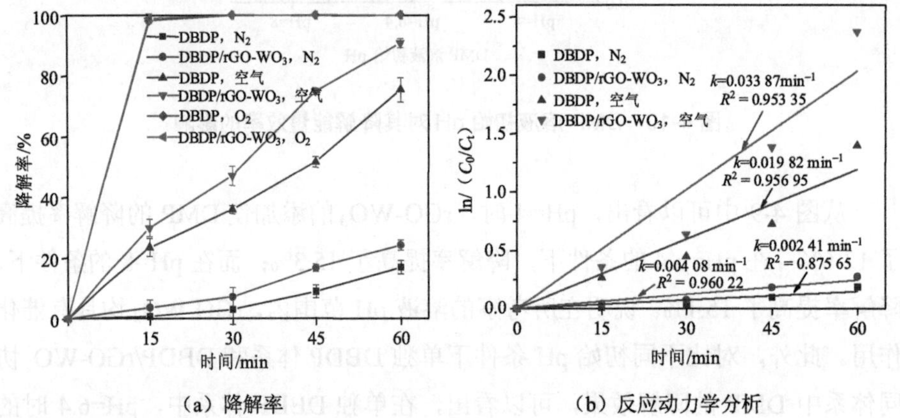

（a）降解率　　（b）反应动力学分析

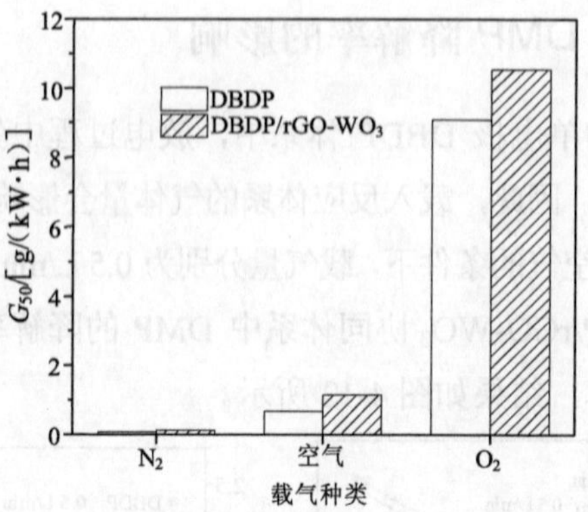

（c）系统能效

图 4-11 载气种类对 DMP 降解率的影响

从图 4-11 中可以看出，载气为 N_2 或空气时，rGO-WO$_3$ 的催化作用明显，而当载气为 O_2 时，rGO-WO$_3$ 的催化作用并不明显。当载气为 N_2 时，放电处理 60 min 后，单独 DBDP 体系和 DBDP/rGO-WO$_3$ 协同体系中 DMP 的降解率分别仅为 16.8%和 24.1%，相应的动力学常数分别为 0.002 41 min^{-1} 和 0.004 08 min^{-1}。这是因为向反应体系中通入 N_2 时，产生的主要氧化物质为•N，其氧化能力相对较弱，影响了 DMP 的降解效果，此时的 rGO-WO$_3$ 复合催化剂主要利用 DBDP 体系中产生的紫外光、H_2O_2 及其他活性物质进行催化，但由于缺乏可利用的 O_3，影响了催化效果。

当载气为 O_2 时，经过 15 min 放电处理，DBDP/rGO-WO$_3$ 体系中 DMP 的降解率高达 99.0%，仅比单独 DBDP 体系高 0.8%，此时的能量效率为 10.56 g/（kW·h），为单独 DBDP 体系的 1.16 倍，其主要原因是通入 O_2 后，O_2 分子可以与高能电子发生碰撞，使反应体系中生成了大量的 O_3，因此，在无须添加催化剂的条件下，也能保证 DMP 较高的降解效果。

当载气为空气时，DBDP/rGO-WO$_3$ 协同体系中 DMP 的降解率为 90.6%，相较单独 DBDP 体系提高了 15.3%，其动力学常数为 0.033 87 min^{-1}，是 DBDP 体系中的 1.71 倍，这表明在该条件下，rGO-WO$_3$ 的加入显著提升了 DBDP 体系的催化性能。

4.3.4 载气量对 DMP 降解率的影响

在本研究构建的单电极 DBDP 体系中，放电过程中生成的活性物质经由曝气池进入目标溶液，因此，载入反应体系的气体量会影响污染物的降解效果。本研究考察了载气为空气的条件下，载气量分别为 0.5 L/min 和 1 L/min 时，单独 DBDP 体系和 DBDP/rGO-WO_3 协同体系中 DMP 的降解率，并进行了动力学分析和系统能效计算，结果如图 4-12 所示。

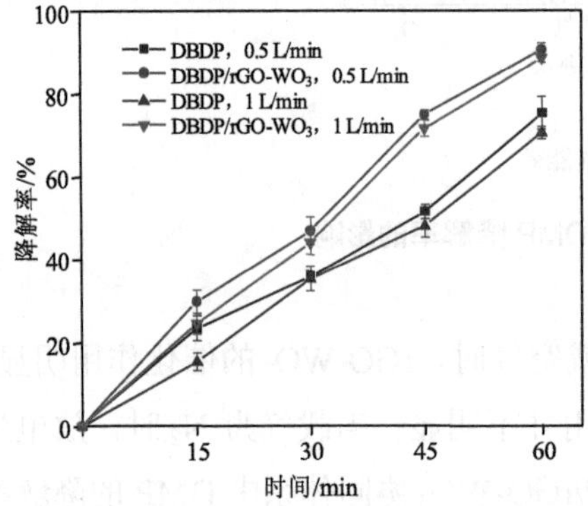

（a）降解率

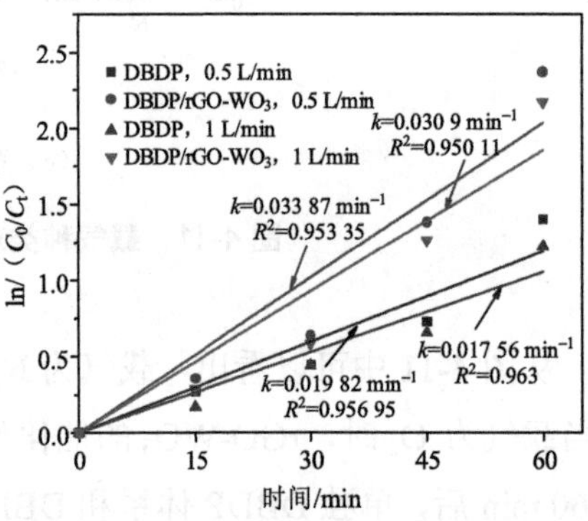

（b）动力学分析

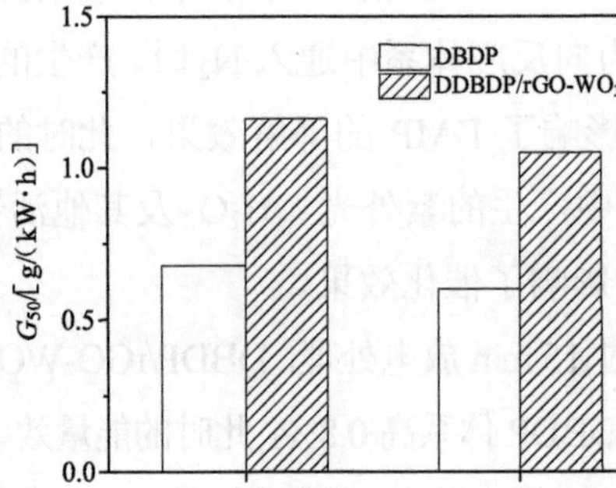

（c）系统能效

图 4-12　载气量对 DMP 降解率的影响

从图 4-12 中可以看出，在两种载气量条件下，DBDP 体系中的 rGO-WO_3 均具有催化作用。当载气量为 0.5 L/min 时，rGO-WO_3 的添加使 DMP 的降解率提高了 15.3%；当载气量为 1 L/min 时，DMP 的降解率提高了 18.1%。另外，载气量为 0.5 L/min 时，DBDP/rGO-WO_3 协同体系中 DMP 的降解率为 90.6%，动力学常数为 0.033 87 min^{-1}；当载气量为 1 L/min 时，DMP 的降解率仅下降了 2%，动力学常数减小至 0.030 9 min^{-1}，体系的能量利用效率也有下降，由此可知，载气量的增加并未能显著提升 DBDP/rGO-WO_3 协同体系中 DMP 的降解。尽管在高载气量的放电体系中可以有更多的活性物质生成，但载气量的增加也会缩短活性物质与目标有机物的接触时间，甚至部分活性物质会被吹脱出溶液，使得与目标污染物接触的有效活性物质量减少，从而影响了降解效果。该部分的研究结果表明：增加载气量对提升 DBDP/rGO-WO_3 协同体系中有机污染物降解效果的正向作用甚微，从节能降耗的角度考虑，选择适宜的载气量既能保证目标有机物的有效降解，又可以节约系统的能量消耗。

4.3.5　反应过程中邻苯二甲酸二甲酯溶液的紫外-可见吸收光谱变化

为了深入探讨不同载气条件下不同反应体系中 DMP 的降解效果，本研究分别测定了载气为空气和 O_2 的条件下，DBDP/rGO-WO_3 协同体系中 DMP 溶液的紫外-可见吸收光谱变化。实验设定总反应时间为 60 min，每隔 15 min 取样 1 次并测定光谱，结果如图 4-13 所示。此外，研究还比较了各载气条件下，放电 60 min 后，分别经单独 DBDP 体系和 DBDP/rGO-WO_3 协同体系处理的 DMP 溶液的紫外-可见吸收光谱图。研究给出了 200～400 nm 范围内的图谱变化结果，分别如图 4-13 和图 4-14 所示。

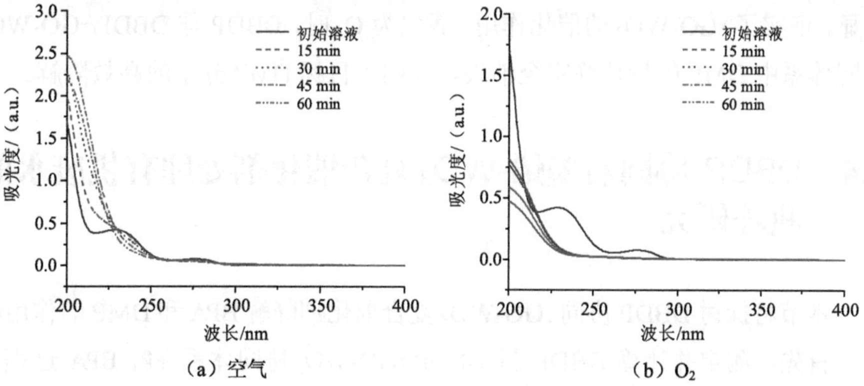

图 4-13　不同载气条件下 DBDP/rGO-WO_3 体系中 DMP 溶液的 UV-Vis 图谱

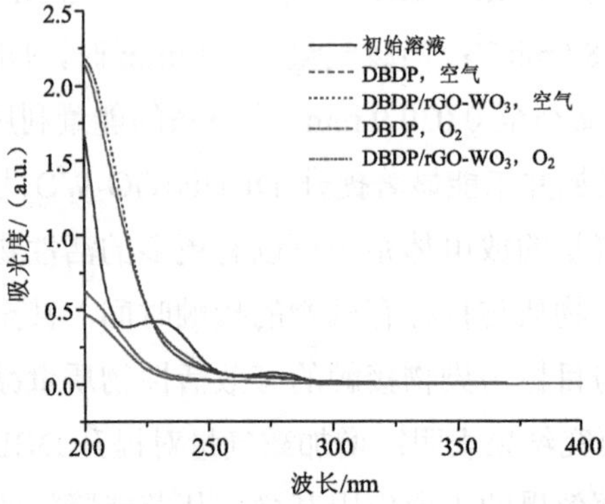

图 4-14 不同体系中 DMP 溶液的 UV-Vis 图谱

从图 4-13（a）中可以看出，在 DBDP/rGO-WO_3 协同体系中通入空气时，DMP 溶液在 230 nm 处的吸收峰随着反应时间的增加而逐渐降低，且在降解过程中，吸收峰的位置发生偏移，说明 DMP 被降解。从图 4-13（b）中可以看出，在 DBDP/rGO-WO_3 协同体系中通入 O_2 时，放电处理 15 min 后，DMP 溶液在 230 nm 处的吸收峰几乎消失，并且在 276 nm 处的吸收峰也几乎达到一个平滑的状态，说明载 O_2 体系中目标 DMP 分子得到高效降解，这与 4.3.3 节的研究结果相吻合。

从图 4-14 中可以看出，载气为空气时，放电处理 60 min 后，DBDP/rGO-WO_3 协同体系中 DMP 的吸收峰相较于单独 DBDP 体系下降得更明显，证实了 rGO-WO_3 的催化作用；载气为 O_2 时，DBDP 与 DBDP/rGO-WO_3 协同体系中 DMP 的特征峰完全消失，证明了目标 DMP 分子的高效降解。

4.4 DBDP 协同石墨烯-WO_3 复合催化剂处理有机废水的机理研究

本节将探讨 DBDP 协同 rGO-WO_3 复合催化剂降解 BPA 和 DMP 的作用机理。首先，测定并计算 DBDP 与 DBDP/rGO-WO_3 协同体系降解 BPA 过程中 BPA 溶液的 TOC 和 COD 去除率，以及反应过程中溶液中 O_3 和 H_2O_2 的浓度变化、自由基的相对发射光谱强度变化、溶液 pH 和电导率变化。同时，借助液相色谱-质谱（LC-MS）技术，推测 BPA 降解过程中可能产生的中间产物及其降解途径，并使用 TEST 软件对中间产物进行毒性评估。其次，测定 DBDP 与 DBDP/rGO-WO_3 协同体系降解 DMP 过程中 DMP 溶液的 TOC 和 COD 去除率，以及液相 O_3 浓度变化、自由基的相对发射光谱强度变化、溶液 pH 和电导率变化，并通过三维荧光光谱分析和 LC-MS 分析结果，推测 DMP 降解过程中可能产生的中间产物及其降解途径，使用 TEST 软件对中间产物进行毒性评估。最后，综合分析 rGO-WO_3 复合催化剂的催化作用机理，并探讨 DBDP 与 rGO-WO_3 复合催化剂协同降解目标有机物的机理。

4.4.1　DBDP 协同石墨烯-WO_3 降解双酚 A 的机理研究

4.4.1.1　双酚 A 溶液 TOC 及 COD 的去除

本节通过测定单独 DBDP 体系以及 DBDP/rGO-WO_3 协同体系中 BPA 溶液 TOC 和 COD 的变化，用于说明 BPA 的降解程度，实验结果如图 4-15 所示。

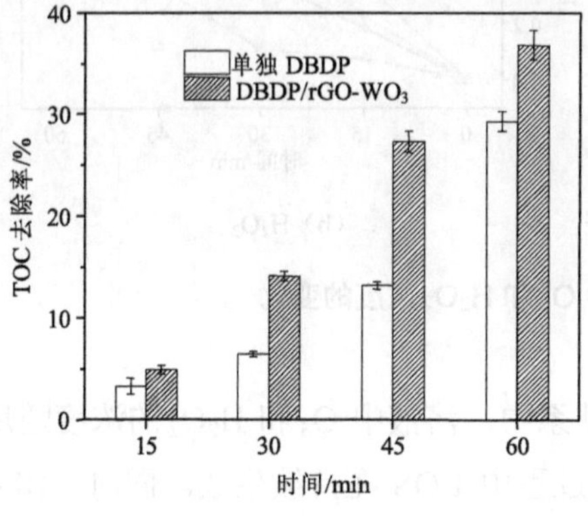

（a）TOC

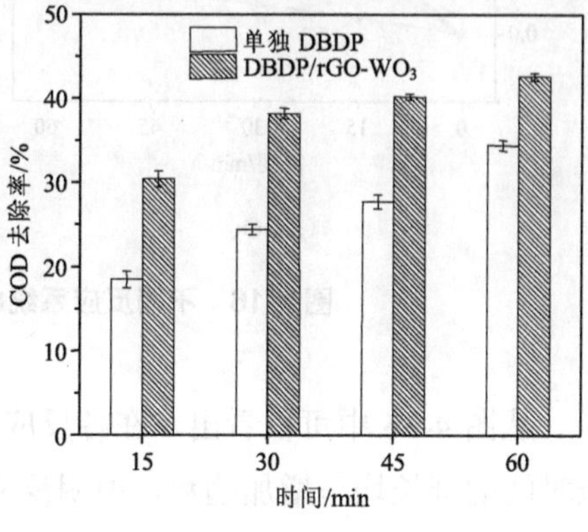

（b）COD

图 4-15　不同反应体系 BPA 溶液的 TOC 和 COD 去除率

从图 4-15 中可以看出，在考察的各时间点上，DBDP/rGO-WO_3 协同体系中 BPA 溶液的 TOC 和 COD 去除率均优于单独 DBDP 体系，充分证明了协同体系能更有效地降解目标 BPA。在 DBDP/rGO-WO_3 协同体系中，放电处理 60 min

后，TOC 和 COD 的去除率分别为 36.8%和 42.6%，与单独 DBDP 体系相比，提高了 7.5%和 8.2%，说明添加 rGO-WO_3复合催化剂可以提高目标 BPA 溶液的矿化程度及可生化性。

4.4.1.2　反应过程中 O_3和 H_2O_2浓度的变化

本节探讨添加 rGO-WO_3复合催化剂前后，DBDP 体系中 O_3和 H_2O_2浓度随反应时间的变化，以揭示 DBDP 体系中 rGO-WO_3复合催化剂的催化机理。此外，通过改变反应溶液（去离子水和 BPA 溶液），分析反应体系中 ROS 对 BPA 的降解作用。实验中，设定总反应时间为 60 min，每隔 15 min 取样 1 次，测定不同溶液中 O_3和 H_2O_2的浓度，结果如图 4-16 所示。

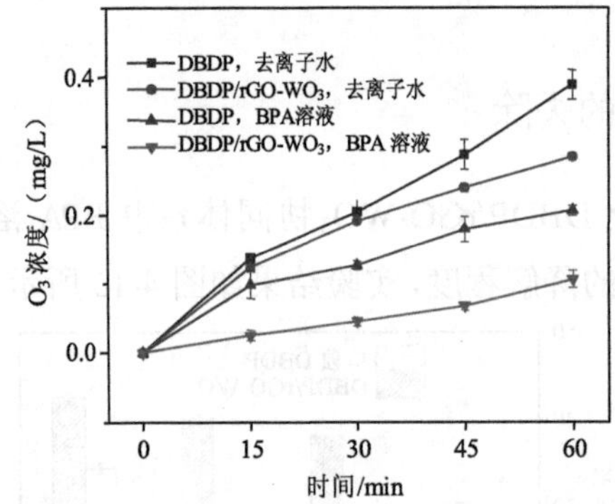

（a）O_3

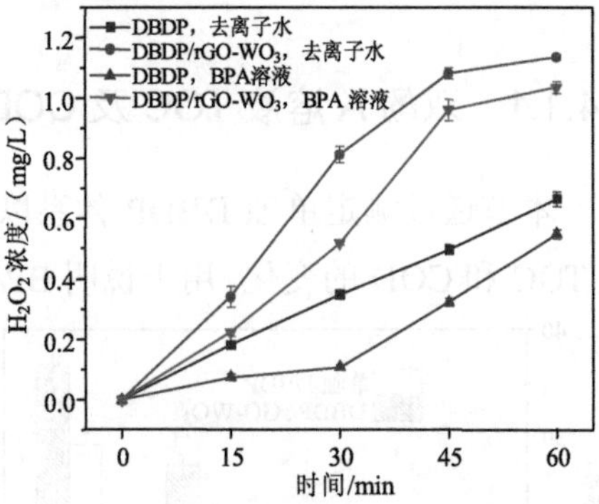

（b）H_2O_2

图 4-16　不同反应系统中 O_3和 H_2O_2浓度的变化

从图 4-16 中可以看出，在各反应体系中，溶液中 O_3和 H_2O_2的浓度随反应时间的延长均呈增加趋势，说明反应过程中 ROS 在持续生成。同时，BPA 溶液中的 O_3和 H_2O_2浓度都比去离子水中的低，说明 ROS 对有机物进行了氧化作用，这一过程消耗了 ROS，使得所监测到的 O_3和 H_2O_2浓度降低。

从图 4-16 中可以看出，DBDP/rGO-WO_3协同体系中测得的 O_3浓度低于单独 DBDP 体系中的 O_3浓度，而在 DBDP/rGO-WO_3协同体系中测得的 H_2O_2浓度高于单独 DBDP 体系中的浓度，且在去离子水和 BPA 溶液中的变化趋势一致。这表明 DBDP 体系中形成的紫外光可以激发 WO_3产生电子-空穴对，同时在此过程中还可生成 O_3 和 H_2O_2，进而引发一系列自由基链反应。将rGO-WO_3复合催化剂添加到DBDP体系后，O_3浓度降低，这是因为WO_3催化O_3将其转化成•OH，而WO_3和rGO的结合则使这种转化趋势更加明显，除了rGO和O_3之间的作用，rGO还可以抑制形成的电子-空穴对的复合，这也是与单独DBDP体系相比，DBDP/rGO-WO_3协同体系中BPA降解效果更佳的原因之一。DBDP/rGO-WO_3体系中H_2O_2浓度的增加，则是由催化作用生成的•OH结合转化为H_2O所致。

4.4.1.3 不同反应条件下的自由基发射光谱分析

为了研究DBDP在放电过程中生成的主要活性物质，并比较其在不同反应体系中的含量差异，本节采用光谱仪对单独DBDP体系和DBDP/rGO-WO_3协同体系的反应过程进行了光谱分析。通过测定不同反应体系中放电过程中自由基的相对发射光谱强度，来间接表示气相中自由基的产量。本研究同样考察了反应溶液由去离子水变为BPA溶液时的变化情况，结果如图4-17所示。

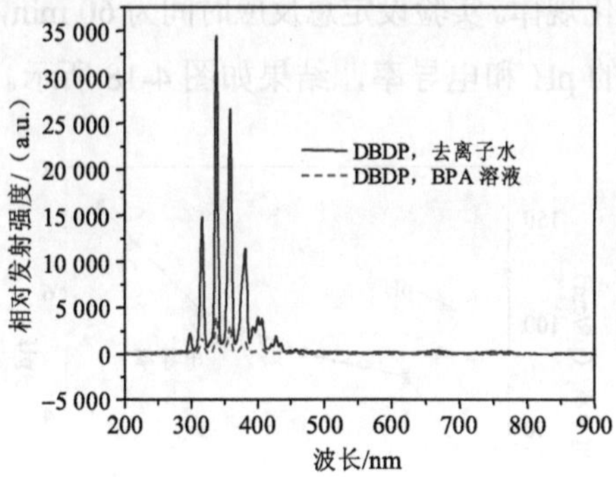

（a）DBDP体系

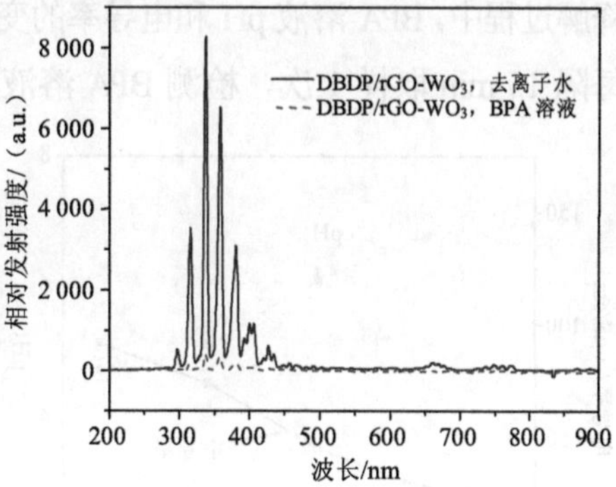

（b）DBDP/rGO-WO_3协同体系

图4-17 放电过程中的自由基发射光谱

从图4-17中可以看出，发射光谱的谱线集中在300～450 nm的范围内，主要是氮分子的第二正带 $N_2(C^3\pi_u) \longrightarrow N_2(B^3\pi_g)$ 的发射光谱谱线，其中，位于337 nm附近的发射光谱强度最高，这是由于空气中 N_2 被高能电子激发所致。处于基态的 N_2 分子与高能电子发生弹性碰撞，形成亚稳态的 $N_2(A^3\sum u)$（反应式 4.1），$N_2(A^3\Sigma_u)$与水分子发生弹性碰撞，生成•OH［OH（$A_2\Sigma$）］（反应式 4.2）。因此，N_2分子被激发后，不仅可以电离生成HNO_2和HNO_3，还可以生成•OH，促进有机污染物的降解。虽然O_2和•OH 也能被激发，但由于它们的激发态浓度过低，且存在时间很短，使得它们不易被光谱法测定与检出。

$$N_2（X）+ e^- \longrightarrow N_2（A^3\Sigma_u）+ e^- \tag{4.1}$$

$$N_2（A^3\Sigma_u）+ H_2O \longrightarrow OH（A_2\Sigma）+ H^- + N_2 \tag{4.2}$$

此外，与目标溶液为去离子水的反应体系相比，以 BPA 溶液为目标溶液的单独 DBDP 体系和 DBDP/rGO-WO_3协同体系中的相对发射光谱强度明显降低，这表明 BPA 消耗了活性物质。在添加了 rGO-WO_3复合催化剂的反应体系中，发射光谱强度降低，出现这一结果的主要原因是溶液加入催化剂后变浑浊，降低了光谱的通过率，从而影响了发射光谱的强度。

4.4.1.4 反应过程中双酚 A 溶液 pH 与电导率的变化

本研究同样考察了在单独 DBDP 体系和 DBDP/rGO-WO_3协同体系中，BPA 降解过程中，BPA 溶液 pH 和电导率的变化规律。实验设定总反应时间为 60 min，每隔 15 min 取样 1 次，检测 BPA 溶液的 pH 和电导率，结果如图 4-18 所示。

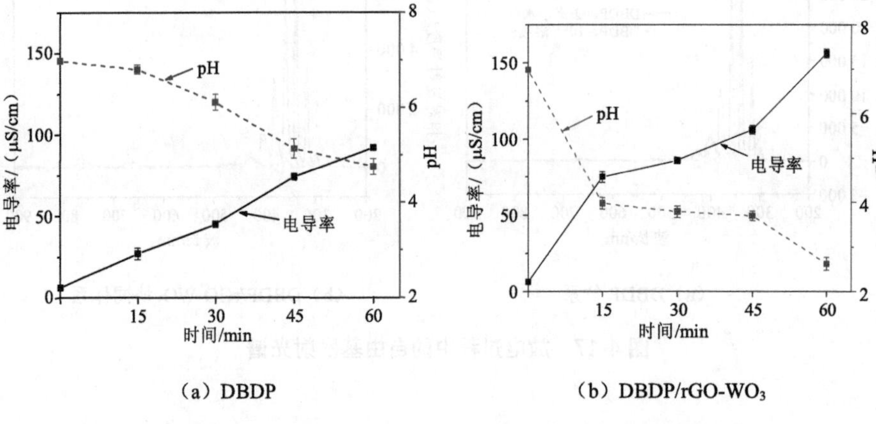

（a）DBDP　　（b）DBDP/rGO-WO_3

图 4-18 不同反应体系中 BPA 溶液 pH 及电导率的变化

从图 4-18 中可以看出，在两个体系中，无论是否添加 rGO-WO_3复合催化剂，反应过程中 BPA 溶液的 pH 均下降，而电导率则呈相反的变化趋势，即上升，且在 DBDP/rGO-WO_3 协同体系中，这一变化趋势更为明显。这一结果同样证明了 rGO-WO_3 复合催化剂在 DBDP 体系中的催化作用。

4.4.1.5　双酚 A 降解中间产物的推测

根据前文的分析，BPA 在 O_3、•OH 等活性物质的作用下可以逐步被氧化降解，最终生成 CO_2 和 H_2O。为了深入探究 BPA 的降解机制，本研究采用 LC-MS 测定，分析了 DBDP/rGO-WO_3 协同体系中 BPA 降解过程中生成的中间产物，将其归纳于表 4-1 中。

表 4-1　BPA 降解的中间产物

名称	结构式
4-枯基苯酚	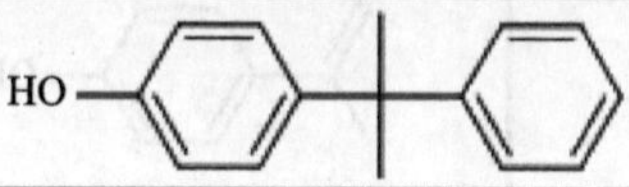
4-异丙烯基苯酚	
叔丁基苯	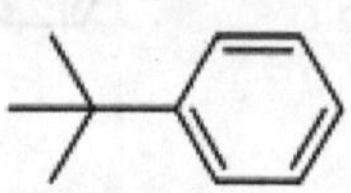
1,4-苯二酚	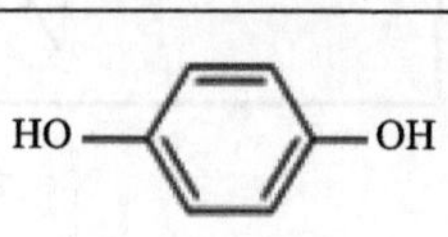
对异丙基甲苯	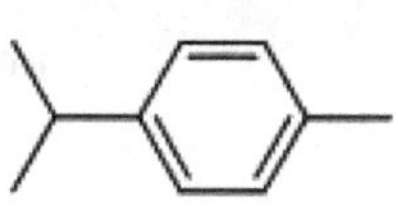
苯丙酮	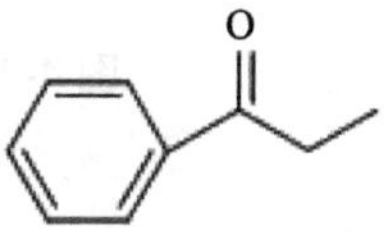
富马酸	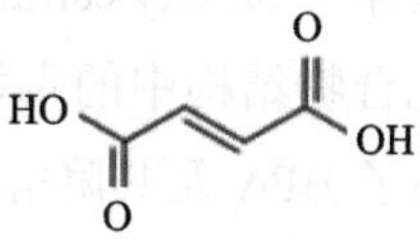

基于 BPA 的降解中间产物，研究推测了 DBDP/rGO-WO_3 协同体系中 BPA 可能存在的两条降解路径，具体如图 4-19 所示。第一条路径可能的降解路径是 O_3、•OH 等活性粒子攻击苯环与—OH 之间的化学键，生成 4-枯基苯酚；第二条路径是活性粒子直接破坏苯环和异丙基之间的 C—C 单键，生成 4-异丙烯基苯酚、叔丁基苯、1,4-苯二酚、对异丙基甲苯、苯丙酮等中间产物，苯环的开环反应可以生成富马酸等脂肪酸类中间体，最后矿化生成 CO_2 和 H_2O。

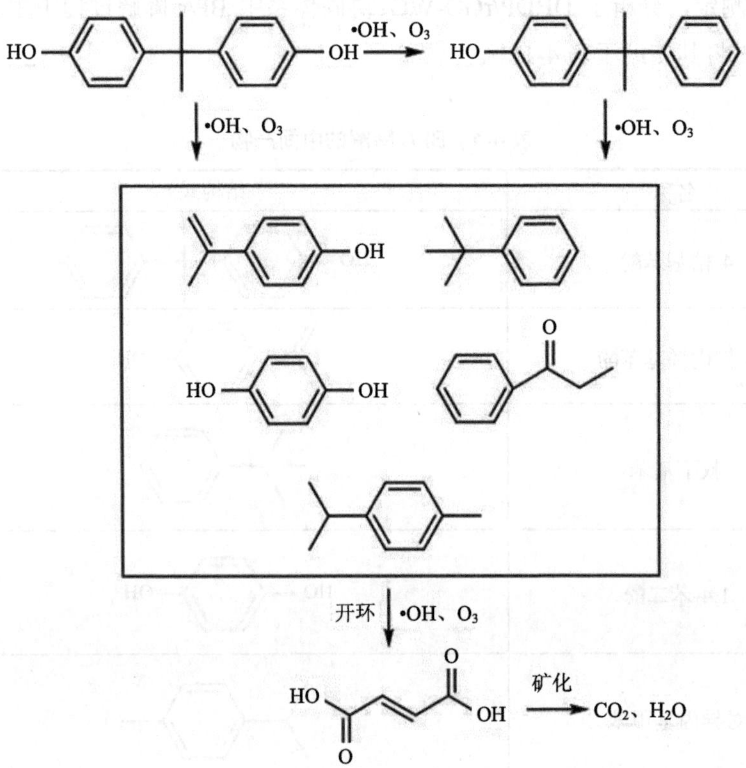

图 4-19　BPA 的降解路径

毒性估算软件（toxicity estimation software tool，TEST）能够根据已有的大量数据识别化合物结构中的毒性基团，进而预测不同物质的毒性。本研究使用该软件评估了 BPA 及其降解过程中生成的主要中间产物的毒性，结果如图 4-20 所示。急性半数致死浓度（median lethal concentration，LC_{50}）是指急性毒性实验中，杀死受试动物一半的有害物质浓度，用 LC_{50} 表示。

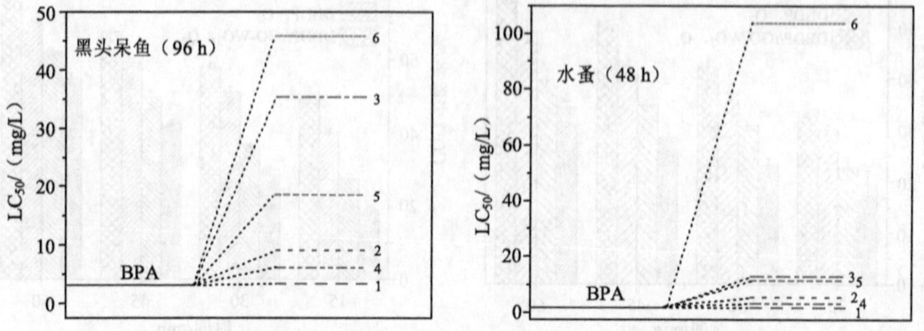

（a）对黑头呆鱼的毒性　（b）对水蚤的毒性

图 4-20　BPA 降解生成的中间产物的毒性

根据数据库中的数据，BPA、4-枯基苯酚（1）、叔丁基苯（2）、1,4-苯二酚（3）、对异丙基甲苯（4）、苯丙酮（5）、富马酸（6）对黑头呆鱼 96 h 的 LC_{50} 分别为 3.01 mg/L、3.25 mg/L、9.05 mg/L、35.32 mg/L、6.04 mg/L、18.50 mg/L 和 45.86 mg/L，相应地，对水蚤 48 h 的 LC_{50} 分别为 1.73 mg/L、1.78 mg/L、5.36 mg/L、12.92 mg/L、3.20 mg/L、11.31 mg/L 和 103.81 mg/L。与原始 BPA 溶液相比，所有中间产物对 96 h 黑头呆鱼和 48 h 水蚤的 LC_{50} 均有所升高。这些结果说明，经 DBDP/rGO-WO_3 协同体系处理后的 BPA 溶液的毒性得到了降低。

4.4.2　DBDP 协同石墨烯-WO_3 降解邻苯二甲酸二甲酯的机理研究

4.4.2.1　邻苯二甲酸二甲酯溶液 TOC 及 COD 的去除

为了考察 DMP 在降解过程中的矿化程度及可生化性的变化，本研究在载气为空气和 O_2 的条件下，测定了目标 DMP 溶液在反应过程中的 TOC 和 COD 的变化，结果如图 4-21 所示。

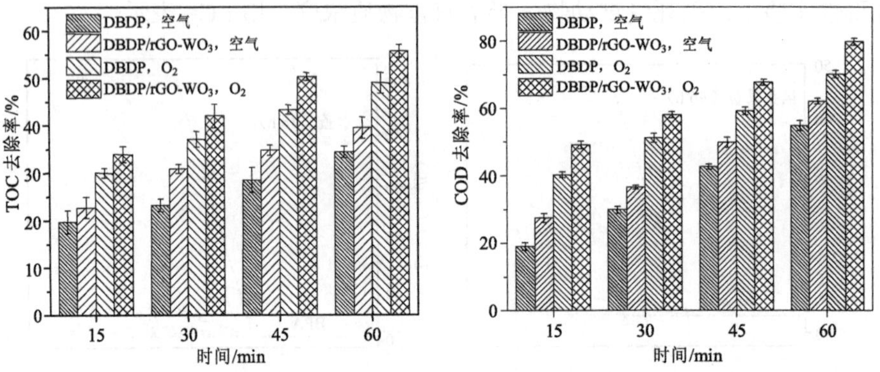

（a）TOC　　（b）COD

图 4-21　不同反应体系中 DMP 溶液的 TOC 和 COD 去除率

从图 4-21（a）中可以看出，无论载气为空气还是 O_2，DBDP/rGO-WO_3 协同体系中DMP溶液的TOC去除率均高于单独的DBDP体系，证明了rGO-WO_3 的引入在 DBDP 体系中起到了催化作用，且在两种载气条件下均具有催化作用。当载气为空气时，反应 60 min 后，DBDP/rGO-WO_3 协同体系中 TOC 的去除率为 39.5%，相较单独的 DBDP 体系提高了 5.1%；当载气为 O_2 时，DBDP/rGO-WO_3 协同体系中 TOC 的去除率为 55.7%，相较单独的 DBDP 体系提高了 6.7%。此外，载气为 O_2 时，DBDP 体系中 TOC 的去除率明显高于载气为空气时的值，这是因为体系通入 O_2 后，可以在放电区域生成大量的 O_3，进而与污染物发生直接或间接的氧化反应；而在 DBDP/rGO-WO_3 协同体系中，rGO-WO_3 能够通过催化作用将 O_3 转化为•OH，进而更有效地与污染物反应，提高了有机物的矿化程度。图 4-21（b）中显示的 DMP 溶液 COD 的变化趋势与 TOC 一致。当载气为空气时，DMP 溶液在 DBDP/rGO-WO_3 协同体系中降解 60 min 后，COD 去除率为 62%，比在单独的 DBDP 体系中提高了 7.2%；当载气为 O_2 时，添加 rGO-WO_3 后，DMP 溶液的 COD 去除率提高了 9.6%，这说明在 DBDP 体系中添加 rGO-WO_3 后，可以提高 DMP 溶液的可生化性，从而证实了 rGO-WO_3 的催化作用以及 DBDP 与 rGO-WO_3 的协同降解效果。

4.4.2.2　反应过程中 O_3 浓度的变化

本研究考察了在载气为空气和 O_2 两种情况下，单独 DBDP 体系和 DBDP/rGO-WO_3 协同体系中 O_3 浓度的变化，同时比较了目标溶液分别为去离子水和 DMP 溶液时，液相 O_3 浓度的变化，以说明有机物在降解过程中对 ROS 的消耗以及 rGO-WO_3 的催化作用。研究结果如图 4-22 所示。

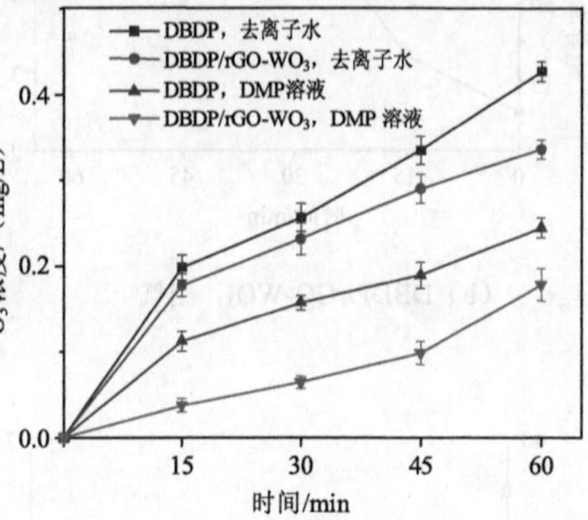

（a）空气

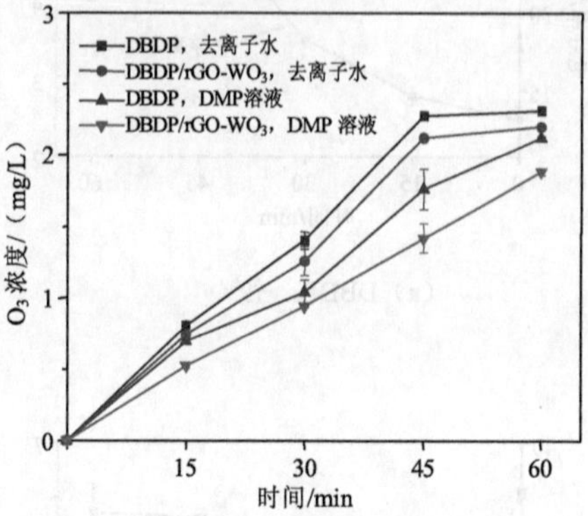

（b）O_2

图 4-22　不同载气条件下 O_3 浓度的变化

从图 4-22 中可以看出，无论载气为空气还是 O_2，去离子水和 DMP 溶液中 O_3 浓度均随反应时间的延长而增加，这表明在反应过程中 O_3 不断积累。而在 DBDP 体系中添加了 rGO-WO_3 之后，测得的液相 O_3 浓度相较单独的 DBDP 体系有所降低，这是因为 O_3 被 DBDP 激发 WO_3 产生的电子捕获，而后经过一系列的反应生成了•OH。有机物在降解过程中对 ROS 的消耗导致研究测得的 DMP 溶液中的 O_3 浓度比去离子水中的高。在以 O_2 为载气的反应体系中，测得的 O_3 浓度的变化趋势与载气为空气条件下的一致，但是，载 O_2 体系中的 O_3 浓度明显高于载空气体系。

4.4.2.3　反应过程中 DMP 溶液 pH 与电导率的变化

为更好地说明 DMP 的降解过程，本研究考察了单独 DBDP 体系和 DBDP/rGO-WO_3 协同体系中 DMP 溶液 pH 和电导率的变化。考察的载气条件

包括空气和 O_2。实验设定总反应时间为 60 min，每隔 15 min 取样 1 次，检测溶液的 pH 和电导率，结果如图 4-23 所示。

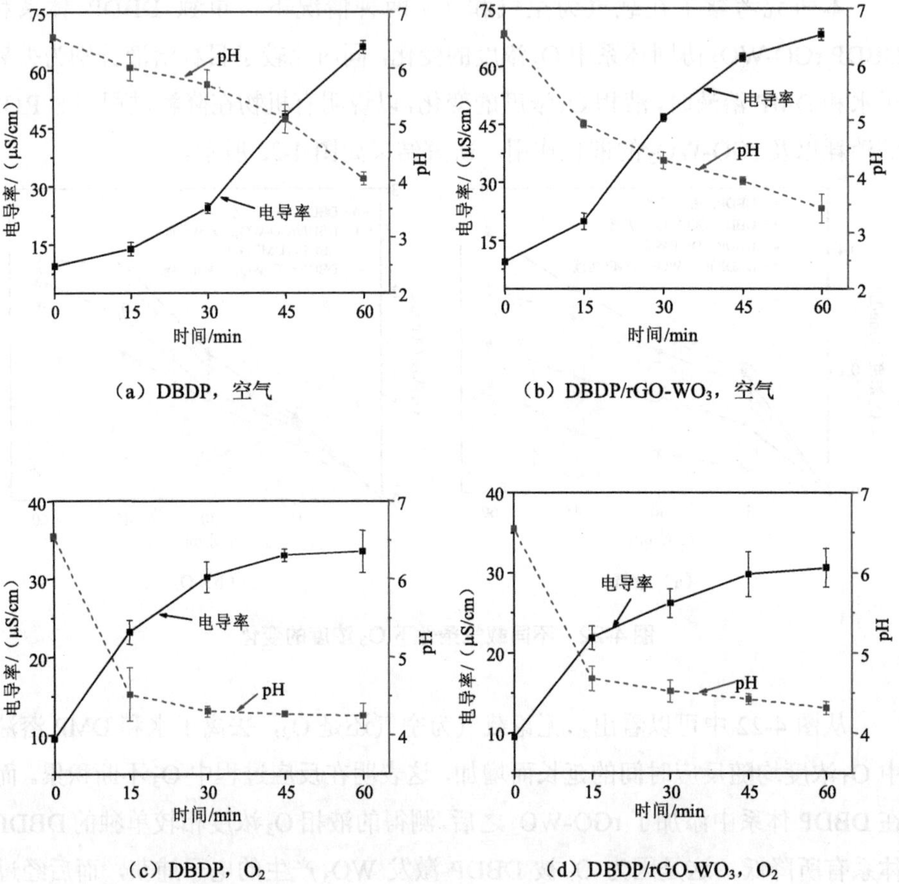

图 4-23　不同反应体系中溶液 pH 及电导率的变化

从图 4-23 中可以看出，在各载气条件下，无论是否添加了 rGO-WO_3 复合催化剂，各反应体系中 DMP 溶液的 pH 均随着反应时间的延长而降低，电导率则出现相反的变化趋势。DMP 溶液 pH 降低和电导率升高的主要原因是 DMP 在降解过程中生成了邻苯二甲酸、丁二酸等有机酸以及 CO_3^{2-}、HCO_3^{2-} 等无机离子。同样，空气中的 N_2 分子电离后生成的 HNO_2 与 HNO_3 也是促使溶液 pH 降低和电导率升高的原因。在 DBDP 体系中添加 rGO-WO_3 催化剂后，促使体系中生成了更多的•OH，加快了 DMP 的降解，使得在相同的反应时间内生成了更多的酸性中间产物。因此，添加了 rGO-WO_3 催化剂的 DBDP 体系中 DMP 溶液 pH 和电导率的变化更加明显，这与 4.4.1.4 节的研究结果类似。当载气为氧气时，体系中会产生大量的 O_3，导致有机物的矿化程度增加，经过 60 min 放电处理，大部分的酸性降解中间产物都被矿化成了 CO_2 和 H_2O，因此，溶液的 pH 相比较载气为空气时要高，电导率数值也有所降低。而 rGO-WO_3 催化剂的添加则使这种趋势更加明显，这一结果验证了前面关于载气种类对 DMP 降解效果影响规律的研究。

4.4.2.4　三维荧光光谱分析

三维荧光光谱（Three-Dimensional Excitation-Emission Matrix Fluorescence Spectroscopy，3DEEM）是一种可以反映水体中有机物荧光信息的技术，图谱中不同的区域代表不同类型的物质，荧光强弱的变化可以反映出物质的浓度变化。为了深入探究 DMP 的降解过程及其降解机理，本研究采用 3DEEM 分析了 DMP 在降解过程中荧光信息的变化，用以说明 DMP 的降解。研究中考察的载气种类分别为空气和 O_2，反应 30 min 和 60 min，分别取样测定 3DEEM。研究结果如图 4-24 所示，各个区域代表的成分列于表 4-2 中。

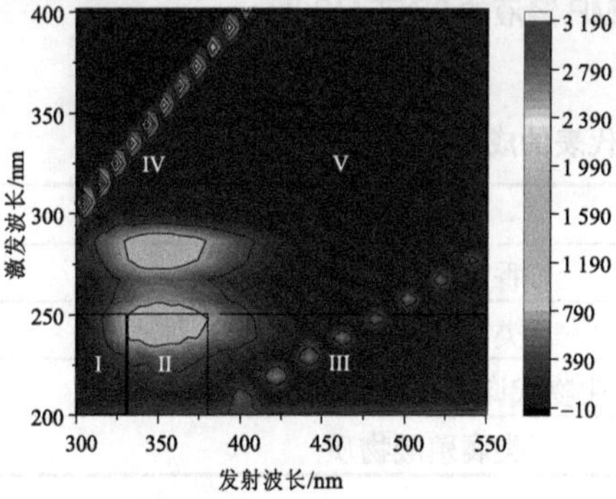

（a）DMP 初始溶液

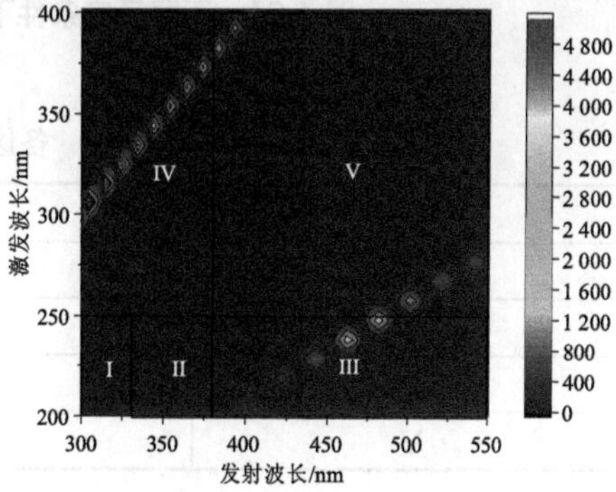

（b）DBDP，O_2，30 min

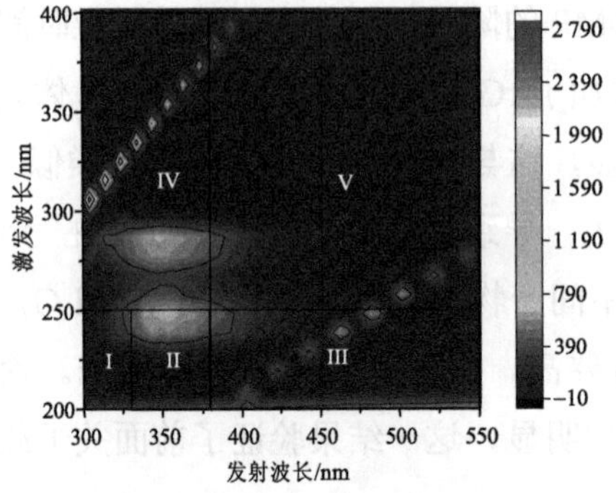

（c）DBDP，空气，30 min

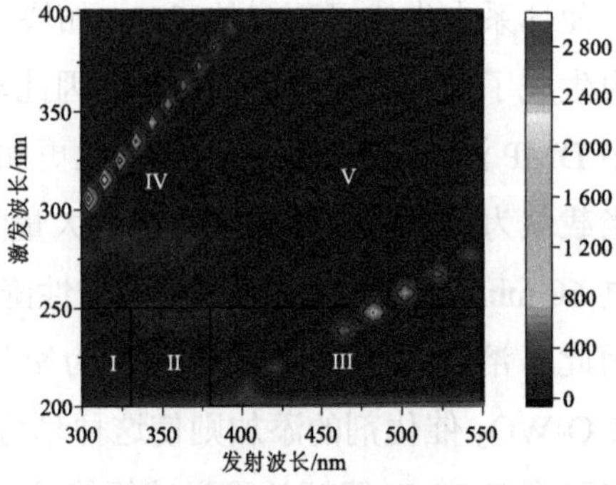

（d）DBDP，空气，60 min

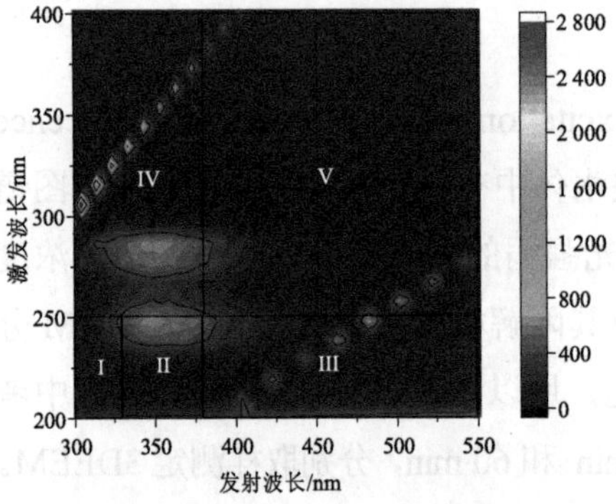

（e）DBDP/rGO-WO_3，空气，30 min

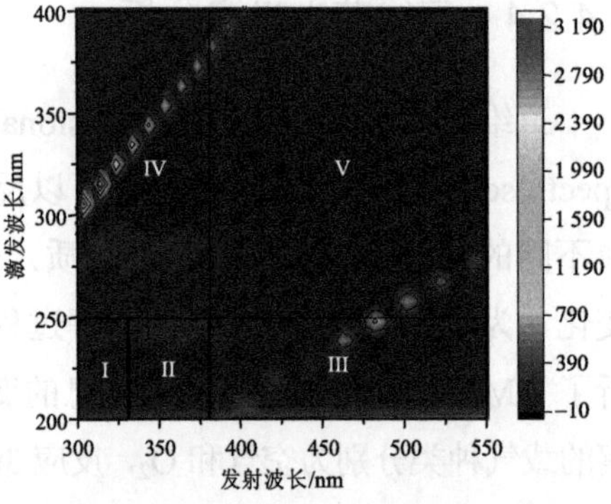

（e）DBDP/rGO-WO_3，空气，60 min

图 4-24　不同反应条件下 DMP 溶液的 3DEEMS 图

表 4-2　各区域代表的成分

区域	成分
Ⅰ～Ⅱ	芳香族类蛋白物质
Ⅲ	类富里酸物质
Ⅳ	微生物代谢副产物类蛋白物质
Ⅴ	类腐殖酸物质

3DEEM显示的荧光强度能够定性反映出溶液中DMP的浓度。分析图4-24的结果表明：与初始溶液样品［图 4-24（a）］相比，在单独 DBDP 体系中放电处理 30 min 后［图 4-24（b）和（c）］，所有区域的荧光强度均有所降低，表明 DMP 的化学键在活性物质的作用下发生了断裂。放电处理 60 min 后

［图 4-24（d）］，可以观察到，所有区域的荧光强度进一步降低，表明 DMP 溶液被更有效地降解。DMP 溶液在 DBDP/rGO-WO_3 体系中放电处理 30 min 后，Ⅰ和Ⅲ区域的峰［图 4-24（e）］强度相较单独的 DBDP 体系［图 4-24（c）］有明显的降低，这表明 rGO-WO_3 起到了一定的催化作用，催化体系中生成了更多的•OH，加快了 DMP 的降解。当载气为 O_2 时，样品在单独 DBDP 体系中放电处理 30 min 后，所有区域的主峰均消失，说明 DMP 的结构已完全分解，这也证实了载气为 O_2 条件下，DMP 的降解效果优于载气为空气条件下的结果，与 4.3.3 节的研究结果一致。

4.4.2.5　DMP 中间产物的推测

本研究通过 LC-MS 分析了 DMP 降解过程中可能生成的中间产物，并将这些中间产物列于表 4-3 中。

表 4-3　DMP 降解中间产物

名称	结构式
邻苯二甲酸	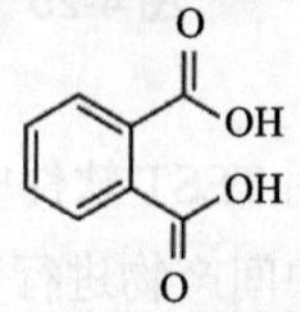
邻苯二甲酸单甲酯	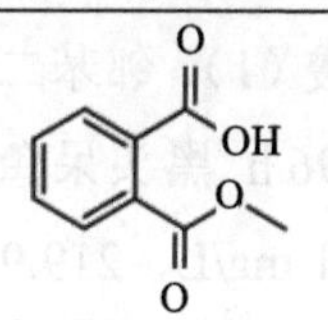
丁二酸	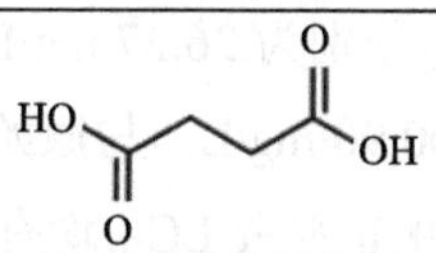
对苯二甲酸	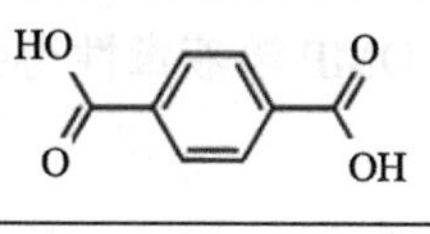
戊二酸	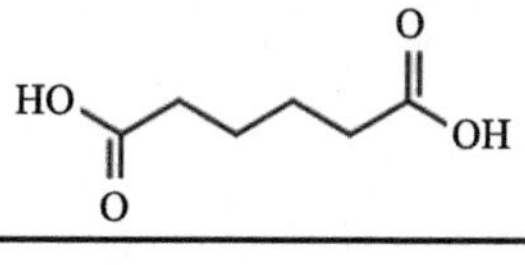

从 LC-MS 图谱可推测出 DMP 在降解过程中可能产生了 5 种中间产物，由此推断其降解路径，结果如图 4-25 所示。在降解过程中，首先•OH 和 O_3 等活性物质攻击 DMP 的 C—O 单键，使化学键断裂生成邻苯二甲酸或邻苯二甲酸单甲酯，邻苯二甲酸单甲酯可进一步被氧化为邻苯二甲酸，邻苯二甲酸可转化为对苯二甲酸，对苯二甲酸随后开环生成戊二酸，或者直接开环生成丁二酸，最终这些物质矿化为 CO_2 和 H_2O。

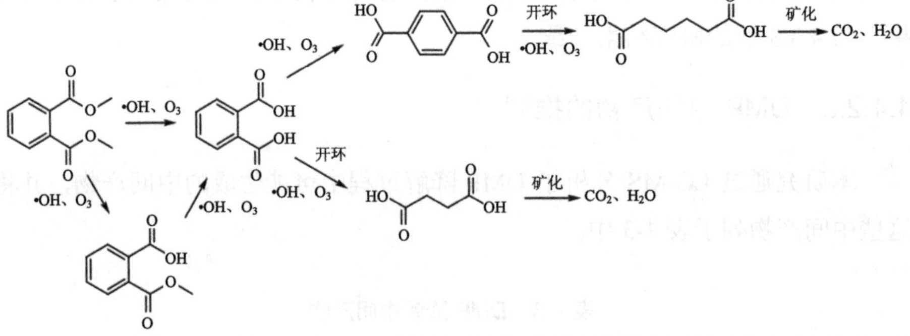

图 4-25　DMP 的可能降解路径

本研究同样采用 TEST 软件中的 QSAR（量化结构-活性关系）方法对 DMP 降解过程中生成的中间产物进行毒性预测，结果如图 4-26 所示。结果表明，DMP、邻苯二甲酸（1）、邻苯二甲酸单酯（2）、丁二酸（3）、对苯二甲酸（4）、戊二酸（5）的 96 h 黑头呆鱼半数致死浓度（LC_{50}）分别为 19.78 mg/L、38.41 mg/L、44.61 mg/L、219.95 mg/L、23.05 mg/L、232.33 mg/L，相应地，48 h 水蚤的 LC_{50} 分别为 26.27 mg/L、65.39 mg/L、92.39 mg/L、255.63 mg/L、116.29 mg/L、200.90 mg/L。与原始 DMP 溶液相比，所有中间产物的 96 h 黑头呆鱼 LC_{50} 和 48 h 水蚤 LC_{50} 均有所升高，这表明，经 DBDP/rGO-WO_3 协同体系中处理后的 DMP 溶液毒性得到了降低。

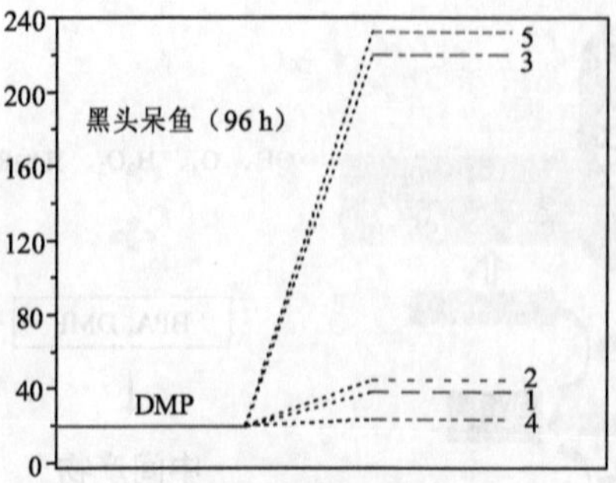

（a）对黑头呆鱼的毒性

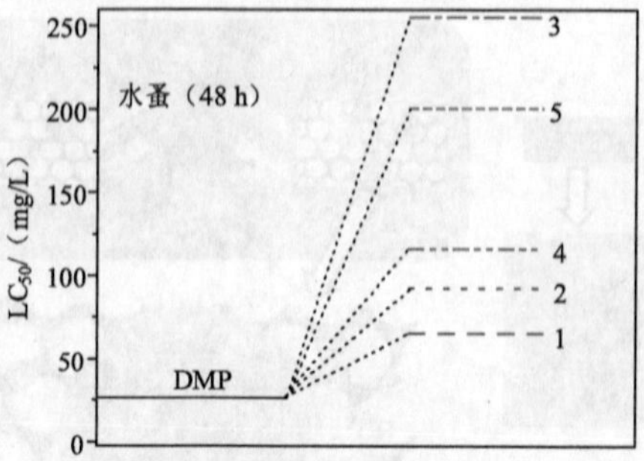

（b）对水蚤的毒性

图 4-26　DMP 降解生成的中间产物的毒性

4.4.3　DBDP 协同 rGO-WO_3复合催化剂降解有机物的机理推测

依据上述研究，可以推测 DBDP 协同 rGO-WO_3复合催化剂降解 BPA 和 DMP 的机理，结果如图 4-27 所示。具体分析如下：放电过程中，DBDP 体系可同时产生物理效应（高能电子、紫外光、冲击波等）和化学效应（•OH、O_3、H_2O_2等）。其中，高能电子或紫外光可以诱导 WO_3形成电子（e^-）-空穴（h^+）对，e^-与体系中产生的 O_3或者通入体系的 O_2发生一系列反应，生成氧化性更强的•OH；h^+能将体系中产生的 H_2O_2以及 H_2O 转化为•OH；rGO 可能与放电过程中形成的 O_3反应生成•OH；rGO 的引入使 WO_3产生的 e^-转移至其表面，抑制了 e^-- h^+对的复合，进一步促进了•OH 的生成。总之，DBDP 体系自身生成的•OH、O_3、H_2O_2与 rGO-WO_3复合催化剂的催化作用相协同，此过程生成的•OH 联合 DBDP 自身产生的各种活性物质共同作用于 BPA 和 DMP，可以将目标有机物氧化降解，生成一系列中间产物，这些中间产物被进一步氧化后，最终生成 CO_2和 H_2O 等无机分子，实现了目标有机废水的矿化。

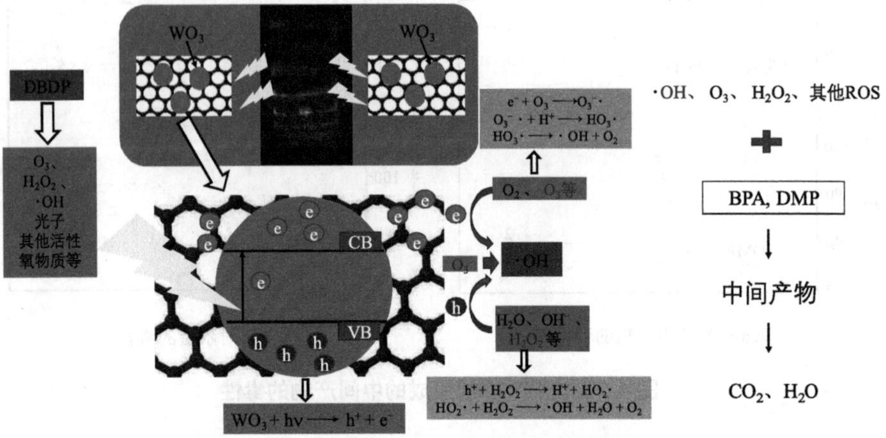

图 4-27 DBDP 协同 rGO-WO_3 复合催化剂降解 BPA 和 DMP 的机理推测

第5章

DBDP/Fe_3O_4-MnO_2-醋酸纤维素膜协同有机废水处理技术

5.1 Fe_3O_4-MnO_2-醋酸纤维素膜催化剂

5.1.1 MnO_2、Fe_3O_4 的特点及应用

综合有关催化 O_3 催化剂的研究报道，贵金属，如金（Au）、银（Ag）、铂（Pt）和钯（Pd）等，以及部分过渡金属氧化物（如 MnO_x、Co_3O_4、CuO 和 Fe_2O_3/Fe_3O_4 等）能够通过催化作用促进自由基的生成，这些自由基随后与有机污染物反应，被证明具有高效的催化效果[83]。其中，MnO_2 是一种黑色粉末状固体，在常温下非常稳定，作为一种两性氧化物，MnO_2 具有较强的氧化性和还原性，其在催化臭氧氧化降解目标有机物中的作用机理如下[84]：

$$O_3 + OH^- \longrightarrow HO_2^- + O_2 \tag{5.1}$$

$$e^- + O_2 \longrightarrow \bullet O_2^- \tag{5.2}$$

$$2O_3 + 4e^- \longrightarrow 2O^{2-} + 2O_2 \tag{5.3}$$

$$2O^{2-} + Mn^{4+} \longrightarrow Mn^{3+} + O_2 \tag{5.4}$$

$$O_3 + HO_2^- \longrightarrow \bullet OH + \bullet O_2^- + O_2 \tag{5.5}$$

$$2O_2 + \bullet OH \longrightarrow \bullet HO_2 + O_3 \tag{5.6}$$

$$O_3 + OH^- + 2MnO_2 \longrightarrow \bullet O_3^- + \bullet HO_2 + Mn_2O_3 \tag{5.7}$$

$$\bullet O_3 + Mn_2O_3 \longrightarrow {}^1O_2 + 2MnO_2 \tag{5.8}$$

$$O_3 + \bullet HO_2 + 2Mn_2O_3 \longrightarrow \bullet OH + O_2 + 4MnO_2 \tag{5.9}$$

MnO_2 作为一种有效的催化臭氧氧化材料，因其环境友好、结构稳定性高、易制备以及成本低等优点得到了广泛的研究[85]。Ponnusamy 等[86]利用具有 MnO_2 纳米片的新型三维网络结构催化剂，增强了对布洛芬的催化 O_3 氧化降解效果。结果表明，单独 O_3 处理下，布洛芬只能达到 65%的去除率，加入

MnO_2催化剂后，布洛芬的去除率接近 90%，其主要原因在于新型三维结构催化剂具有特殊的表面和结构性质，能够显著提高催化剂的表面活性位点和反应介质的传质性能，从而提高其去除布洛芬的效果。除了用作 O_3催化材料，MnO_2还可以用作光催化剂[87]。Wang 等[88]合成了一种新型的 MnO_2/g-C_3N_4异质结复合材料，用于二氧化碳光催化还原/转化。结果表明，在 g-C_3N_4表面加入窄带隙的 MnO_2，能够增强捕光能力，MnO_2与 g-C_3N_4之间的固体异质界面及其匹配良好的能带结构有利于光诱导载体的分离，从而提高了其光催化活性。

氧化铁作为 Fenton 试剂向来备受关注，其中，Fe_3O_4是一种具有磁性的黑色晶体无机物，因价格低廉、易制备、具有磁性且拥有丰富的活性位点以及对环境友好等优点而被应用到水处理过程中。在以 Fe_3O_4 为催化剂的 Fenton 氧化水处理体系中，溶液中亚铁离子和 H_2O_2的共存能够增加•OH 的浓度，实现难降解有机物的快速氧化，涉及的相关催化及活性物质生成反应如下[89, 90]：

$$Fe^{2+} + H_2O_2 \longrightarrow Fe^{3+} + OH^- + \cdot OH \quad (5.10)$$

$$Fe^{2+} + \cdot OH \longrightarrow Fe^{3+} + OH^- \quad (5.11)$$

$$H_2O_2 + \cdot OH \longrightarrow HO_2 + H_2O \quad (5.12)$$

$$Fe^{2+} + O_3 \longrightarrow FeO^{2+} + O_2 \quad (5.13)$$

$$FeO^{2+} + H_2O \longrightarrow Fe^{3+} + HO\cdot + OH^- \quad (5.14)$$

在 DBDP 体系中加入 Fe_3O_4能够加速体系自身生成的 H_2O_2的分解，生成•OH，形成协同效应，进而提高目标物的降解速率。Kim 等[91]构建了 DBDP 与 Fe_3O_4的协同体系，并将其应用于氧化降解有机染料和抗生素。研究发现，在添加了 Fe_3O_4的 DBDP 体系中，200 mg/L 的染料在反应 35 min 后降解率可达 99%以上，四环素和环丙沙星的降解率也较高。Guo 等[92]在脉冲放电等离子体（pulse discharge plasma，PDP）体系中引入了 Fe_3O_4纳米材料，引发了非均相 Fenton 反应，促进了氯霉素的降解。结果表明，PDP 和 Fe_3O_4之间存在协同效应，在较优条件下，氯霉素的去除率最高可达 80.5%；在 PDP/Fe_3O_4协同体系中，Fe_3O_4不仅能催化 H_2O_2引发 Fenton 反应，还能催化 O_3生成更多的•OH，进而加速氯霉素的降解。

$$Fe^{2+}_{surf.} + O_3 \longrightarrow FeO^{2+}_{surf.} + O_2 \tag{5.15}$$

$$FeO^{2+}_{surf.} + H_2O \longrightarrow Fe^{3+} + OH^- + \bullet OH \tag{5.16}$$

以上研究结果表明，在高级氧化体系中分别加入 MnO_2、Fe_3O_4 催化剂，利用 MnO_2 的催化 O_3 氧化作用和 Fe_3O_4 诱导的非均相 Fenton 反应，可以促使反应体系中的 O_3 和 H_2O_2 反应转化生成高浓度的活性物质（$\bullet O_3^-$、$^1O_2$、•OH 和 $\bullet O_2^-$等），提高有机物的降解效果。由于单一催化剂的催化效果有限，对有机物降解作用的提升效果也有限。因此，本研究考虑制备 Fe_3O_4-MnO_2 复合催化材料，以同时、高效利用 DBDP 体系中的高能电子、光、O_3 和 H_2O_2，形成协同催化作用，促成反应体系中活性物质的高浓度生成，进而提高有机废水的处理效果。

5.1.2 Fe_3O_4-MnO_2 复合材料在水处理中的应用

近年来，已有研究者将 Fe_3O_4-MnO_2 复合催化剂应用于有机废水水处理中，并取得了较优的效果。例如，Zhang 等[93]制备了 Fe_3O_4-MnO_2 磁性复合材料，并以 BPA 为目标物，考察了 Fe_3O_4-MnO_2 磁性复合材料催化 O_3 的性能。结果表明，添加 Fe_3O_4-MnO_2 复合催化剂可以提高反应体系中 O_3 的利用率，进而显著促进 BPA 降解；当增加催化剂的用量时，会增加其表面的可用活性位点，从而加速 O_3 分解产生更多的活性物质，同时促进 O_3 分子向反应溶液中转移，提高传质效率。Nawaz 等[94]制备了 Fe_3O_4-MnO_2 介孔复合材料，在对甲酚和对氯酚混合物的催化 O_3 氧化中，表现出比单独 Fe_3O_4 和 MnO_2 更高的活性，且催化剂使用 6 次后活性仍基本保持不变。机理分析表明，O_3 与水分子吸附在 Fe_3O_4-MnO_2 表面，通过催化作用生成•OH 等 ROS，•OH 在甲酚和氯酚降解过程中发挥了重要作用。Pan 等[95]研究了一种新型的 Fe_3O_4@聚多巴胺-MnO_2（Fe_3O_4@PDA-MnO_2）催化剂，与 H_2O_2 配合形成类 Fenton 试剂，其对亚甲基蓝（methylene blue，MB）的降解率在反应 240 min 后达到了 97.36%。催化过程中，H_2O_2 分子首先被吸附在 Fe_3O_4@PDA-MnO_2 催化剂的表面，而后被分解为具有较强氧化能力的活性物质（•OH、$\bullet O_2^-$或$\bullet HO_2$），进而将 MB 氧化降解。

上述粉末状的 Fe_3O_4-MnO_2 复合催化剂在水处理应用过程中存在难分离、难回收的问题，影响了催化剂的循环使用，这不仅会造成资源浪费，还会产生二次污染，不符合绿色发展的原则。因此，研究考虑结合良好的载体，在保证负载后的 Fe_3O_4-MnO_2 复合催化剂结构和性质不受影响的同时，又可以方便分离、回收和重复使用。

5.1.3　醋酸纤维素及其应用

醋酸纤维素（cellulose acetate，CA）是由棉花纤维或木材纤维和醋酸或醋酐经酯化反应制得的一种热塑性树脂，具有低成本、可回收、无毒、无污染的优点。基于这些优点，CA 材料近年来受到越来越多的关注。利用 CA 制备的多孔聚合物膜具有良好的力学性能、高透水性和良好的可重复利用性能。此外，研究也证明了在不同的工艺条件下可以制备出金属氧化物/CA 复合材料。在此过程中，CA 被证明可以为金属氧化物或其他高比表面积纳米材料的结合和生长提供更多活性位点，使得制备的复合膜材料具有优异的循环使用性能。

近年来，已有不少研究将制备出的纤维素复合膜用于污染物的去除，且效果显著。Khan 等[96]将 Cu 纳米粒子、二氧化铈、氧化锆嵌到醋酸纤维素膜上，成功制备出复合膜催化剂，命名为 CA-Ce/Zr@Cu^0，用于水溶液中还原/降解硝基酚类化合物和染料。结果表明，还原剂存在时，复合膜催化剂不仅可将4-硝基酚还原为 4-氨基酚，还能有效降解亚甲基蓝和罗丹明 B；此外，复合膜催化剂还具有可生物降解、可回收和成本低等优势。Peng 等[97]为了解决粉体 MnO_2 催化剂回收难的问题，采用低温工艺制备了 MnO_2/CA 复合膜，该复合膜具有一定的机械强度，能灵活弯曲，具有较高的稳定性；反应 90 min 后对酸性橙的降解率可达到 76.1%，明显高于添加纯 CA 膜时；且该复合膜催化剂易于回收，解决了粉体催化剂的循环利用问题。因此，基于大部分粉体催化剂不易分离和回收的难题，可将 CA 作为基体材料，用以解决粉体催化剂在水处理应用中存在的问题。

5.2　DBDP 协同 MnO_2-CA 膜降解磺胺甲恶唑研究

本节选用同时具有光催化和 O_3 催化作用的 MnO_2 催化材料，制备可循环使用的 MnO_2-CA 复合膜催化剂，建立了 DBDP 协同 MnO_2-CA 膜水处理体系（DBDP/MnO_2-CA 协同体系），以磺胺甲恶唑（SMX）为目标有机物，考察协同体系中 SMX 的降解效果，通过 SMX 溶液的紫外-可见光全波段扫描图以及 COD、TOC 的去除结果，证实 MnO_2-CA 膜的催化作用，并考察其稳定性及重复使用性能。

5.2.1　DBDP 与 MnO_2-CA 膜协同作用效果研究

为了验证 DBDP 与 MnO_2-CA 膜对目标物 SMX 的协同作用效果及 MnO_2-CA 膜的催化作用，本节首先考察了单独 DBDP、单独 MnO_2-CA 膜、DBDP/CA 协同体系、DBDP/3% MnO_2-CA 协同体系中 SMX 的降解效果。本研究中，选择载气为空气，测定并计算不同体系中 SMX 的降解率、动力学常数和系统能效，结果如图 5-1 所示。

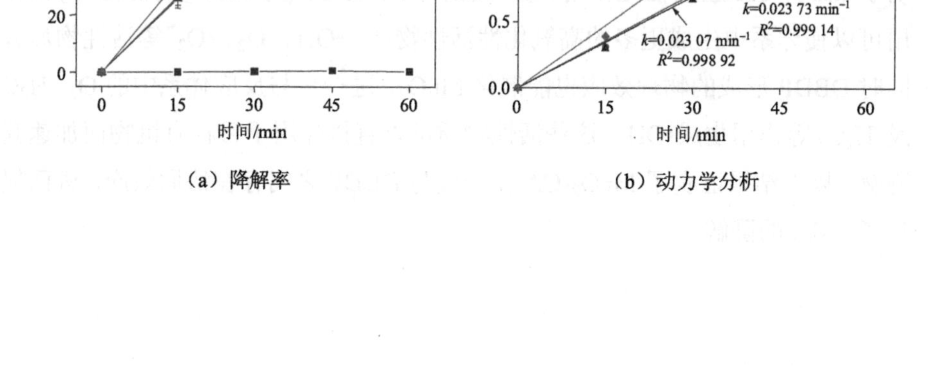

（a）降解率　　（b）动力学分析

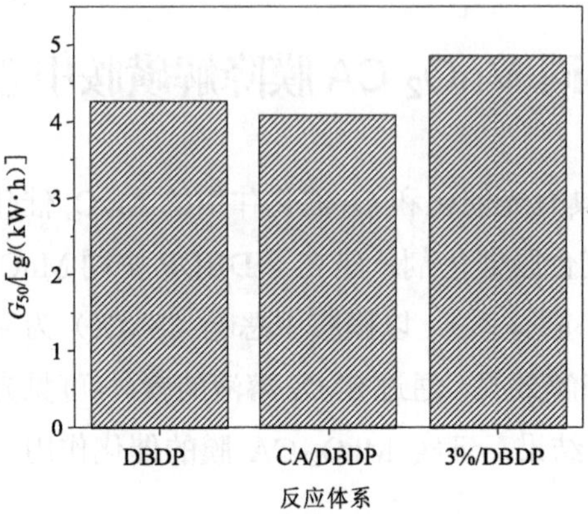

（c）系统能效

图 5-1 不同体系中 SMX 的降解效果

从图 5-1（a）中可以看出，在单独 DBDP 体系中，反应 60 min 后 SMX 的降解率为 75.89%，单独 MnO_2-CA 膜体系作用 60 min 后的 SMX 的浓度几乎没有降低，而在 DBDP 体系中加入 3% MnO_2-CA 复合膜后，60 min 后 SMX 的降解率可达 85.54%，比单独 DBDP 体系提高了 9.65%，证明了 MnO_2-CA 复合膜的催化作用。图 5-1（b）和（c）中的动力学分析和系统能效分析结果表明，在 3% MnO_2-CA/DBDP 体系中，动力学分析常数是单独 DBDP 体系的 1.32 倍，且协同体系中的能量效率比单独 DBDP 体系高出 0.56 g/（kW·h），进一步说明了 MnO_2-CA 膜的催化作用。其催化作用主要是因为 MnO_2 的催化 O_3 化作用可以使体系中生成更多的高氧化性活性物质（•OH、$^1O_2$、$•O_2^-$等活性物质），同时 DBDP 形成的物理效应也能催化 MnO_2，进一步与反应体系中的 O_3、H_2O 及 H_2O_2 等作用生成•OH，这些活性物质可以直接作用于目标有机物而加速其降解。以上结果证实了 MnO_2-CA 复合膜与 DBDP 之间存在协同效应，进而促进了 SMX 的降解。

5.2.2　DBDP 协同 MnO_2-CA 膜降解磺胺甲恶唑影响参数分析

5.2.2.1　MnO_2 负载量对 SMX 降解率的影响

为了确定 MnO_2-CA 膜的最佳添加条件，本研究在 DBDP 体系中分别添加了 MnO_2 负载量为 1%、3%和 5%的 MnO_2-CA 膜，考察在不同膜的添加下，SMX 降解效果的变化，结果如图 5-2 所示。

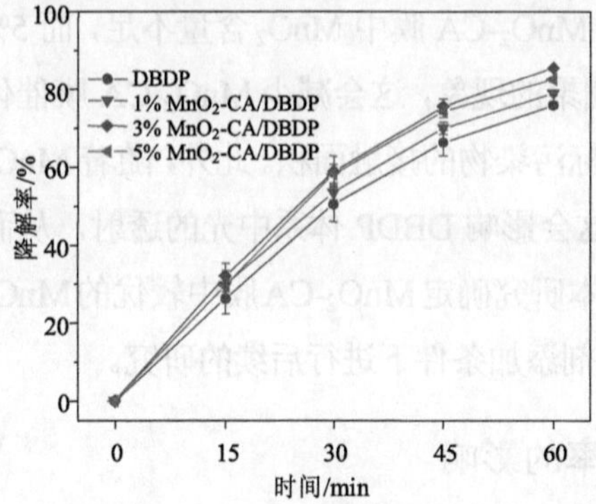

（a）降解率

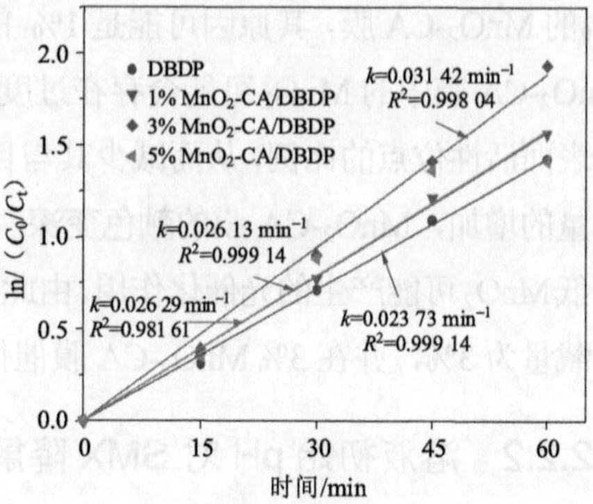

（b）动力学分析

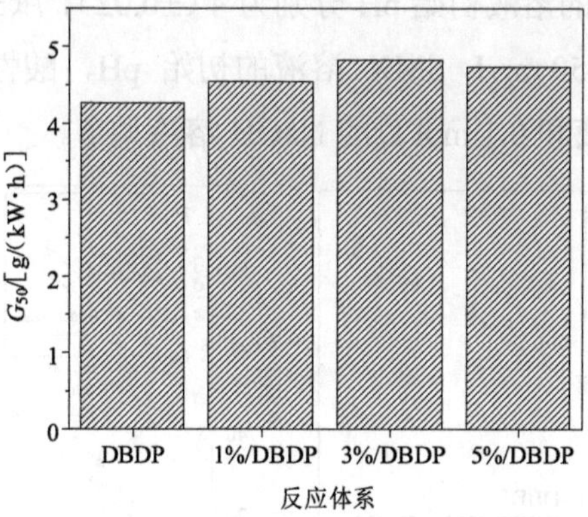

（c）系统能效

图 5-2　MnO_2 负载量对 SMX 降解率的影响

SMX 在不同 MnO_2 负载量的 MnO_2-CA 膜协同 DBDP 体系中的降解率如图 5-2（a）所示，可以看出，添加了各种 MnO_2-CA 复合膜后，SMX 的降解率在处理 60 min 后均高于单独 DBDP 体系，且在所考察的 MnO_2 负载量变化范围内，随着 MnO_2 负载量的增加，SMX 的降解率呈先上升后下降的趋势。MnO_2 的负载量为 3%时，SMX 的降解率达到最高，其降解动力学常数［图 5-2（b）］和系统能效［图 5-2（c）］有相同的变化规律。虽然从 3% MnO_2-CA 膜催化剂的 SEM 图像上可以观察到 MnO_2 的团聚现象，但 3% MnO_2-CA 膜的催化效果仍高于 1%和 5%的 MnO_2-CA 膜，其原因可能是 1% 的 MnO_2-CA 膜中 MnO_2 含量不足，而 5% MnO_2-CA 膜中的 MnO_2 可能会存在过度团聚的现象，这会减少 MnO_2-CA 膜催化剂表面活性位点的比例，从而减少其与目标污染物的接触面积。此外，随着 MnO_2 含量的增加，MnO_2-CA 膜的颜色变深，这会影响 DBDP 体系中光的透射，从而降低 MnO_2 可能产生的光催化作用。由此，本研究确定 MnO_2-CA 膜中较优的 MnO_2 负载量为 3%，并在 3% MnO_2-CA 膜催化剂添加条件下进行后续的研究。

5.2.2.2 溶液初始 pH 对 SMX 降解率的影响

本节通过改变 SMX 溶液的初始 pH，考察 3% MnO_2-CA 膜添加前后，DBDP 体系中 SMX 降解的降解率、动力学分析和系统能效变化规律，结果如图 5-3 所示。本研究中选取的溶液初始 pH 分别为 4（±0.02）、7（±0.06）、10（±0.02）。其中 7（±0.06）为 50 mg/L SMX 溶液的初始 pH，酸性和碱性溶液分别用 0.1 mol/L 的 HCl 溶液和 0.1 mol/L 的 NaOH 溶液调节。

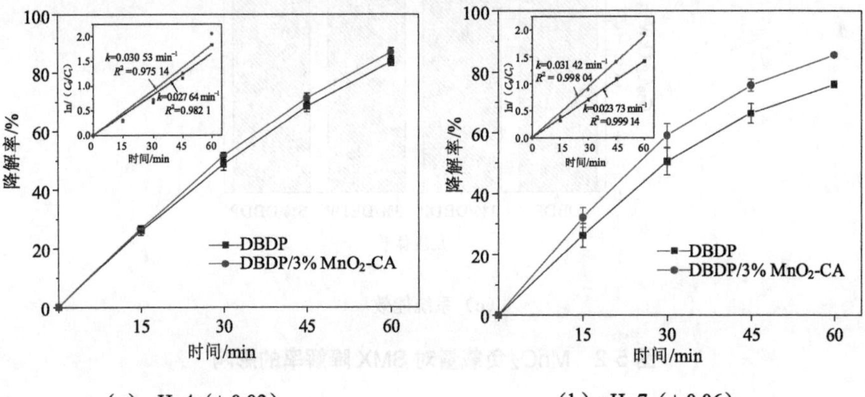

（a）pH=4（± 0.02）　　（b）pH=7（± 0.06）

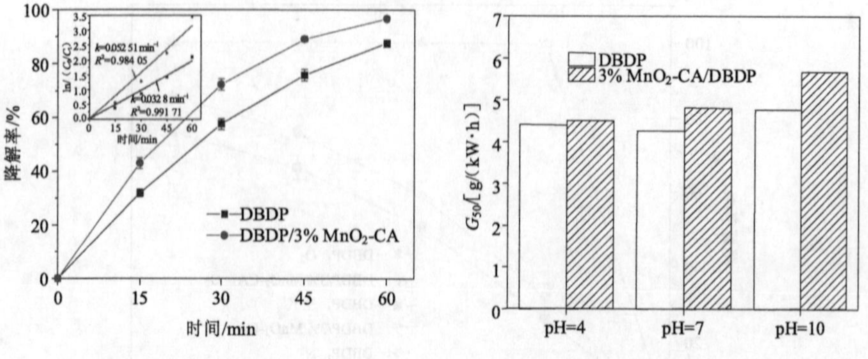

（c）pH=10（± 0.02）　　（d）G_{50}

图 5-3　SMX 溶液初始 pH 其降解率的影响

从图 5-3 中可以看出，各初始 pH 条件下，DBDP/MnO_2-CA 膜协同体系中 SMX 的降解效果均优于单独 DBDP 体系中 SMX 的降解，说明 3% MnO_2-CA 膜在不同初始 pH 的反应体系中均具有催化效果。此外，在碱性溶液条件下，单独 DBDP 和 DBDP/MnO_2-CA 膜两种反应体系中 SMX 的降解率均较高。在单独 DBDP 体系和 DBDP/MnO_2-CA 膜协同体系中，碱性溶液条件下反应 60 min 后，SMX 的降解率分别为 87.6%和 96.79%，比中性溶液条件下分别提高了 11.71%和 11.25%，且在碱性条件下，单独 DBDP 体系中的能量利用率分别比酸性和中性条件下高 0.38 g/（kW·h）和 0.53 g/（kW·h），在 DBDP/MnO_2-CA 膜协同体系中，碱性溶液条件下的系统能效比酸性和中性溶液条件下高 1.26 g/（kW·h）和 0.95 g/（kW·h），说明碱性溶液条件更利于 SMX 的降解。在 MnO_2-CA/DBDP 体系中，碱性条件下的动力学常数是酸性条件下的 1.72 倍，是中性条件下的 1.671 倍。根据 O_3 氧化的作用机理，水溶液中 O_3 的分解会随着溶液 pH 的增加而增加；在酸性溶液中 O_3 分子可以直接氧化降解 SMX，而在碱性溶液条件下，O_3 可以氧化分解产生更多的•OH 和 $^1O_2$，促进 SMX 降解，这与研究结果一致。

5.2.2.3　载气种类对 SMX 降解率的影响

本节考察了载气分别是 O_2、空气和 N_2 时，DBDP 体系中添加与不添加 MnO_2-CA 膜催化剂前后 SMX 的降解效果，结果如图 5-4 所示。

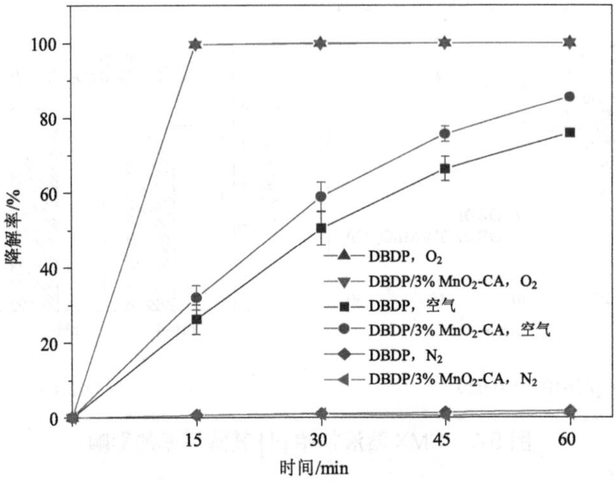

图 5-4　载气种类对 SMX 降解率的影响

从图 5-4 中可以看出，在载气为 O_2 的体系中，SMX 的降解效果最好；在载气为 N_2 的体系中，SMX 的降解效果最差，而且这两种体系中 MnO_2-CA 膜的催化作用都不明显。这主要是因为：通入 O_2 时，在放电过程中产生的高能电子会与 O_2 分子碰撞，产生高浓度的 O_3，其直接和间接作用可以使目标物快速降解，从而无法凸显 MnO_2-CA 膜的催化作用；通入 N_2 时，产生的氧化物质主要是氧化能力很弱的•N，从而大大削弱了 SMX 的降解效果和 MnO_2-CA 膜的催化作用；在载气为空气时，DBDP 体系中 MnO_2-CA 膜的催化作用较为明显。主要原因是空气中含有一定体积的 O_2，其在电离作用下促使体系中产生 O_3，并能发生一系列化学反应生成氧化性较高的活性物质，促进 SMX 的降解。综上可知，SMX 在载气为 O_2 条件下的降解效果优于载气为空气和 N_2 时，当载气为空气时，MnO_2-CA 膜的催化效果较为明显。

5.2.3　反应过程中磺胺甲恶唑溶液的紫外-可见吸收光谱变化

为了比较 MnO_2-CA 膜催化剂添加前后 SMX 降解的变化，本节对单独 DBDP 体系和 DBDP/MnO_2-CA 膜协同体系中反应过程中的 SMX 溶液进行了紫外-可见光全波段光谱分析，结果如图 5-5 所示。从图 5-5 中可以看出，在两种不同的反应体系中，随着反应时间的延长，SMX 在 275 nm 处的特征峰强度都明显下降，说明 SMX 的浓度随反应时间的延长在不断降低，并且 DBDP/MnO_2-CA 协同体系中反应 60 min 后 SMX 溶液特征峰的峰值强度更低，表明 MnO_2-CA 膜的催化作用促进了 SMX 的降解，该结果与前面的研究结论一致。

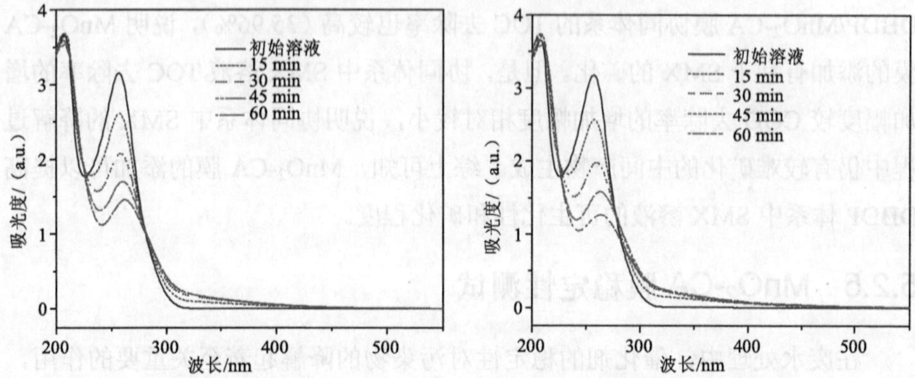

（a）DBDP　　（b）DBDP/MnO_2-CA

图 5-5　SMX 溶液在不同体系中的 UV-Vis 图谱

5.2.4　磺胺甲恶唑溶液 COD 与 TOC 去除效果分析

本节考察了 3% MnO_2-CA 膜催化剂添加前后 DBDP 体系中目标 SMX 溶液的 COD 和 TOC 去除效果，以分析 SMX 溶液在降解过程中的可生化性和矿化程度变化，结果如图 5-6 所示。

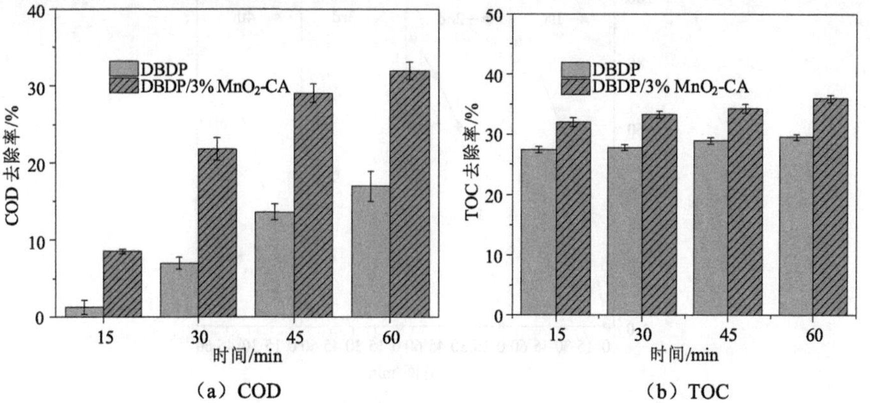

（a）COD　　（b）TOC

图 5-6　不同反应体系中溶液 COD 和 TOC 的去除率

从图 5-6 中可以看出，随着反应时间的延长，单独 DBDP 体系和 DBDP/MnO_2-CA 膜协同体系中 SMX 溶液的 COD 和 TOC 的去除率逐渐升高。在单独 DBDP 体系中，60 min 后溶液中 COD 的去除率为 16.97%，添加 MnO_2-CA 膜催化剂后，COD 去除率提高了 14.98%；与单独 DBDP 体系相比，DBDP/MnO_2-CA 膜协同体系的 TOC 去除率也较高（35.96%），说明 MnO_2-CA 膜的添加有利于 SMX 的矿化。但是，协同体系中 SMX 溶液 TOC 去除率的增加幅度较 COD 去除率的增加幅度相对较小，说明协同体系中 SMX 的降解过程中仍有较难矿化的中间产物生成。综上可知，MnO_2-CA 膜的添加可以提高 DBDP 体系中 SMX 溶液的可生化性和矿化程度。

5.2.5 MnO_2-CA 膜稳定性测试

在废水处理中，催化剂的稳定性对污染物的降解起着至关重要的作用，不仅影响污染物的降解效果和矿化效果，也与废水处理成本息息相关。使用多次之后仍保持较好催化效果的催化剂，能减少废水处理中催化剂的更换次数，降低应用成本，有利于进一步推广到实际应用中。为了验证 MnO_2-CA 膜在 DBDP 体系中的稳定性和可重复性，本研究对 3% MnO_2-CA 膜催化剂进行了 4 次循环试验。实验过程中，单次使用后的 MnO_2-CA 膜从反应器中取出后，用去离子水冲洗并在空气中干燥，保存下来用于后续循环试验。实验结果如图 5-7 和图 5-8 所示。

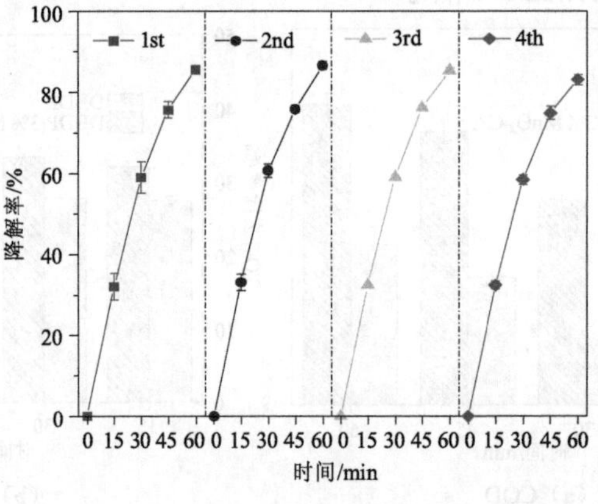

图 5-7 MnO_2-CA 膜循环使用次数对 SMX 降解效果的影响

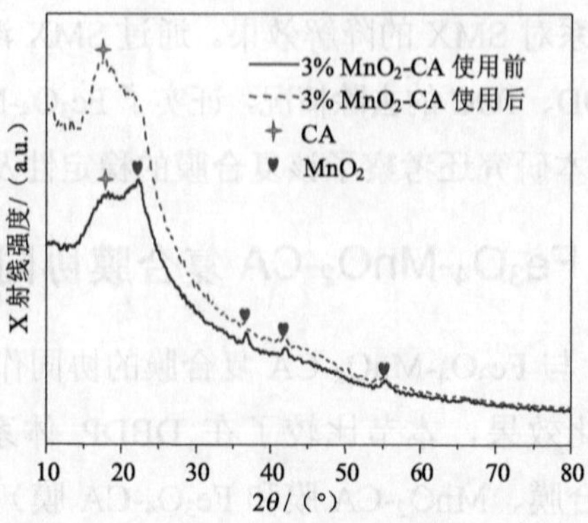

图 5-8　3% MnO_2-CA 膜使用前后的 XRD 图

从图 5-7 中可以看出，MnO_2-CA 膜在第 4 次循环实验中仍然具有催化作用。4 次循环使用之后，SMX 溶液的降解率下降了 2.46%，说明复合膜仍具有较好的催化作用。比较 4 次循环使用前后 MnO_2-CA 膜的 XRD 图，由图 5-8 可知，MnO_2-CA 膜经 4 次循环使用后仍存在 MnO_2 和 CA 的峰，但 MnO_2 的峰强度相较于 MnO_2-CA 膜有所降低，而 CA 的峰强度较高。这可能是由于放电过程使少量 MnO_2 从 MnO_2-CA 复合膜中分离，从而影响了其催化作用。结果表明，所制备的 MnO_2-CA 复合膜具有一定的稳定性，可重复利用。

5.3　DBDP 协同 Fe_3O_4-MnO_2-CA 复合膜降解磺胺甲恶唑效果研究

前面的研究证实了 MnO_2-CA 膜在 DBDP 体系中的催化作用效果，但反应体系中生成的 H_2O_2 在此催化过程中仍未能得到充分利用，这表明存在进一步提高 DBDP/MnO_2-CA 膜协同体系在难降解有机污染物处理效率的潜力。鉴于 Fenton 反应的主要反应物之一为 H_2O_2，通过 Fenton 反应可以生成•OH，考虑通过在 DBDP/MnO_2-CA 协同体系中进一步结合 Fenton 过程来提高体系的作用效果。为此，本研究在 MnO_2-CA 膜的基础上进一步复合 Fe_3O_4 纳米颗粒，制备出 Fe_3O_4-MnO_2-CA 复合膜催化剂，并建立了 DBDP 协同 Fe_3O_4-MnO_2-CA 复合膜水处理体系（DBDP/Fe_3O_4-MnO_2-CA 膜协同体系）。同样，选择 SMX 为目标物，考察协同体系对 SMX 的降解效果。通过 SMX 溶液的紫外-可见光全波段扫描图，以及 COD、TOC 的去除情况，证实了 Fe_3O_4-MnO_2-CA 复合膜的复合催化作用。此外，本研究还考察了该复合膜的稳定性及可重复使用性能。

5.3.1 DBDP 与 Fe_3O_4-MnO_2-CA 复合膜协同作用效果研究

为了证明 DBDP 与 Fe_3O_4-MnO_2-CA 复合膜的协同作用效果，以及 Fe_3O_4 与 MnO_2 的复合催化效果，本节比较了在 DBDP 体系中添加不同催化剂（Fe_3O_4-MnO_2-CA 复合膜、MnO_2-CA 膜和 Fe_3O_4-CA 膜）后 SMX 降解效果的变化，结果如图 5-9 所示。本研究中所使用的复合膜为 3% 3：1 Fe_3O_4-MnO_2-CA 膜，MnO_2-CA 膜和 Fe_3O_4-CA 膜中 MnO_2 和 Fe_3O_4 的含量与 Fe_3O_4-MnO_2-CA 复合膜中一致。

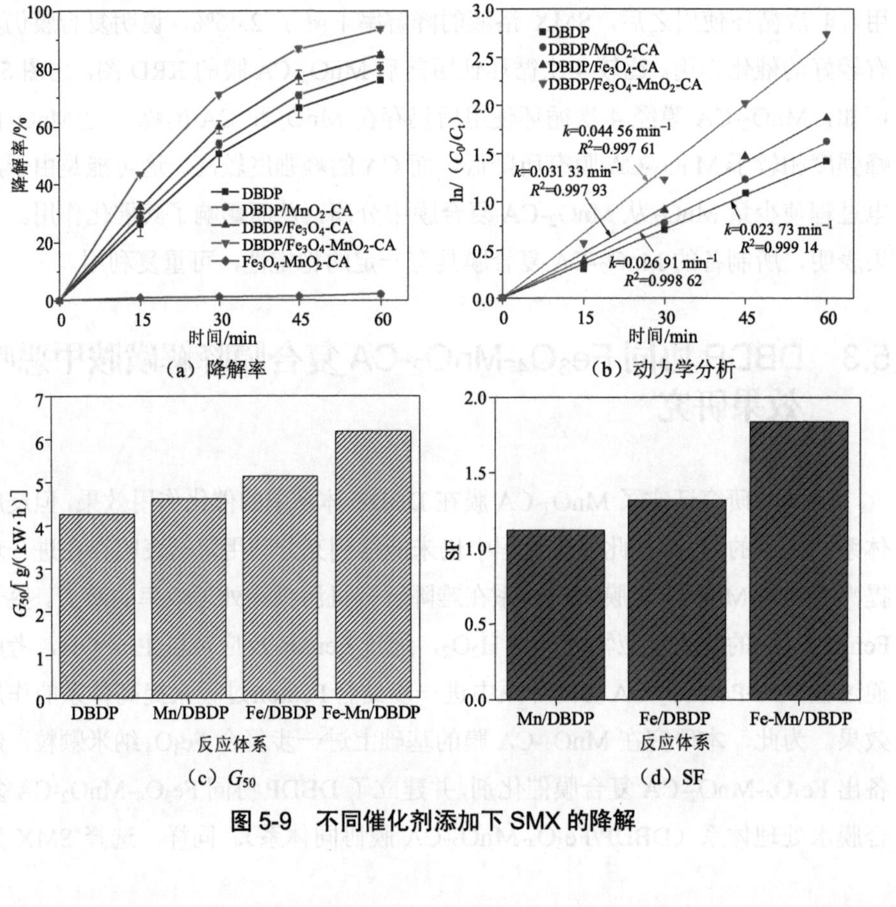

（a）降解率 （b）动力学分析

（c）G_{50} （d）SF

图 5-9 不同催化剂添加下 SMX 的降解

图 5-9 的结果证明了 Fe_3O_4-MnO_2-CA 膜的复合催化作用，以及 DBDP 与 Fe_3O_4-MnO_2-CA 复合膜对 SMX 的协同降解作用，即在 DBDP 与 Fe_3O_4-MnO_2-CA 复合膜的协同体系中，降解率、动力学常数、G_{50} 值和协同因子（SF）均比 DBDP/MnO_2-CA 膜和 DBDP/Fe_3O_4-CA 膜体系中高。DBDP/Fe_3O_4-MnO_2-CA 膜协同体系作用 60 min 后，SMX 的降解率分别比 DBDP/Fe_3O_4-CA 膜协同体系和 DBDP/MnO_2-CA 膜协同体系中高出 8.98%和 13.32%。这主要是因为在 DBDP 体系中，Fe_3O_4-MnO_2-CA 复合膜能够作用于 O_3 和 H_2O_2，使之分解生成高浓度的活性氧物质（$\cdot HO_2$、$\cdot OH$、$\cdot O_2^-$、$^1O_2$ 和 $\cdot O_3^-$）（反应式 5.17～5.19、反应式 5.10～5.14、反应式 5.17～5.19），从而促进了 SMX 的降解。

$$O_3 + \cdot O_2^- \longrightarrow \cdot O_3^- + H_2O \tag{5.17}$$

$$Fe^{3+} + O_3 + H_2O \longrightarrow FeO^{2+} + \cdot OH + O_2 + H^+ \tag{5.18}$$

$$Fe^{3+} + \cdot O_2^- \longrightarrow Fe^{2+} + O_2 \tag{5.19}$$

5.3.2　Fe_3O_4-MnO_2-CA 复合膜制备参数优化

5.3.2.1　Fe_3O_4 与 MnO_2 摩尔比优化

为了确定 Fe_3O_4-MnO_2-CA 复合膜中 Fe_3O_4 与 MnO_2 的较优摩尔比，本节将复合膜中 Fe_3O_4-MnO_2 与 CA 的质量比固定为 3%，制备出 Fe_3O_4 与 MnO_2 摩尔比分别为 1∶1、2∶1、3∶1、4∶1 的 Fe_3O_4-MnO_2 复合纳米颗粒，进一步制备出相应的不同 Fe_3O_4、MnO_2 摩尔比的 Fe_3O_4-MnO_2-CA 复合膜。分别考察不同摩尔比的 Fe_3O_4-MnO_2-CA 复合膜添加后，DBDP 体系中 SMX 降解率、动力学常数、系统能效及 SF 变化，结果如图 5-10 所示。

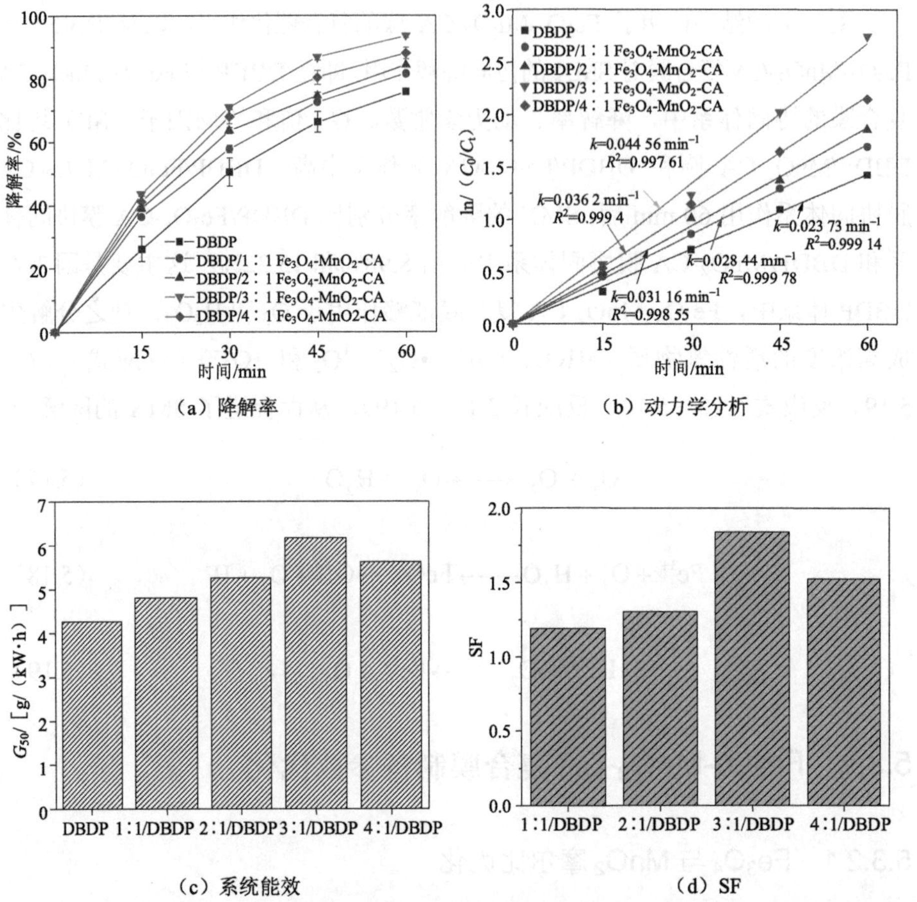

图 5-10　Fe_3O_4 与 MnO_2 摩尔比优化

从图 5-10（a）中可以看出，Fe_3O_4 与 MnO_2 不同的摩尔比制备出的 Fe_3O_4-MnO_2-CA 复合膜在 DBDP 体系中均表现出催化作用，即各 DBDB/Fe_3O_4-MnO_2-CA 复合膜协同体系中 SMX 的降解率均高于单独 DBDP 体系中，证实了 Fe_3O_4-MnO_2-CA 复合膜的催化作用，并且随着两者摩尔比的增加，SMX 的降解率呈先上升后下降的变化趋势，在摩尔比为 3：1 时，SMX 的降解效果最好，反应 60 min 后，SMX 的降解率为 93.55%，比单独 DBDP 作用高出 17.66%；DBDP/3：1 Fe_3O_4-MnO_2-CA 复合膜协同体系中 SMX 的降解动力学常数为 0.044 56 min^{-1}，分别是单独 DBDP 体系、Fe_3O4 与 MnO_2 摩尔比为 1：1、2：

1、4∶1 的 DBDP/Fe_3O_4-MnO_2-CA 复合膜协同体系中的 1.878 倍、1.567 倍、1.43 倍、1.231 倍［图 5-10（b）］；系统能效［6.16 g/（kW·h）］和 SF（1.84）值也在摩尔比为 3∶1 时达到最高［图 5-10（c）和（d）］。但是，由于反应体系中可以生成的 H_2O_2 浓度有限，而 O_3 浓度相对较高，过高的 Fe_3O_4、MnO_2 摩尔比在利用反应体系中有限的 H_2O_2 的同时，会削弱 MnO_2 的催化作用，导致活性物质的产量减少，进而影响 SMX 的降解。Fe_3O_4 与 MnO_2 的摩尔比为 3∶1 时，SMX 的降解效果最好，因此，本研究以此条件为最优的 Fe_3O_4 与 MnO_2 摩尔比参数制备 Fe_3O_4-MnO_2-CA 复合膜，用于后续实验。

5.3.2.2　Fe_3O_4-MnO_2 负载量优化

为了进一步确定 Fe_3O_4-MnO_2-CA 复合膜的制备条件，实验设定 Fe_3O_4 与 MnO_2 的摩尔比为 3∶1，制备了 Fe_3O_4-MnO_2 与 CA 质量比例分别为 1%、3% 和 5%的 Fe_3O_4-MnO_2-CA 复合膜，考察不同复合膜催化剂对 SMX 降解效果的影响规律，同样测定了 SMX 的降解率，并进行了相应的动力学分析、系统能效和 SF 计算，结果如图 5-11 所示。

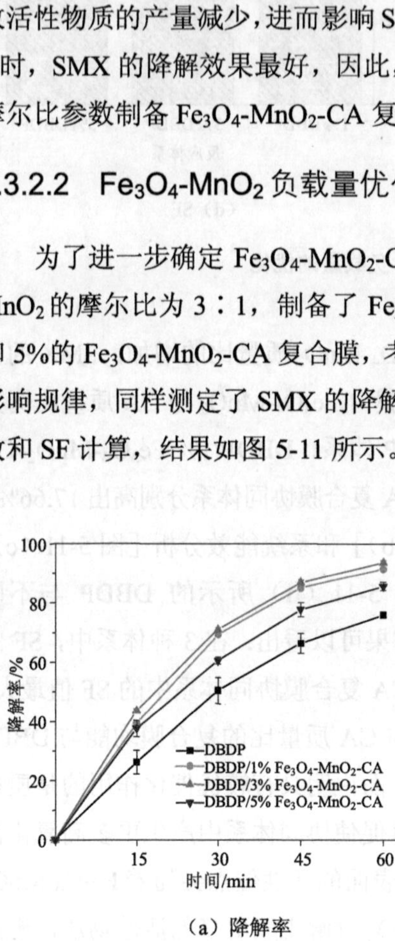

（a）降解率

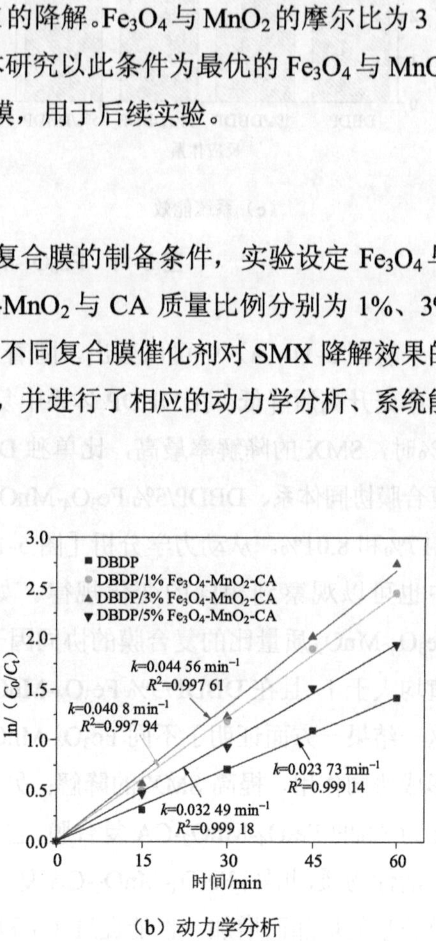

（b）动力学分析

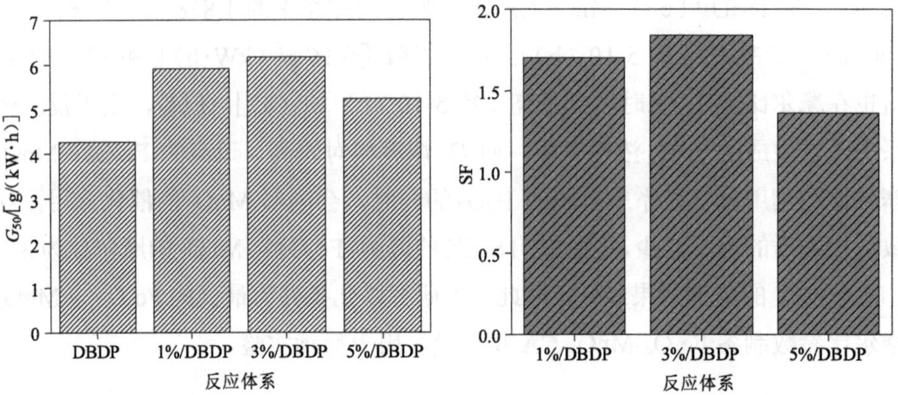

（c）系统能效　　（d）SF

图 5-11　Fe_3O_4-MnO_2 负载量的优化

从图 5-11（a）中可以看出，随着 Fe_3O_4-MnO_2 质量比的增加，SMX 的去除率先升高后降低。在 DBDP 体系中复合膜内 Fe_3O_4-MnO_2 与 CA 质量比例为 3%时，SMX 的降解率最高，比单独 DBDP 体系、DBDP/1% Fe_3O_4-MnO_2-CA 复合膜协同体系、DBDP/5% Fe_3O_4-MnO_2-CA 复合膜协同体系分别高出 17.66%、2.17%和 8.01%。从动力学分析［图 5-11（b)］和系统能效分析［图 5-11（c)］中也可以观察到相同的变化规律。如图 5-11（d）所示的 DBDP 与不同 Fe_3O_4-MnO_2 质量比的复合膜的协同因子结果可以看出：在 3 种体系中，SF 的值均大于 1，且在 DBDP/3% Fe_3O_4-MnO_2-CA 复合膜协同体系中的 SF 值最大。这一结果一方面证明了不同 Fe_3O_4-MnO_2 与 CA 质量比的复合膜均能与 DBDP 形成协同作用，提高 SMX 的降解；另一方面说明具有较优催化作用的是质量比为 3%的 Fe_3O_4-MnO_2-CA 复合膜，它可以促使协同体系中产生更多高氧化性的活性物质，此外，Fe_3O_4-MnO_2-CA 复合膜表面的活性位点会随着 Fe_3O_4-MnO_2 负载量的增加而增加，也能促进 O_3 和 H_2O_2 分解生成更多的活性物质，进而促进 SMX 的降解。但是，CA 中 Fe_3O_4-MnO_2 的持续增加所引发的团聚现象会导致活性位点相对数量的减少，从而影响 SMX 的最终降解效果。本研究结果证明 3%的 Fe_3O_4-MnO_2-CA 复合膜的催化效果最好。综合 5.3.2.1 节的研究结果，具有较高催化效果的催化剂是 3% 3∶1 的 Fe_3O_4-MnO_2-CA 复合膜，在此添加条件下 DBDP 体系中 SMX 的降解率最高，因此，本研究将该制备条件下制备的催化剂添加用于后续的研究中。

5.3.3　溶液初始 pH 对磺胺甲恶唑降解效果的影响

本节研究 SMX 溶液初始 pH（4、7、10，其中 7 为 SMX 溶液的初始 pH）对 DBDP/Fe_3O_4-MnO_2-CA 复合膜协同体系中 SMX 的降解率、动力学常数及系统能效的影响规律，结果如图 5-12 所示。

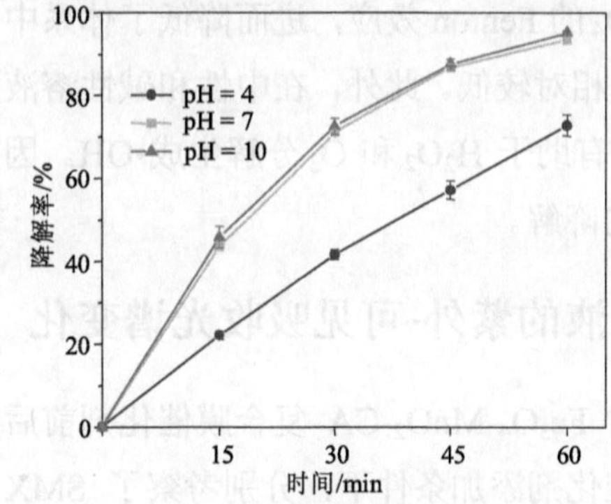

（a）降解率

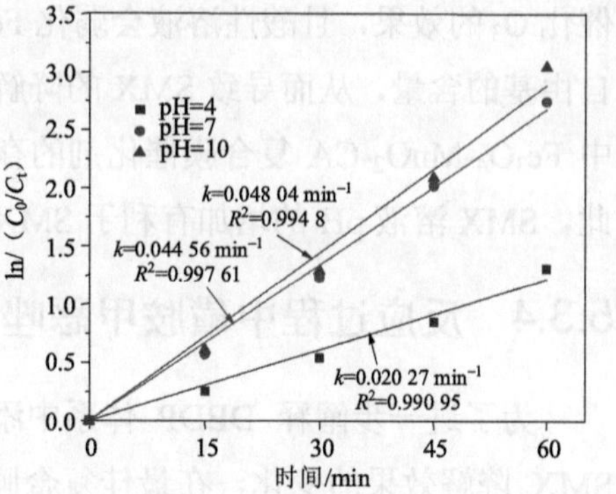

（b）动力学分析

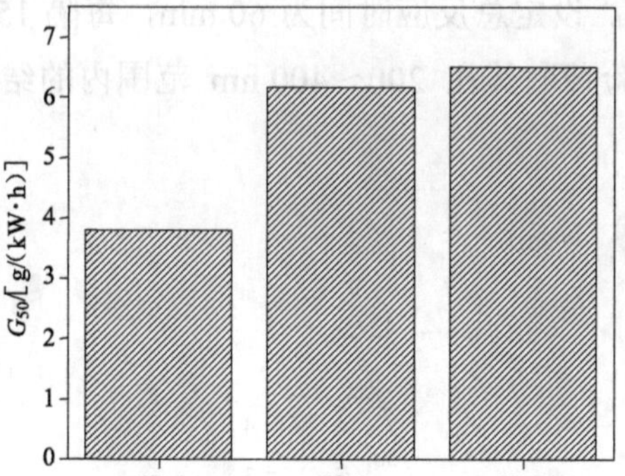

（c）系统能效

图 5-12　溶液初始 pH 对 SMX 降解的影响

从图 5-12（a）中可以看出，在中性和碱性溶液条件下，SMX 的降解率较高，分别为 93.55%和 95.22%。当溶液初始 pH 为 4（±0.04）、7（±0.1）、10（±0.02）时，SMX 降解的动力学常数分别为 0.020 27 min^{-1}、0.044 56 min^{-1}、0.048 04 min^{-1}。与 5.2.2.2 节的研究结论相似，导致这一结果的主要原因是溶液 pH 的增加加速了 O_3 的自分解速率，从而产生了更多的活性物种（•OH、$•O_2^-$ 和 $•O_3^-$等）。但是，在酸性溶液中，DBDP/Fe_3O_4-MnO_2-CA 复合膜协同体系中 SMX 的降解率低于 DBDP/MnO_2-CA 膜协同体系中，这主要是因为：相较于 MnO_2-CA 膜，Fe_3O_4-MnO_2-CA 复合膜中较少的 MnO_2 含量影响了其光催化和催化 O_3 的效果，且酸性溶液会弱化 Fe_3O_4 的 Fenton 效应，进而降低了体系中自由基的含量，从而导致 SMX 的降解率相对较低。此外，在中性和碱性溶液中 Fe_3O_4-MnO_2-CA 复合膜催化剂的存在有助于 H_2O_2 和 O_3 分解生成•OH。因此，SMX 溶液 pH 的增加有利于 SMX 的降解。

5.3.4 反应过程中磺胺甲恶唑溶液的紫外-可见吸收光谱变化

为了进一步阐释 DBDP 体系中添加 Fe_3O_4-MnO_2-CA 复合膜催化剂前后 SMX 降解效果的变化，在最佳复合膜催化剂添加条件下，分别考察了 SMX 溶液在 DBDP 和 DBDP/Fe_3O_4-MnO_2-CA 复合膜协同体系中不同反应阶段的 UV-Vis 吸收光谱图。设定总反应时间为 60 min，每隔 15 min 取样 1 次，进行光谱图测定，实验截取其在 200～400 nm 范围内的结果，具体如图 5-13 所示。

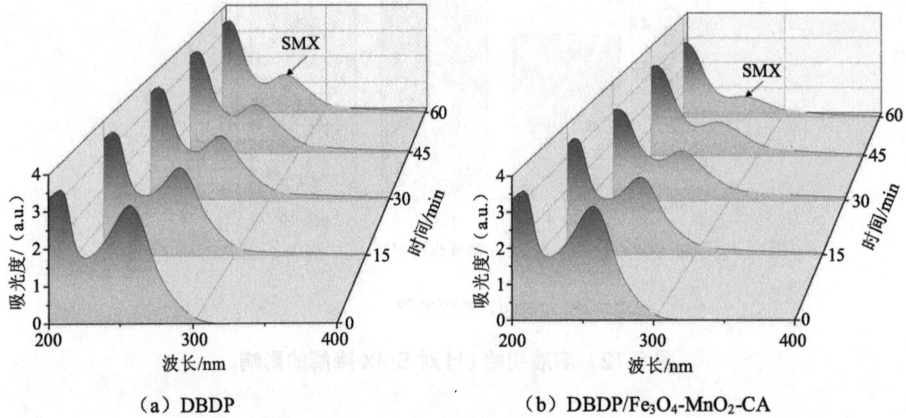

（a）DBDP　　（b）DBDP/Fe_3O_4-MnO_2-CA

图 5-13 SMX 在不同体系中的 UV-Vis 图谱

从图 5-13 中可以看出，在 DBDP 中加入 3%的 3∶1 Fe_3O_4-MnO_2-CA 复合膜催化剂后，不同反应时间段 SMX 的特征峰强度出现了明显的下降，且在 60 min 时比单独 DBDP 体系中 SMX 的特征峰值下降趋势更为明显，说明 Fe_3O_4-MnO_2-CA 复合膜在 DBDP 体系中能够形成催化作用，进而促进了 SMX 的降解。

5.3.5　磺胺甲恶唑溶液 COD 与 TOC 去除效果分析

本节考察 Fe_3O_4-MnO_2-CA 复合膜催化剂添加前后 DBDP 体系中 SMX 溶液 COD 和 TOC 的去除情况，结果如图 5-14 所示。

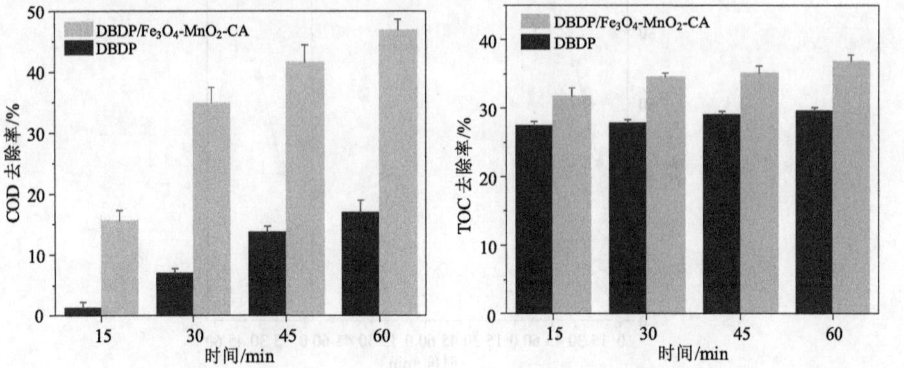

（a）COD　　（b）TOC

图 5-14　不同反应体系中 COD 和 TOC 的去除率

从图 5-14 中可以看出，随着反应时间的延长，每种反应体系中 COD 和 TOC 的去除率均逐渐提高。从图 5-14（a）中可以看出，在 DBDP 系统中加入 Fe_3O_4-MnO_2-CA 复合膜催化剂后，COD 的去除率提高到 46.84%，说明加入催化剂能提高 SMX 溶液的可生化性；反应 60 min 后，SMX 溶液在 DBDP/Fe_3O_4-MnO_2-CA 复合膜协同体系中的 TOC 去除率为 36.81%，比单独 DBDP 高出 7.24%。此外，在 DBDP/Fe_3O_4-MnO_2-CA 复合膜协同体系中，SMX 溶液的 COD 去除率比 DBDP/MnO_2-CA 体系中提高了 14.89%，TOC 的去除率也略有提高。这说明在 DBDP 体系中加入 Fe_3O_4-MnO_2-CA 复合膜不仅对 SMX 具有较高的去除率，而且能够提高溶液的可生化性能，但对溶液 TOC 的去除效果仍然不佳，说明 SMX 降解过程中有大量有机中间产物生成。

5.3.6 Fe_3O_4-MnO_2-CA 复合膜稳定性测试

为了验证 Fe_3O_4-MnO_2-CA 复合膜在 DBDP 体系中的可重复使用性和稳定性，本节对优化后的 Fe_3O_4-MnO_2-CA 复合膜进行了循环使用实验。每次实验结束后，将复合膜从反应器中取出，在去离子水中浸泡、冲洗，再在空气中干燥，用以下一次的循环实验。相应的实验结果如图 5-15 所示，循环使用后的 Fe_3O_4-MnO_2-CA 复合膜表征结果如图 5-16 所示。

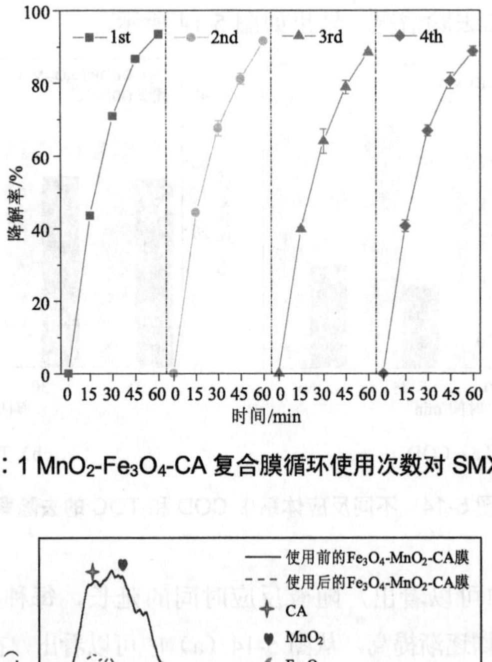

图 5-15　3% 3∶1 MnO_2-Fe_3O_4-CA 复合膜循环使用次数对 SMX 降解率的影响

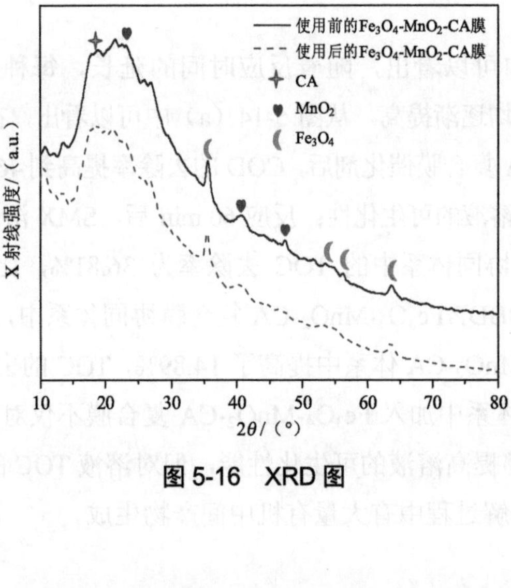

图 5-16　XRD 图

由图5-15可知，经过4次循环实验后，Fe_3O_4-MnO_2-CA复合膜仍具有催化作用。循环实验后复合膜的XRD图谱（图5-16）与初始样品的XRD图谱基本一致，说明放电对复合膜的结晶度影响不大。该结果表明所制备的Fe_3O_4-MnO_2-CA复合膜具有一定的稳定性和可重复使用性能。

5.4 DBDP协同Fe_3O_4-MnO_2-CA复合膜降解磺胺甲恶唑机理研究

本节分别对DBDP协同MnO_2-CA复合膜和Fe_3O_4-MnO_2-CA复合膜降解SMX的机理展开探究。首先，考察不同反应体系中SMX溶液pH、电导率的变化；其次，分析反应体系液相中O_3和H_2O_2的生成情况，测定体系中产生的活性氧物质，并通过分析不同活性物质捕收剂添加量对SMX降解效果的影响规律，探究体系中产生的各种活性物质以及在SMX降解过程中发挥的作用；再次，利用LC-MS分析DBDP/Fe_3O_4-MnO_2-CA复合膜协同体系中SMX降解过程中生成的中间产物，推测出其可能的降解路径，并对SMX及中间产物进行毒性分析；最后，总结Fe_3O_4-MnO_2-CA复合膜在DBDP体系中的催化作用机理以及DBDP/Fe_3O_4-MnO_2-CA复合膜协同体系中SMX的降解机理。

5.4.1 DBDP协同MnO_2-CA膜降解磺胺甲恶唑机理研究

5.4.1.1 反应过程中磺胺甲恶唑溶液pH和电导率的变化

SMX在降解过程中生成的中间产物可以改变溶液的理化性质。为了初步探究MnO_2-CA膜催化DBDP降解SMX的机理，本节研究了DBDP体系中3% MnO_2-CA膜添加前后，反应60min后SMX溶液pH和电导率的变化，结果如图5-17所示。

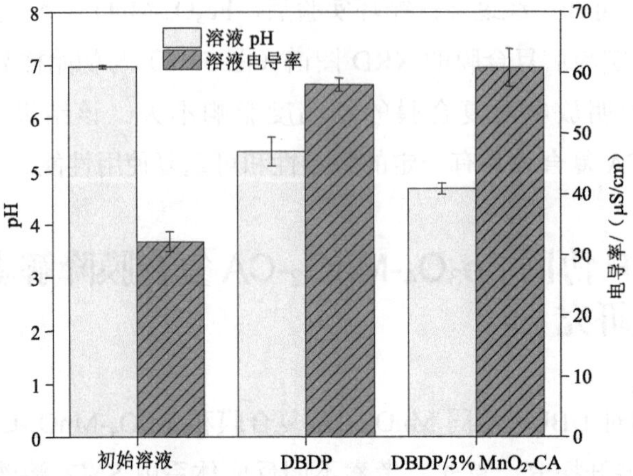

图 5-17 反应 60 min 前后不同体系中 SMX 溶液 pH 和电导率的变化

从图5-17中可以看出，反应60 min后，单独DBDP体系和DBDP/MnO_2-CA膜协同体系中目标溶液的pH下降，且协同体系中溶液的pH下降更多。溶液pH下降主要是因为在SMX降解过程中生成了一些酸性物质，而加入3% MnO_2-CA复合膜可以生成更多的活性物质，加速目标有机物的降解，最终促使溶液中更多小分子有机酸的生成。溶液电导率的变化则与溶液pH的变化呈相反趋势，即在单独DBDP和DBDP/MnO_2-CA膜这两种体系中，反应60 min后SMX溶液的电导率增加，且在协同体系中变化趋势更明显。电导率的变化说明溶液中产生了无机离子，并且MnO_2-CA复合膜的存在会促进SMX的降解，导致溶液中离子浓度升高，因此，在DBDP/MnO_2-CA膜协同体系中溶液电导率的变化更加明显。

5.4.1.2 反应过程中 O_3 和 H_2O_2 浓度的变化

为了探究MnO_2-CA的催化机理，本节考察了去离子水添加条件下，不同反应体系中O_3和H_2O_2的浓度变化，结果如图5-18所示。

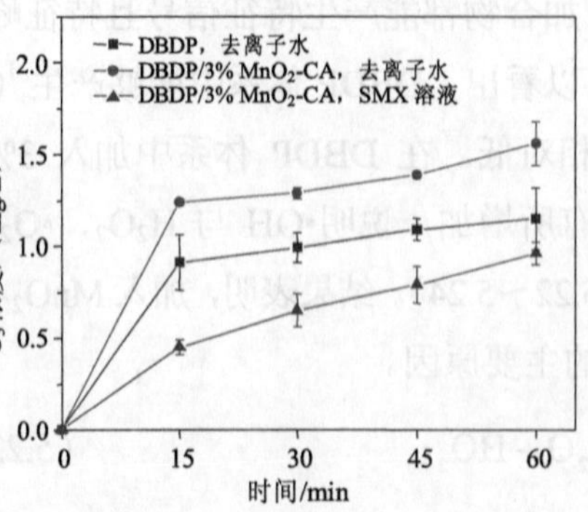

（a）O_3

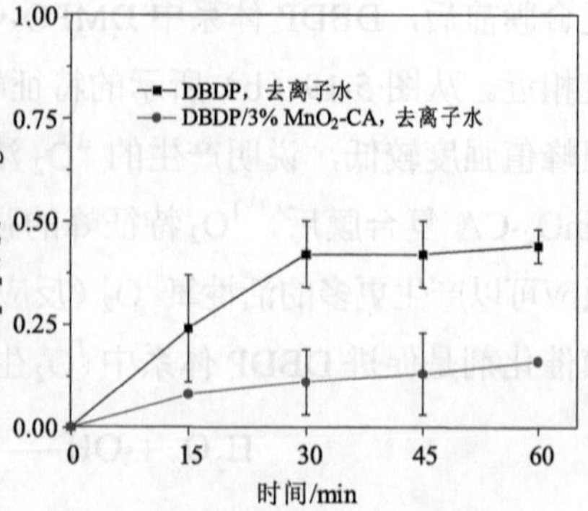

（b）H_2O_2

图 5-18　不同反应体系中 O_3 和 H_2O_2 浓度的变化

从图 5-18 中可以看出，两个反应体系中的 O_3 浓度和 H_2O_2 浓度均随着反应时间的延长而增加，说明放电过程体系中有 O_3 和 H_2O_2 的积累。由图 5-18（a）可知，在 DBDP 体系中加入了 3% MnO_2-CA 膜后，液相中的 O_3 浓度增加，出现这一结果的原因是 MnO_2 对 O_3 生成的催化作用（反应式 5.20）。此外，在 SMX 溶液中得到的 O_3 浓度低于去离子水，说明 SMX 降解消耗了更多的 O_3。H_2O_2 浓度的分析结果如图 5-18（b）所示，从图中可以看出，加入 MnO_2-CA 膜后，去离子水中 H_2O_2 浓度降低。这一结果可以解释为 H_2O_2 与•HO_2 发生反应（反应式 5.21），而•HO_2 的形成可以在 MnO_2-CA 膜的催化下诱导生成。

$$O_2 + O \xrightarrow{MnO_2} O_3 \tag{5.20}$$

$$\bullet HO_2 + H_2O_2 \longrightarrow \bullet OH + H_2O + O_2 \tag{5.21}$$

5.4.1.3　ESR 分析

为了进一步分析 DBDP 协同 MnO_2-CA 膜降解 SMX 的机理，本节研究了 DBDP/MnO_2-CA 膜协同体系中生成的活性物质 $^1O_2$ 和•OH。研究中以 TEMP 为捕收剂对 $^1O_2$ 进行鉴定，以 DMPO 为捕收剂•OH 进行鉴定。实验中，用去离子水作为反应溶液，实验结果如图 5-19 所示。

在图 5-19 可以观察到明显的•OH 和 $^1O_2$ 特征峰，说明在 DBDP/MnO_2-CA 膜协同体系中有•OH 和 $^1O_2$ 的生成。从图 5-19（a）中可以发现，在添加 MnO_2-CA

复合膜前后，DBDP 体系中 DMPO-•OH 加合物都能产生特征信号且特征峰高度相近。从图 5-19（b）所示的特征峰可以看出，DBDP 体系中能够产生 $^1O_2$，但峰值强度较低，说明产生的 $^1O_2$ 浓度相对低。在 DBDP 体系中加入 3%的 MnO_2-CA 复合膜后，$^1O_2$ 特征峰的强度有所增加，说明•OH 与 H_2O_2、$•O_2^-$的反应可以产生更多的活性氧 $^1O_2$（反应式 5.22～5.24）。结果表明，加入 MnO_2-CA 膜催化剂是促进 DBDP 体系中 $^1O_2$ 生成的主要原因。

$$H_2O_2 + •OH \longrightarrow H_2O + HO_2• \qquad (5.22)$$

$$HO_2• \longrightarrow H^+ + •O_2^- \qquad (5.23)$$

$$•O_2^- + •OH \longrightarrow {}^1O_2 + OH^- \qquad (5.24)$$

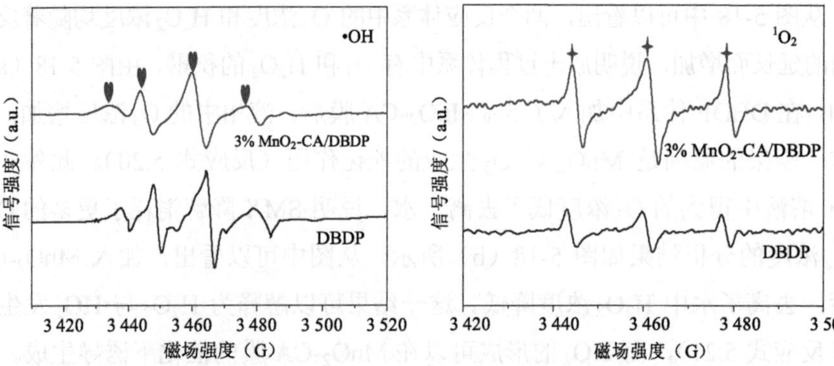

（a）•OH　　（b）$^1O_2$

图 5-19　MnO_2-CA 膜添加前后去离子水中活性物质的 ESR 图谱

5.4.1.4　捕收剂添加的影响

为了深入探究 SMX 的降解机理，本节在 DBDP/MnO_2-CA 膜协同体系中，通过添加不同种类和浓度的活性物质捕收剂进行猝灭实验，以确定不同种类的活性物质对 SMX 降解的影响规律。实验中，以异丙醇为•OH 捕收剂，用对苯醌（p-BQ）捕收$•O_2^-$，用糠醇（FA）捕收 $^1O_2$。考察了 1 mmol/L 和 2 mmol/L 这两种不同捕收剂添加对 SMX 的降解率、动力学常数和系统能效的影响，结果分别列于图 5-20 和表 5-1 中。

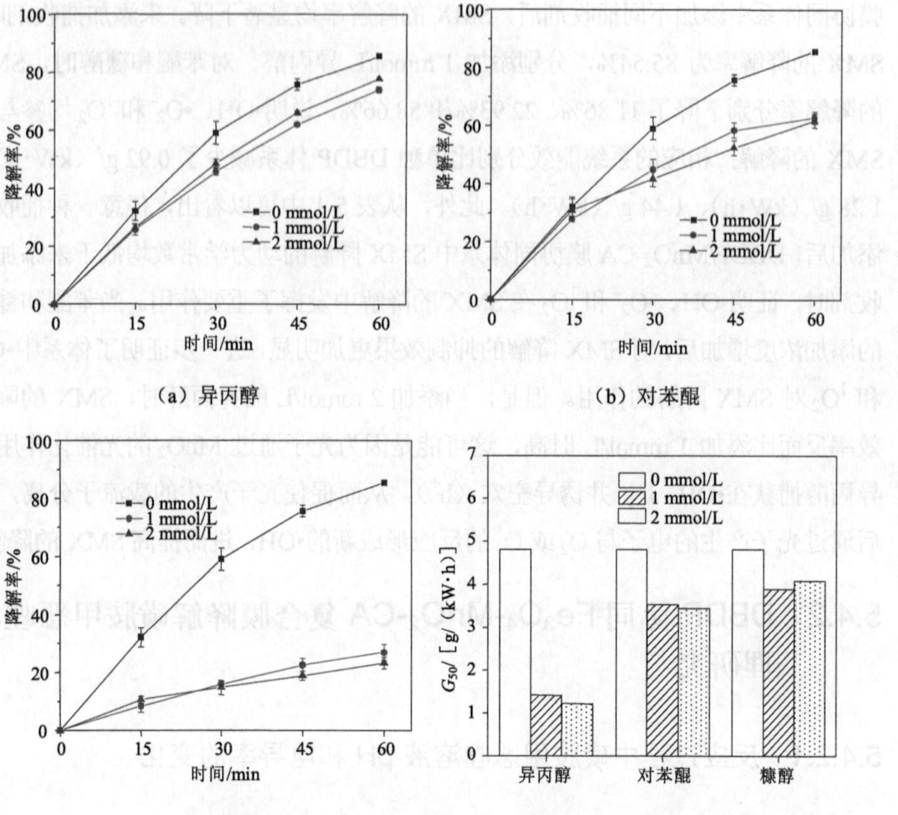

图 5-20　不同捕收剂对 SMX 降解的影响

表 5-1　不同捕收剂添加条件下 SMX 的降解动力学分析

反应系统	k / min^{-1}	R^2
单独 DBDP	0.031 42	0.998 04
异丙醇，1 mmol/L	0.021 76	0.998 52
异丙醇，2 mmol/L	0.024 20	0.997 37
对苯醌，1 mmol/L	0.018 04	0.989 24
对苯醌，2 mmol/L	0.016 69	0.988 34
糠醇，1 mmol/L	0.005 44	0.996 16
糠醇，2 mmol/L	0.004 89	0.983 44

从图 5-20（a）、图 5-20（b）和图 5-20（c）中可以看出，在 DBDP/MnO_2-CA 膜协同体系中添加不同捕收剂后，SMX 的降解率均显著下降。未添加捕收剂时，SMX 的降解率为 85.54%，分别添加 1 mmol/L 异丙醇、对苯醌和糠醇时，SMX 的降解率分别下降了 11.86%、22.93%和 58.66%，说明•OH、$•O_2^-$和 $^1O_2$ 均参与了 SMX 的降解；相应的系统能效分别比单独 DBDP 体系减少了 0.92 g/（kW·h）、1.28 g/（kW·h）、1.44 g/（kW·h）。此外，从表 5-1 中可以看出，任意一种捕收剂添加后，DBDP/MnO_2-CA 膜协同体系中 SMX 降解的动力学常数均低于未添加捕收剂时，证明•OH、$•O_2^-$和 $^1O_2$ 在 SMX 的降解中发挥了重要作用。当苯醌和糠醇的添加浓度增加后，对 SMX 降解的抑制效果更加明显，进一步证明了体系中$•O_2^-$和 $^1O_2$ 对 SMX 降解的作用。但是，当添加 2 mmol/L 的异丙醇时，SMX 的降解效率反而比添加 1 mmol/L 时高，这可能是因为光子通过 MnO_2 的光催化作用将异丙醇捕获在•OH 上，并诱导空穴（h^+），从而促使光子产生的载流子分离，然后通过光子产生的电子与 O_2 或 O_3 的反应形成新的•OH，进而提高 SMX 的降解。

5.4.2　DBDP 协同 Fe_3O_4-MnO_2-CA 复合膜降解磺胺甲恶唑机理研究

5.4.2.1　反应过程中磺胺甲恶唑溶液 pH 和电导率的变化

本节考察了 DBDP 和 DBDP/Fe_3O_4-MnO_2-CA 膜协同体系中 SMX 降解过程中 SMX 溶液 pH 和电导率的变化，结果如图 5-21 所示。

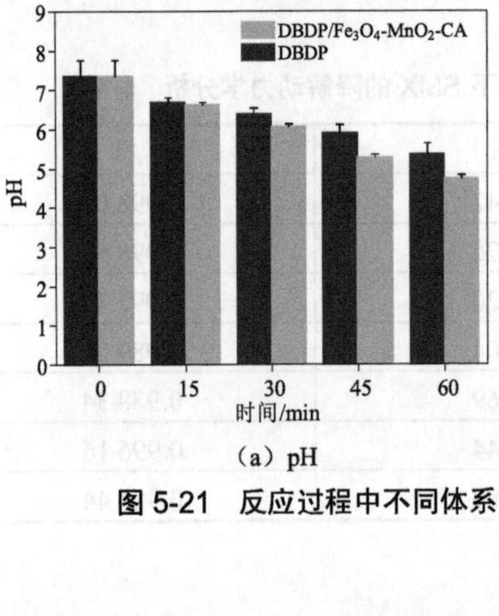

（a）pH

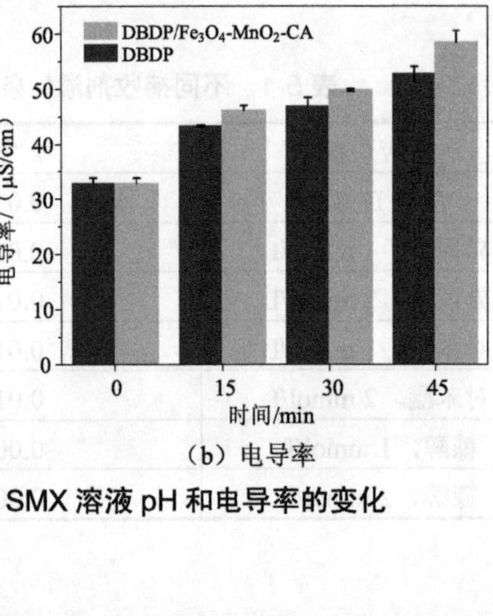

（b）电导率

图 5-21　反应过程中不同体系中 SMX 溶液 pH 和电导率的变化

从图 5-21（a）中可以看出，在降解过程中 SMX 溶液的 pH 呈下降趋势，且在 DBDP/Fe_3O_4-MnO_2-CA 复合膜协同体系中的下降趋势更加明显。其减少的主要原因同样是 SMX 降解过程中形成了酸性物质。协同体系中溶液的 pH 更低，说明协同体系中生成的酸性物质更多。在图 5-21（b）中，降解过程中溶液电导率的变化趋势与 pH 相反，随着时间的推移，电导率逐渐增加，同样说明放电过程会导致体系中产生一些无机离子，而在 DBDP/Fe_3O_4-MnO_2-CA 复合膜协同体系中由于催化剂引起的催化反应能够加速 SMX 的降解，促使协同体系中产生更多的无机离子。

5.4.2.2 反应过程中 O_3 和 H_2O_2 浓度的变化

本节研究了在最佳 Fe_3O_4-MnO_2-CA 复合膜催化剂添加条件下，催化剂添加前后 DBDP 体系去离子水中产生的 O_3 和 H_2O_2 浓度的变化，同时考察了添加不同比例的 Fe_3O_4-MnO_2 复合膜对 DBDP 体系中生成 O_3 和 H_2O_2 的影响，结果如图 5-22 所示。

图 5-22（a）和图 5-22（b）的结果表明，随着反应时间的延长，DBDP 体系中 H_2O_2 和 O_3 的浓度有增加的趋势，说明反应过程中有 H_2O_2 和 O_3 的积累。不同时间段 DBDP/Fe_3O_4-MnO_2-CA 协同体系中 H_2O_2 的浓度均低于 DBDP 体系中的浓度，这可能是由于 Fe_3O_4-MnO_2-CA 的催化作用消耗了 H_2O_2（反应式 5.25 和反应式 5.26）。此外，从图 5-22（b）中可以观察到，DBDP/Fe_3O_4-MnO_2-CA 复合膜协

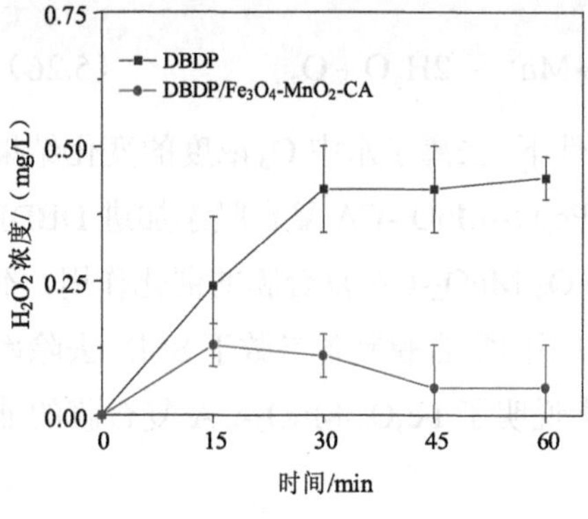

（a）H_2O_2

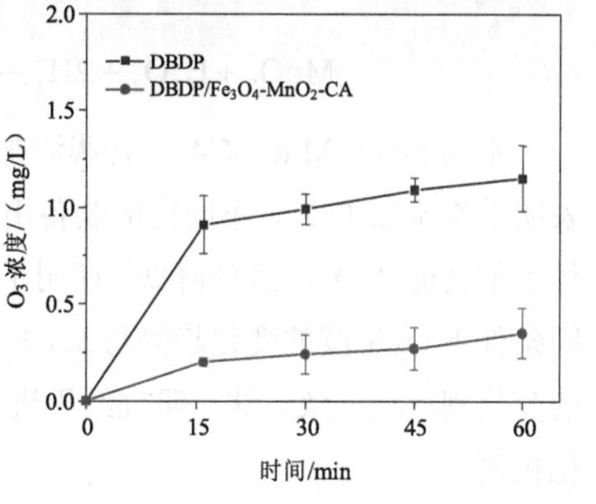

（b）O_3

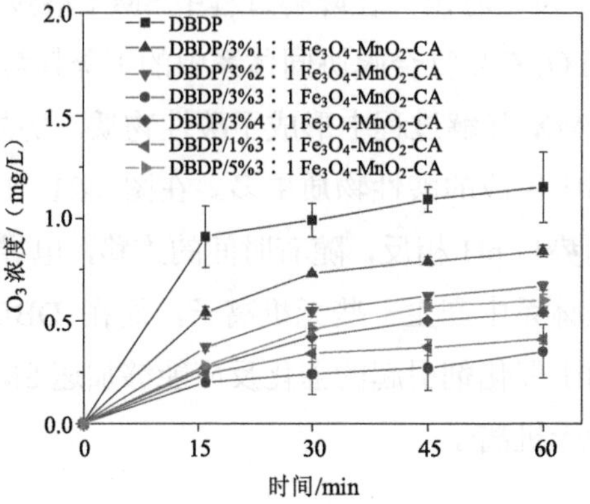

（c）不同反应体系中 O_3 浓度

图 5-22　O_3 和 H_2O_2 浓度的变化

同体系中 O_3 的浓度降低，这是由于复合膜催化剂促进了 O_3 的分解。在 5.4.1.2 节的结果中，DBDP/MnO_2-CA 协同体系中 O_3 浓度较高，是由于 MnO_2 促进了 O_3 生成；而本节 O_3 浓度的变化规律与之不同，这是因为制备的 Fe_3O_4-MnO_2-CA 复合膜中所含的 MnO_2 量较 MnO_2-CA 膜中少，且 Fe_3O_4 的存在可以促进 O_3 的分解，导致 O_3 的消耗速率高于生成速率，使得 DBDP/Fe_3O_4-MnO_2-CA 复合膜协同体系中 O_3 浓度降低。

$$Fe^{3+} + H_2O_2 \longrightarrow Fe^{2+} + HO_2\bullet + H^+ \tag{5.25}$$

$$MnO_2 + H_2O_2 + 2H^+ \longrightarrow Mn^{2+} + 2H_2O + O_2 \tag{5.26}$$

不同 Fe_3O_4-MnO_2-CA 复合膜添加条件下，去离子水中 O_3 浓度的变化结果表明［图 5-22（c）］，不同比例制备出的 Fe_3O_4-MnO_2-CA 复合膜添加进 DBDP 体系都会促使 O_3 浓度的降低，证明了 Fe_3O_4-MnO_2-CA 复合膜的催化作用，不同条件下 O_3 浓度的变化趋势与 5.3.2 节中不同复合膜制备参数下 SMX 去除率的变化规律相一致。这一研究结果进一步说明了 Fe_3O_4-MnO_2-CA 复合膜的催化机制。

5.4.2.3　ESR 分析

通过 ESR 分析比较两种反应体系（DBDP 和 DBDP/Fe_3O_4-MnO_2-CA 复合膜协同体系）中•OH 和 $^1O_2$ 的相对含量，分别以 DMPO 和 TEMP 为捕收剂，用于•OH 和 $^1O_2$ 的检测，结果如图 5-23 所示。

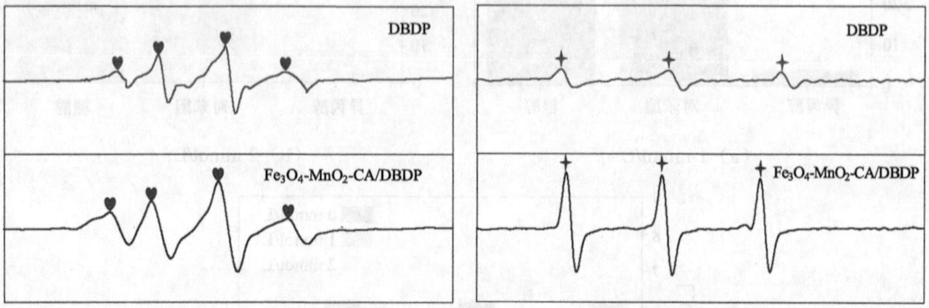

（a）•OH　　（b）$^1O_2$

图 5-23　Fe_3O_4-MnO_2-CA 膜添加前后去离子水中活性物质的 ESR 图谱

从图 5-23 中可以看出，在单独 DBDP 体系中，DMPO-•OH 和 TEMP-$^1O_2$ 加合物都能够产生特征信号，说明反应体系中有•OH 和 $^1O_2$ 的生成。当在 DBDP 体系中加入 Fe_3O_4-MnO_2-CA 复合膜催化剂时，•OH 和 $^1O_2$ 特征峰的峰值增大，说明体系中•OH 和 $^1O_2$ 的含量有所增加。这一结果证实了 Fe_3O_4-MnO_2-CA 复合膜对体系中活性氧物质的生成起到了促进作用。

5.4.2.4　捕收剂添加的影响

本节通过考察不同捕收剂添加对 DBDP/Fe_3O_4-MnO_2-CA 复合膜协同体系中 SMX 降解的影响规律，来分析影响 SMX 降解的关键活性物质。本研究以异丙醇、对苯醌和糠醇为捕收剂，分别捕收反应体系中的•OH、•O_2^-和 $^1O_2$，考察 DBDP/Fe_3O_4-MnO_2-CA 协同体系中不同捕收剂加入前后 SMX 的降解率、降解动力学常数以及系统能效的变化，结果如图 5-24 所示。

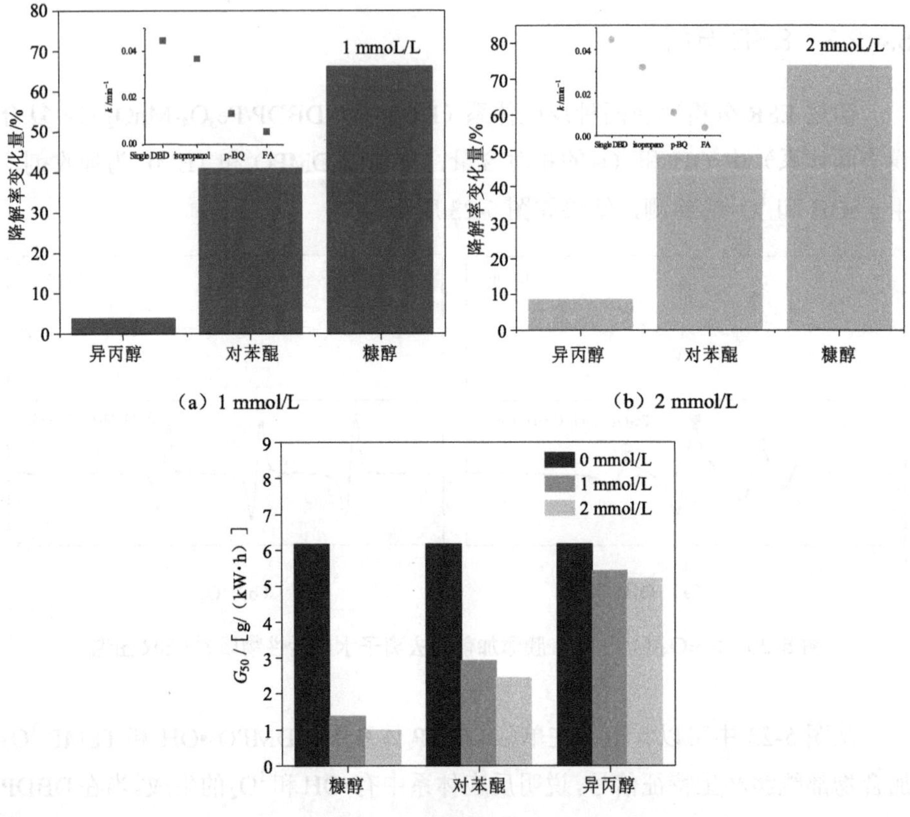

(a) 1 mmol/L　　(b) 2 mmol/L

(c) 系统能效

图 5-24　添加不同捕收剂对 SMX 降解的影响

如图 5-24 (a) 所示，当反应体系中加入 1 mmol/L 的异丙醇、对苯醌和糠醇时，DBDP/Fe_3O_4-MnO_2-CA 复合膜协同体系中 SMX 的降解率分别被抑制了 3.66%、40.8%和 66.11%；系统能效分别下降了 0.74 g/ (kW·h)、3.24 g/ (kW·h) 和 4.79 g/ (kW·h)。在反应体系中加入 2 mmol/L 的清除剂时，SMX 降解的抑制效果更加明显。这一结果说明•OH、$•O_2^-$和 $^1O_2$ 这 3 种活性物质对于 SMX 降解的重要作用。同时，从图 5-24 中还可以看出，$^1O_2$ 对 SMX 的降解作用更为显著。

5.4.2.5　磺胺甲恶唑降解产物与降解路径分析

本节通过 LC-MS 分析和鉴定了 DBDP/Fe_3O_4-MnO_2-CA 复合膜协同体系中

SMX 降解过程中生成的中间产物，并依此推测出 SMZ 的 4 种可能降解路径。9 种中间产物的分子式、质荷比（*m/z*）和化学结构见表 5-2，降解途径推测结果如图 5-25 所示。

表 5-2 SMX 的降解中间产物

序号	化学式	*m/z*	化学结构式
P1	$C_{10}H_{11}N_3O_3S$	254	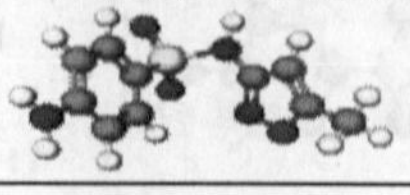
P2	$C_{10}H_{15}N_3O_4S$	274	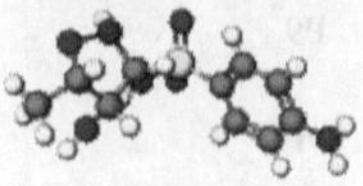
P3	$C_8H_{13}N_3O_2S$	216	
P4	$C_{10}H_{11}N_3O_4S$	270	
P5	$C_9H_{11}N_3O_4S$	258	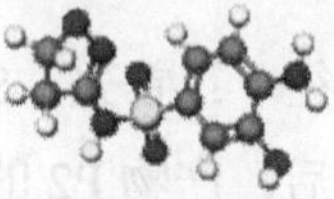
P6	$C_{10}H_{11}N_3O_4S$	270	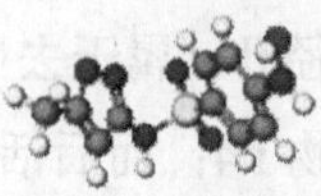
P7	$C_{10}H_9N_3O_4S$	268	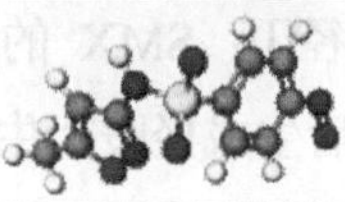
P8	$C_{10}H_9N_3O_5S$	284	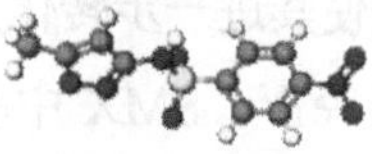
P9	$C_6H_7NO_3S$	174	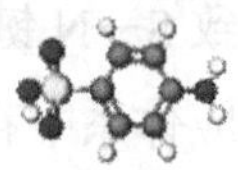
P10	$C_4H_6N_2O$	99	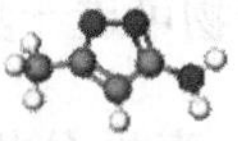

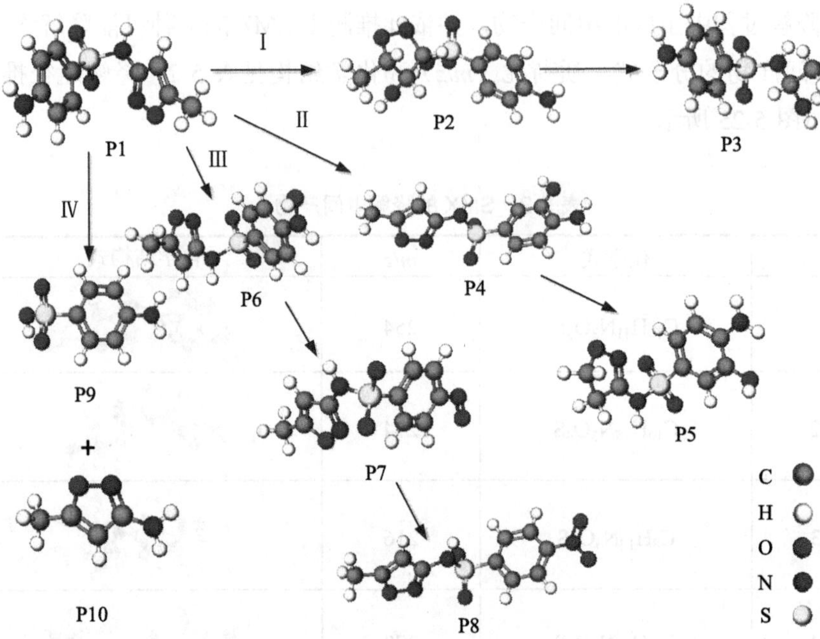

图 5-25 SMX 的降解路径推测

路径Ⅰ：首先，SMX 在活性物质（O_3、H_2O_2）的氧化作用下转化为产物 P2；随后，产物 P2 的异恶唑环在 $^1O_2$ 和•OH 攻击下被打开，生成产物 P3。

路径Ⅱ：属于去甲基化过程，即•OH 攻击 SMX 的异恶唑环或苯环，使之生成产物 P4；而后活性物质作用于 P4 上五边形环上的甲基，生成产物 P5。

路径Ⅲ：SMX 的氨基被活性组分（$^1O_2$、$•O_2^-$和•OH）氧化后转化为羟胺基团，而后生成羟胺衍生产物 P6；之后，P6 的羟胺基团被活性物种（$^1O_2$）连续攻击，促使其进一步转化为 SMX 的亚硝基衍生产物 P7 和亚硝基衍生产物 P8。

路径Ⅳ：SMX 中具有负静电势的磺胺部分受到 $^1O_2$ 和•OH 等亲电试剂的攻击，导致 S—N 键断裂，生成产物 P9 和 P10。

当反应体系中存在足够多的活性组分（$^1O_2$、$•O_2^-$和•OH 等）时，所形成的中间产物可进一步分解，最终矿化为 CO_2、H_2O 和无机离子。

5.4.2.6 毒性分析

为了评估形成的中间产物的毒性，本节采用 TEST 软件对 SMX 及其所有被检测的中间产物在降解过程中的发育毒性和生物积累因子进行了分析。分析结果如图 5-26 所示。

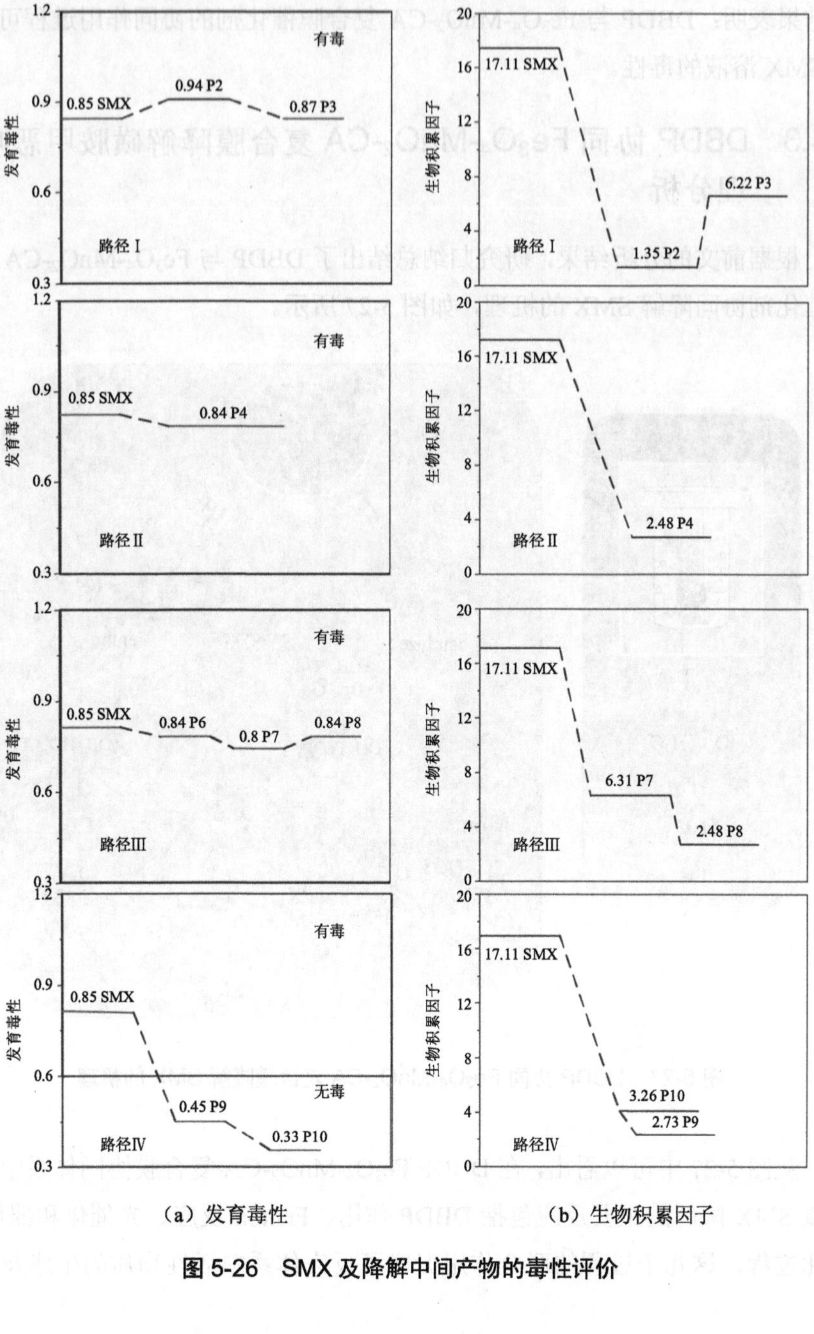

（a）发育毒性　　（b）生物积累因子

图 5-26　SMX 及降解中间产物的毒性评价

由图 5-26 的结果可知，SMX 降解过程中生成的大多数中间产物的发育毒性低于 SMX，且所有中间产物的生物积累因子均较 SMX 有明显的降低。这些结果表明：DBDP 与 Fe_3O_4-MnO_2-CA 复合膜催化剂的协同作用过程可以降低 SMX 溶液的毒性。

5.4.3 DBDP 协同 Fe_3O_4-MnO_2-CA 复合膜降解磺胺甲恶唑机理分析

根据前文的分析结果，研究归纳总结出了 DBDP 与 Fe_3O_4-MnO_2-CA 复合膜催化剂协同降解 SMX 的机理，如图 5-27 所示。

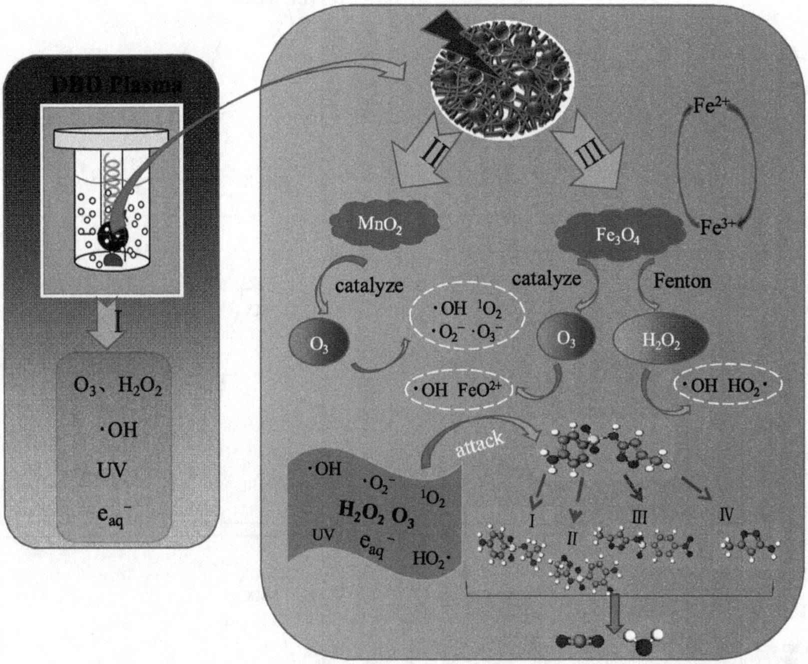

图 5-27 DBDP 协同 Fe_3O_4-MnO_2-CA 复合膜降解 SMX 的机理

从图 5-27 中可以看出，在 DBDP/Fe_3O_4-MnO_2-CA 复合膜协同体系中可以促成 SMX 降解的主要反应包括 DBDP 作用、Fenton 反应、光催化和催化 O_3 氧化过程，这几个过程的联合作用促成了反应体系中活性物质的生成及其对

SMX 的降解作用。首先，DBDP 过程自身可以生成•OH、H_2O_2、O_3 等活性物质，同时形成高能电子、紫外线辐射、冲击波等物理效应。这些物理与化学作用的联合过程可以降解部分目标有机物。其次，MnO_2 诱导的催化 O_3 氧化过程可生成 $^1O_2$ 和$•O_2^-$等活性物质，同时，紫外光可以诱导 MnO_2 产生电子-空穴对，电子与空穴分别与反应体系中的 O_3 和 O_2、H_2O 和 H_2O_2 发生一系列反应，生成氧化性较强的•OH，从而提高了对 DBDP 过程中形成的活性物质的利用率。再次，Fe_3O_4 中的 Fe^{2+}对 H_2O_2 的有效激活以及 Fe^{3+}对 O_3 的捕获可以提高溶液中•OH 的浓度。最后，O_3 和$•O_2^-$可以促进 Fe^{3+}与 Fe^{2+}之间的转化，从而加速 Fenton 反应中 Fe^{2+}与 Fe^{3+}之间的循环。以上 4 个过程中的活性物质作用于 SMX，使其降解并产生一些中间产物，并且在这些活性物质的作用下，SMX 最终可降解、矿化为 CO_2、H_2O 及无机离子。

第6章

多电极并联DBDP/ZnO-醋酸纤维素膜协同有机废水处理技术

6.1 ZnO-醋酸纤维素膜催化剂

6.1.1 纳米 ZnO 的特点及其作为催化剂的应用

纳米 ZnO 作为一种半导体金属氧化物，带隙能为 3.37 eV，具有化学稳定性高、易于制备、成本低廉、毒性低、光催化活性高等优点，因而在光催化领域得到了广泛的应用。Li 等[98]制备了具有富氧空位和多孔层次结构的 ZnO 微球，在阳光照射下，$ZnO-SO_4^{2-}$对亚甲基蓝、四环素和苯酚的去除率分别为 98%、100%和 83%。Nejman 等[99]研究了纳米 ZnO 粒径对水中苯酚光催化降解的影响，结果表明纳米 ZnO 的光催化性能随着粒径的增加和比表面积的减小而增加，平均粒径为 71 nm 的纳米 ZnO 对苯酚的光催化反应速率最高。Aldeen 等[100]利用江边刺葵提取物作为天然螯合剂和稳定剂合成了纳米 ZnO 颗粒，在紫外光照射 105 min 后，亚甲基蓝染料的降解效率达到了 98%。Rodwihok 等[101]研究了官能化苯胺改性的 ZnO 光催化降解甲基橙（MO）的影响，结果表明，苯胺官能化后的 ZnO 的光催化速率更快，60 min 后对 MO 的降解率为 98.29%。Ali 等[102]研究了纳米 TiO_2 和 ZnO 薄膜对废水中孔雀石绿（MG）的光催化降解，结果表明，在紫外光照射下，TiO_2 和 ZnO 薄膜对 MG 的最佳降解率分别为 79.4%和 97.5%，ZnO 薄膜的反应常数是 TiO_2 的 1.96 倍。

由于纳米 ZnO 具有同时催化紫外光、O_3、H_2O_2 的多效催化特点，有学者将纳米 ZnO 引入低温等离子体放电体系中，增加了反应体系中•OH 的浓度，提高了有机物的降解效果。Yan 等[103]建立了 DBDP/ZnO 协同降解有机废水的体系，反应 40 min 后，协同体系对 BPA 的最佳降解率为 85.4%，能量利用率为 0.32 g/（kW·h）。Nian 等[104]研究了 DBDP 联合 ZnO-rGO 纳米片在水中降解对羟基苯甲酸甲酯（MeP）的可行性，考察了放电功率、溶液参数、空气流速对降解效果的影响，结果表明，ZnO-rGO 纳米片在 DBDP 体系中的添加大幅增加了 MeP 的降解率，当放电功率为 20 W、气体流速为 20 L/h、ZnO-rGO 纳米片剂量为 0.015 g/L、MeP 初始浓度为 20 mg/L、初始 pH 为 7 时，处理 15 min 后 MeP 的降解率达到了 99%。

6.1.2 DBDP 体系中纳米 ZnO 的催化作用

DBDP 放电产生的高能电子以及光效应能够激发 ZnO 产生电子-空穴（e^--h^+）对，e^--h^+对与体系中的水分子、O_3和 H_2O_2接触后，通过一系列氧化还原反应，可以生成氧化性更强的$\cdot OH$、$\cdot HO_2$、$\cdot O_2^-$等活性物质，促成有机物的降解。其反应式如下：

$$ZnO + h\nu \longrightarrow h^+ + e^- \tag{6.1}$$

$$h^+ + H_2O \longrightarrow \cdot OH + H^+ \tag{6.2}$$

$$e^- + O_2 \longrightarrow \cdot O_2^- \tag{6.3}$$

$$H^+ + \cdot O_2^- \longrightarrow \cdot HO_2 \tag{6.4}$$

$$\cdot O_2^- + H_2O \longrightarrow \cdot HO_2 + \cdot OH \tag{6.5}$$

$$e^- + O_3 \longrightarrow \cdot O_3^- \tag{6.6}$$

$$\cdot O_3^- + H_+ \longrightarrow \cdot HO_3 \tag{6.7}$$

$$\cdot HO_3 \longrightarrow \cdot OH + O_2 \tag{6.8}$$

$$H_2O_2 + e^- \longrightarrow \cdot OH \tag{6.9}$$

$$\text{有机物} + \text{活性物质} \longrightarrow H_2O + CO_2 \tag{6.10}$$

然而，纳米 ZnO 呈粉末状，在液体中容易出现团聚现象，不利于其与活性物质的充分接触，且使用结束后难以高效回收，造成资源浪费。因此，需要找到一种绿色环保材料对纳米 ZnO 进行修饰和负载，使其既能够保证 ZnO 本身的催化作用，又能够促进有机物降解及矿化率的提高，同时还方便回收再利用。

CA 作为一种模板材料，具有高生物相容性、易回收、高选择性等特点，这使其在废水中有机物的处理方面发挥着优越的性能。Rajeswari 等[105]研究了浸渍有纳米 ZnO 作为光催化剂的醋酸纤维素-聚脲（CA-PU）膜对染料废水的光催化降解效果，发现在不同参数的紫外光照射下，pH 为 7 时，CA-PU/ZnO 膜对染料活性红（RR 11）和活性橙（RO 84）的降解效果最好。ZnO 浸渍的 CA-PU 膜不仅具有纳米 ZnO 的光催化能力，而且具有良好的热稳定性和力学性能。Zhao 等[106]采用气压喷涂法制备了活性炭（AC）-醋酸纤维素/壳聚糖（CA/CS）复合膜，研究了复合膜对双酚 A 的渗透通量和去除率，结果表明，双酚 A 的渗透通量和去除率可以达到 9.27×10^3 L/（m^2·h）和 98.31%。Khan 等[107]将纳米 Cu、Ag 负载在醋酸纤维素-ZnO/炭黑（CB）上，组成 CuAg/ZCA 复合材料，选取了邻硝基苯酚（ONP）、间硝基苯酚（MNP）、对硝基苯酚（PNP）、2,6-二硝基苯酚（DNP）、甲基橙（MO）、刚果红（CR）、亚甲蓝（MB）和罗丹明 B（RB）这 8 种模型污染物，发现各种硝基苯酚和染料中反应速率最快的分别是 PNP 和 MO。Wang 等[108]研究了硫酸处理石墨氮化碳（SA-g-C_3N_4）-醋酸纤维素复合膜（CN-CA），发现 CN-CA 膜在阳光下表现出优异的光催化降解染料能力。在 SA-g-C_3N_4 含量占 50%时，CN-CA 膜的光催化活性远高于原始的 SA-g-C_3N_4，且 CN-CA 膜具有良好的稳定性和可重复使用性能，在 5 次染料降解循环使用中仍然具有光催化活性。

基于以上研究结果，可考虑将 CA 用作纳米 ZnO 的基体材料，制备 ZnO/CA 膜催化材料，用于提高 DBDP 水处理体系的作用效果和能量利用效率。

6.2　多电极并联 DBDP 协同 ZnO-CA 膜降解磺胺嘧啶效果研究

本节研究采用溶剂蒸发法，通过改变 ZnO 的负载量制备出不同的 ZnO-CA 膜，并对 ZnO-CA 膜催化剂进行了扫描电子显微镜（SEM）、透射电子显微镜（TEM）、X 射线能谱光仪分析（EDS）、傅里叶变换红外光谱（FTIR）、X 射线衍射（XRD）、UV-Vis、热重分析（TG）以及拉伸性能表征分析。将所制备的 ZnO/CA 膜引入多电极并联 DBDP 水处理系统，建立 DBDP/ZnO-CA 膜协同水处理体系，以抗生素磺胺嘧啶（SDZ）为目标有机污染物，考察了 ZnO 负载量和 ZnO-CA 膜片数量对 SDZ 降解效果的影响，确定了较优的 ZnO 负载量和膜片数；而后以最佳的 ZnO-CA 膜催化剂添加条件为基础，考察了溶液初始浓度、初始 pH 对 SDZ 降解效果的影响规律，以及 SDZ 降解过程中溶液紫外-可见吸收光谱的变化规律；最后，比较了同等添加量的 ZnO 粉末与 ZnO-CA 膜的催化效果差别，并测试了 ZnO-CA 膜的稳定性。

6.2.1 ZnO 负载量对磺胺嘧啶降解效果的影响

为了验证制备的 ZnO/CA 复合膜的催化作用，本节考察了不同 ZnO 负载量的 ZnO/CA 膜在 DBDP 体系中降解 SDZ 的效果。实验中，目标 SDZ 溶液体积为 1.2 L，初始浓度为 20 mg/L，电压峰值为 7 kV，载气为空气，载气量为 0.5 L/min。考察 ZnO 负载量分别为 0、1%、3%和 5%的 ZnO-CA 膜对多电极并联 DBDP 体系中 SDZ 降解效果的影响。研究中添加的 ZnO-CA 膜数量均为 4 片，实验总时长为 60 min，每隔 15 min 取样 1 次进行分析。使用高效液相色谱仪测定 SDZ 的浓度变化，并计算相应的降解效率、动力学常数、系统能效和协同因子。此外，还选择不添加催化剂的单独 DBDP 体系和 5% ZnO-CA 膜对 SDZ 的吸附效果作为对照组，比较说明 ZnO-CA 膜的催化作用，结果如图 6-1 所示。

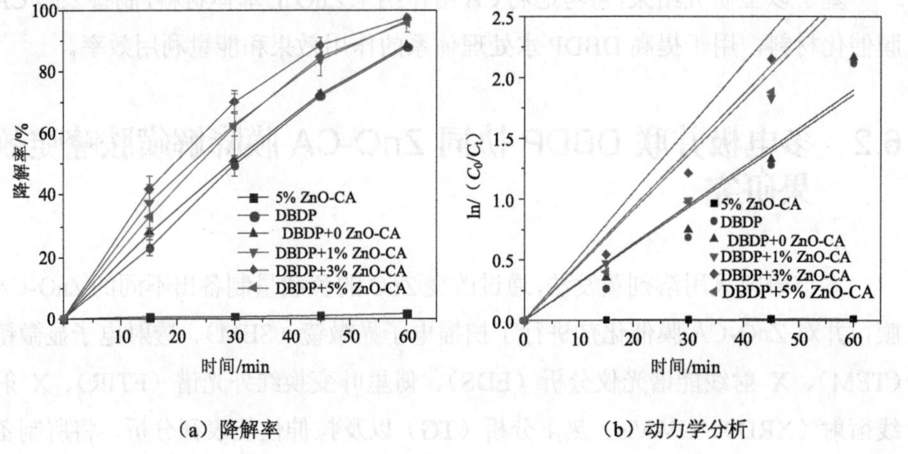

（a）降解率　　（b）动力学分析

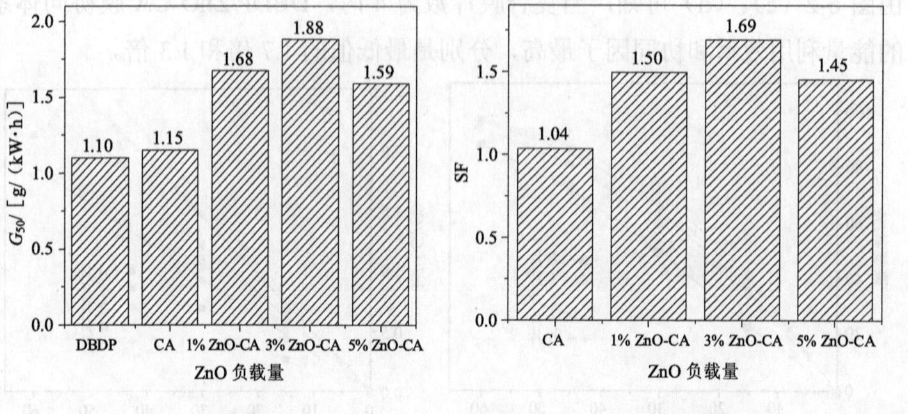

（c）系统能效　　（d）协同因子

图 6-1　ZnO 负载量的影响

从图 6-1（a）中可以看出，在未添加催化剂的单独 DBDP 体系中，放电处理 60 min 时，SDZ 的降解率为 87.94%。在 DBDP 体系加入 ZnO-CA 膜后，SDZ 的降解率由 87.94%提高到了 97.20%，证明了 ZnO-CA 膜的催化作用。随着 ZnO 负载量的增加，SDZ 的降解率呈先升高后降低的趋势，降解率的大小依次为 0＜5%＜1%＜3%，即 3%的 ZnO-CA 膜表现出最高的催化活性，在该添加条件下 SDZ 的降解率比单独 DBDP 体系高出 9.26%。

6.2.2　ZnO-CA 膜片对磺胺嘧啶降解效果的影响

为了考察 ZnO-CA 膜片对 SDZ 降解效果的影响，本节比较了添加片数分别为 0 片、1 片、2 片、4 片、6 片的 3% ZnO-CA 膜片在 DBDP 体系中对 SDZ 降解效果、动力学常数、系统能效和协同因子的影响，结果如图 6-2 所示。

从图 6-2（a）中可以看出，随着 ZnO-CA 膜片数的增加，SDZ 的降解率呈先增加后减小的趋势。放电 60 min 后，当复合膜片数增加到 4 片时，SDZ 的降解率达到最高值 97.20%，而当复合膜片数持续增加到 6 片时，反应 60 min 时 SDZ 的降解率反而下降，这可能是因为过量的 ZnO 在库仑力的排斥作用下导致溶液中同性电荷相互隔离，阻碍了空穴、电子顺利跃迁出能级轨道，从而减少了它们与 O_3、H_2O_2、O_2、H_2O 接触的机会，削弱了 ZnO 的催化作用。

由图 6-2（c）、（d）可知，当复合膜片数为 4 时，DBDP/ZnO-CA 膜协同体系的能量利用效率和协同因子最高，分别是最低值的 1.7 倍和 1.3 倍。

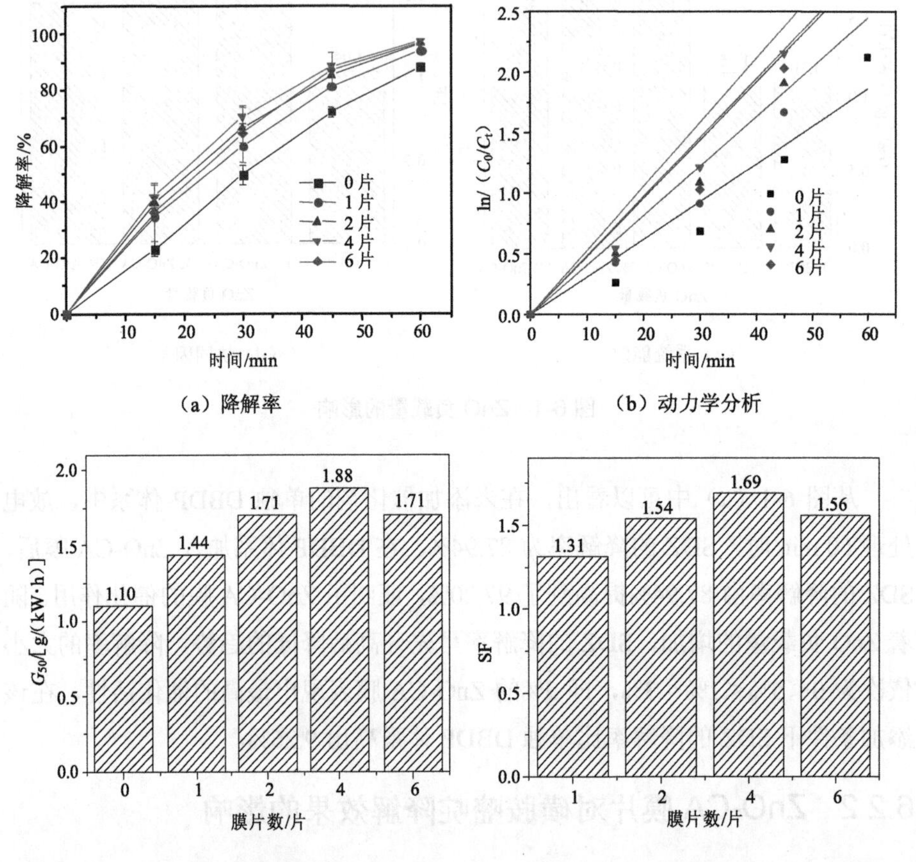

（a）降解率　（b）动力学分析

（c）系统能效　（d）协同因子

图 6-2　3% ZnO-CA 膜片数的影响

6.2.3　溶液初始浓度对磺胺嘧啶降解效果的影响

为了考察溶液初始浓度对 SDZ 降解效果的影响，本节选取 SDZ 溶液初始浓度分别为 20 mg/L、30 mg/L、40 mg/L 和 50 mg/L，研究结果如图 6-3 所示。

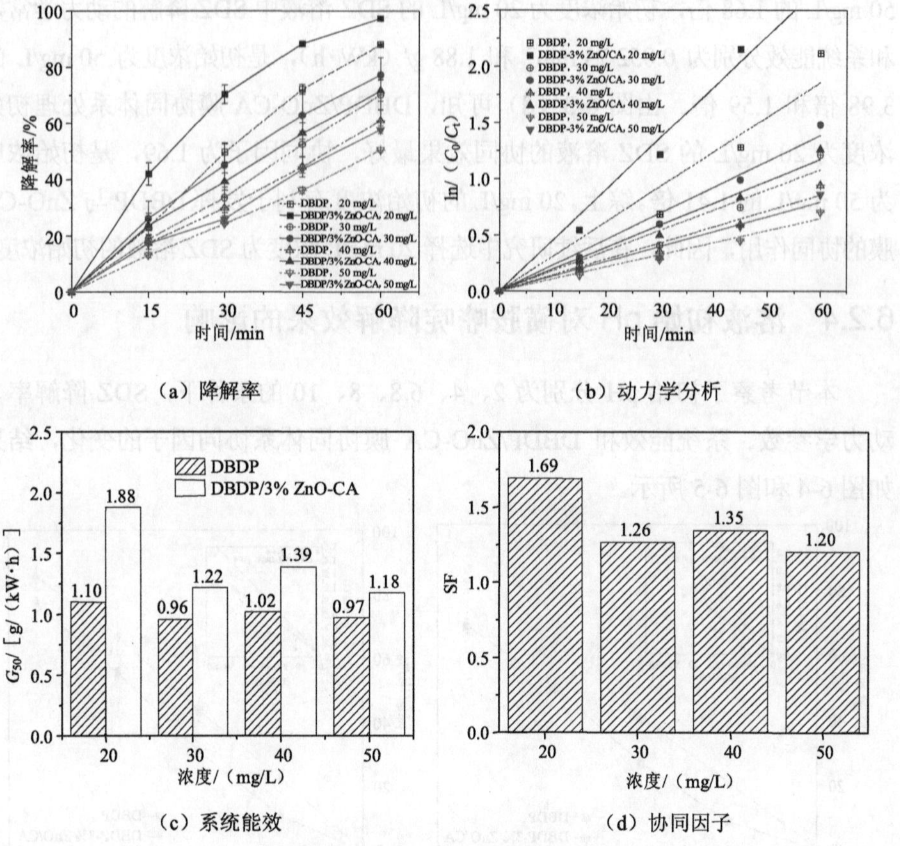

图 6-3　SDZ 溶液初始浓度的影响

如图 6-3 所示，在 4 个不同的初始浓度下，DBDP/ZnO-CA 膜协同体系中 SDZ 的降解效果均优于单独 DBDP 中的效果，证实了 ZnO-CA 膜的催化作用。不同初始浓度的 SDZ 溶液在 DBDP/ZnO-CA 膜协同体系中处理 60 min 后的降解规律为：初始浓度越高，SDZ 浓度的降解量越高，50 mg/L 的 SDZ 溶液在整个放电过程中浓度减少了 28.84 mg/L，是 20 mg/L SDZ 溶液的 1.48 倍，这是因为体系中产生的多种活性物质与更多的 SDZ 发生了反应，但可能存在一个最大 SDZ 降解量。从图 6-3（a）、（b）、（c）中可以看出，在 DBDP/ZnO-CA 膜协同体系中，SDZ 的降解率比单独 DBDP 体系分别提高了 9.25%、7%、10.64%、7.16%，初始浓度为 20 mg/L 的 SDZ 溶液的降解率是初始溶液为

50 mg/L 的 1.68 倍，初始浓度为 20 mg/L 的 SDZ 溶液中 SDZ 降解的动力学常数和系统能效分别为 0.052 73 min^{-1} 和 1.88 g/（kW·h），是初始浓度为 50 mg/L 的 3.98 倍和 1.59 倍。由图 6-3（d）可知，DBDP/ZnO-CA 膜协同体系处理初始浓度为 20 mg/L 的 SDZ 溶液的协同效果最好，协同因子为 1.69，是初始浓度为 50 mg/L 的 1.41 倍。综上，20 mg/L 的初始浓度有利于发挥 DBDP 与 ZnO-CA 膜的协同作用，因此，在后续研究中选择 20 mg/L 浓度为 SDZ 溶液的初始浓度。

6.2.4　溶液初始 pH 对磺胺嘧啶降解效果的影响

本节考察了初始 pH 分别为 2、4、6.8、8、10 的条件下，SDZ 降解率、动力学参数、系统能效和 DBDP/ZnO-CA 膜协同体系协同因子的变化，结果如图 6-4 和图 6-5 所示。

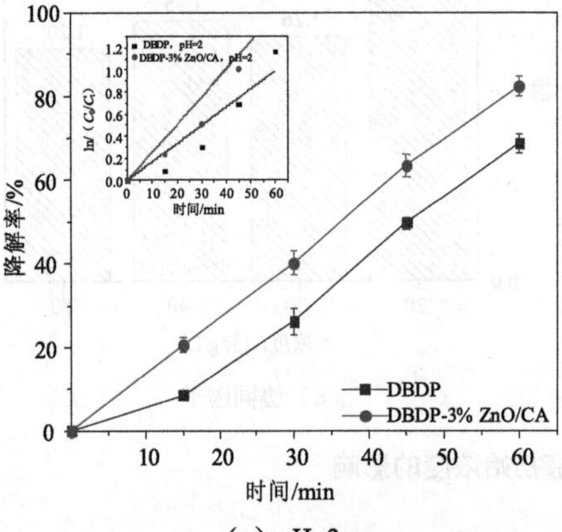

（a）pH=2

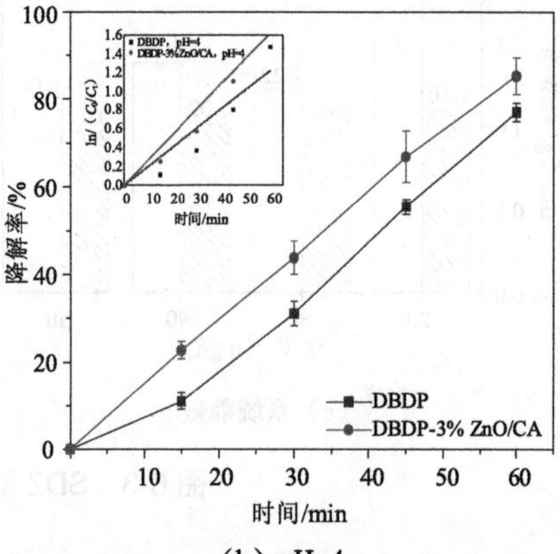

（b）pH=4

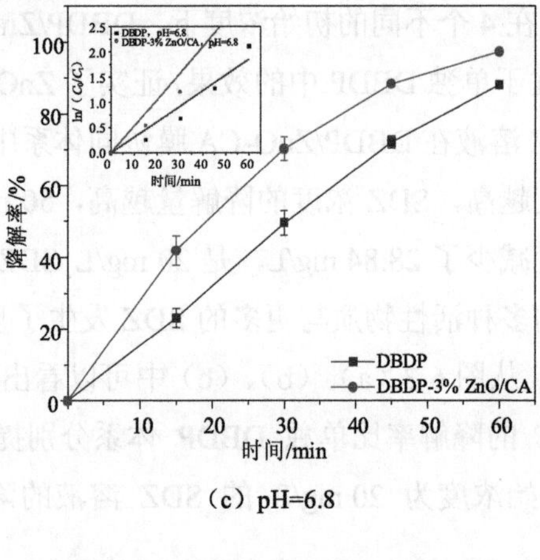

（c）pH=6.8

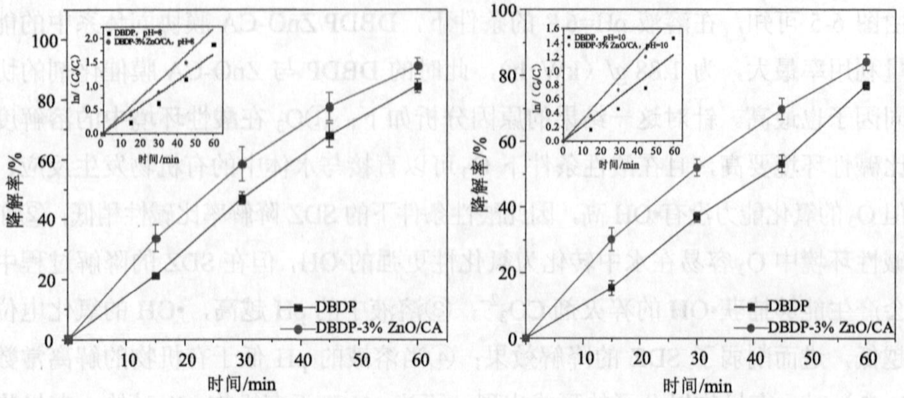

（d）pH=8　　（e）pH=10

图 6-4　SDZ 溶液初始 pH 的影响

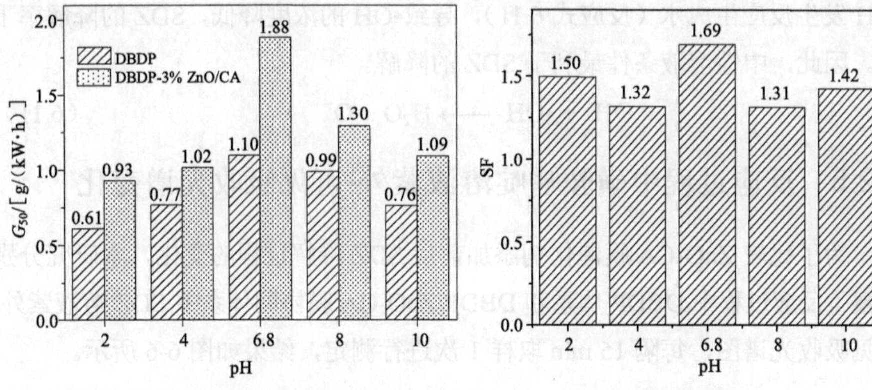

（a）系统能效　　（b）协同因子

图 6-5　溶液初始 pH 对 SDZ 降解效果的影响

从图 6-4 中可以看出，在添加 ZnO-CA 膜后，研究考察的所有初始 pH 下的 SDZ 溶液的降解率均有所提高，说明 SDZ 溶液初始 pH 的变化不影响 ZnO-CA 膜在 DBDP 体系中的催化作用，但催化作用效果会受溶液初始 pH 变化的影响。随着溶液 pH 的升高，SDZ 降解率呈先增加后减少的趋势。相较于酸性、碱性条件，中性溶液条件更利于 SDZ 的降解。在 DBDP/ZnO-CA 膜协同体系中，当 SDZ 溶液 pH=6.8 时，SDZ 降解的动力学常数可达 0.052 73 min^{-1}，分别是溶液 pH=2、4、8、10 的 2.12 倍、1.95 倍、1.45 倍、1.79 倍。此外，由图 6-5 可知，在溶液 pH=6.8 的条件下，DBDP/ZnO-CA 膜协同体系中的能量利用率最大，为 1.88 g/（kW·h），此时的 DBDP 与 ZnO-CA 膜催化剂的协同因子也最高。针对这一结果的原因分析如下：①O_3 在酸性环境中的溶解度比碱性环境要高，且在酸性条件下 O_3 可以直接与水体中的有机物发生反应，但 O_3 的氧化能力没有•OH 高，因此酸性条件下的 SDZ 降解率比碱性稍低；②在碱性环境中 O_3 容易在水中转化为氧化性更强的•OH，但在 SDZ 的降解过程中会产生能够捕获•OH 的猝灭剂 CO_3^{2-}；③溶液中的 pH 越高，•OH 的氧化电位越低，进而削弱了 SDZ 的降解效果；④当溶液的 pH 低于有机物的解离常数（pK_a）时，有机物以分子的形式出现，而当 pH 高于有机物 pK_a 时的，有机物的形式是比分子态更具反应性的离子态，SDZ 的 pK_a 为 6.48，所以 SDZ 在 pH 高于 6.48 的条件下具有更高的降解率，但处于碱性很高的环境中，OH^-会与•OH 发生反应生成水（反应式 6.11），导致•OH 的浓度降低，SDZ 的降解率下降。因此，中性溶液条件最利于 SDZ 的降解。

$$OH^- + \cdot OH \longrightarrow H_2O + O^- \qquad (6.11)$$

6.2.5　反应过程中磺胺嘧啶溶液紫外-可见吸收光谱变化

为了比较 ZnO-CA 膜催化剂添加前后 SDZ 降解过程的变化，本研究分别考察了反应过程中 DBDP 体系和 DBDP/ZnO-CA 膜协同体系中 SDZ 溶液紫外-可见吸收光谱图，每隔 15 min 取样 1 次进行测定，结果如图 6-6 所示。

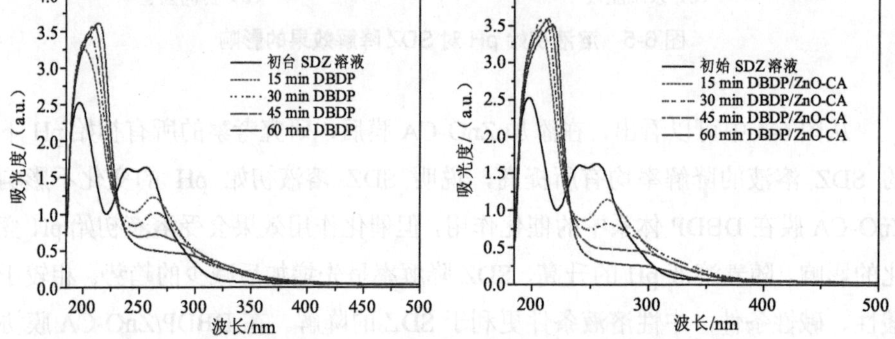

（a）DBDP　　（b）DBDP/ZnO-CA 膜

图 6-6　ZnO-CA 膜催化剂添加前后 SDZ 溶液的 UV-Vis 图谱

从图 6-6 中可以看出，随着反应时间的增加，DBDP 和 DBDP/ZnO-CA 膜这两个体系中 SDZ 的特征峰均在不断下降，说明了 SDZ 的降解，且 DBDP/ZnO-CA 协同体系中 SDZ 特征峰的下降幅度更为显著，证实了 ZnO-CA 膜的催化作用。从 SDZ 的 UV-Vis 光谱图可以看到，在波长 200～500 nm 的范围内，分别在 200 nm 和 250 nm 附近扫描出两个吸收峰。其中，200 nm 处的吸收峰源自 SDZ 上的苯环结构，随着处理时间的增加，在 215nm 处出现了一个较大的吸收峰，且吸收强度不断提高，并呈现红移的趋势，这是因为苯环上发生了—OH 和—NH_2 的取代。由于 SDZ 的降解，产生了大量携带苯环结构的小分子产物，这些小分子物质容易在•OH 的作用下取代苯环产生—OH，从而导致 215nm 处吸收峰的红移。

6.2.6　ZnO 粉体与 ZnO-CA 膜催化效果对比

粉体 ZnO 自身具有良好的光催化效果，但存在易团聚、难回收再利用的缺点。本节对比了粉末状 ZnO 和 ZnO-CA 膜催化剂在 DBDP 体系中的催化效果，结果如图 6-7 所示。

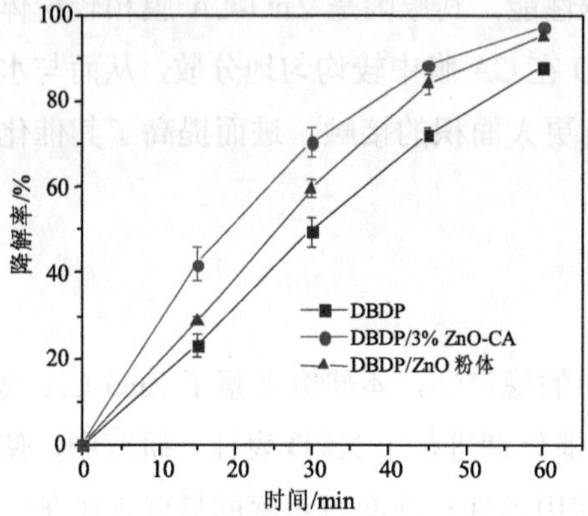

（a）降解率

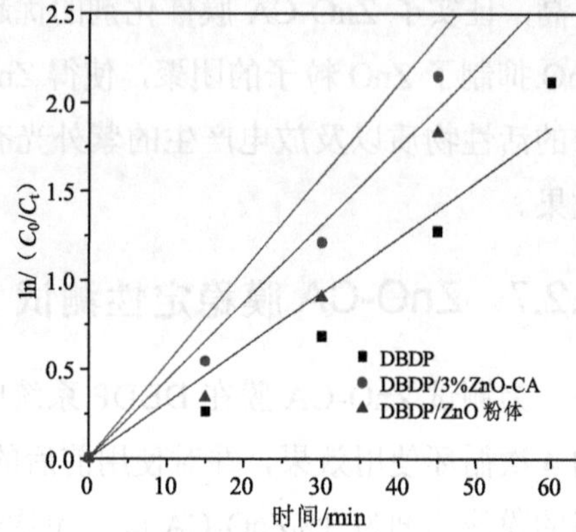

（b）动力学分析

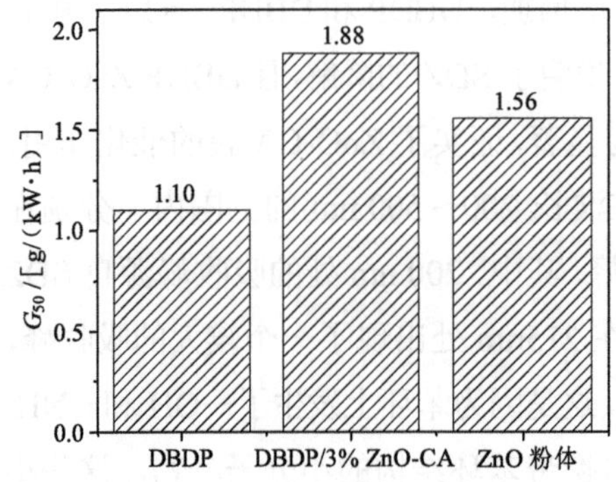

（c）系统能效

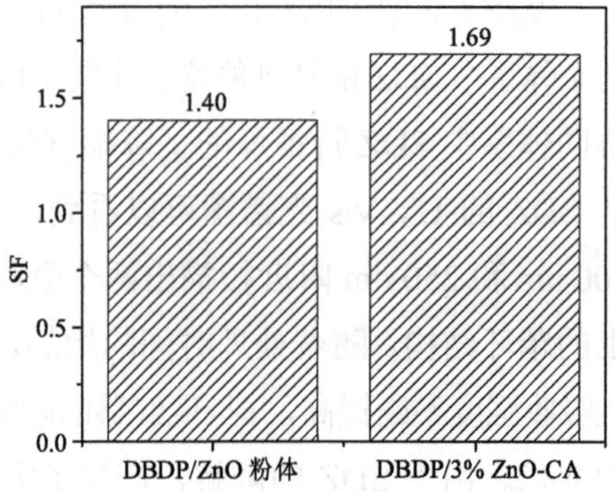

（d）协同因子

图 6-7　ZnO 粉末与负载成膜后催化效果对比

从图 6-7 中可以看出，加入 ZnO 粉末后，反应体系中 SDZ 的降解率从 87.94%提高到 95.02%，这主要是因为水中的 SDZ 在 ZnO 的催化作用下得到降解。当加入 3% ZnO-CA 膜时，SDZ 的降解率从 87.94%提高到 97.20%，比加入粉末状 ZnO 高 2.18%，相应的系统能效和协同因子也比粉体 ZnO 的加入要高，证实了 ZnO-CA 膜催化剂的优越性能。其原因是 ZnO-CA 膜相较粉体 ZnO 抑制了 ZnO 粒子的团聚，使得 ZnO 在 CA 膜中较均匀地分散，从而与水中的活性物质以及放电产生的紫外光有更大面积的接触，进而提高了其催化效果。

6.2.7　ZnO-CA 膜稳定性测试

为测试 ZnO-CA 膜在 DBDP 系统中的稳定性，本研究考察了 ZnO-CA 膜的 4 次循环使用效果，并对使用前后的催化剂进行了 XRD 表征。研究中，使用的膜催化剂为 3%ZnO-CA 膜，单次使用条件与前面所考察的最优使用条件相同，单次使用后的 ZnO-CA 膜用去离子水反复冲洗，自然风干后再重复使用。研究结果如图 6-8 所示。

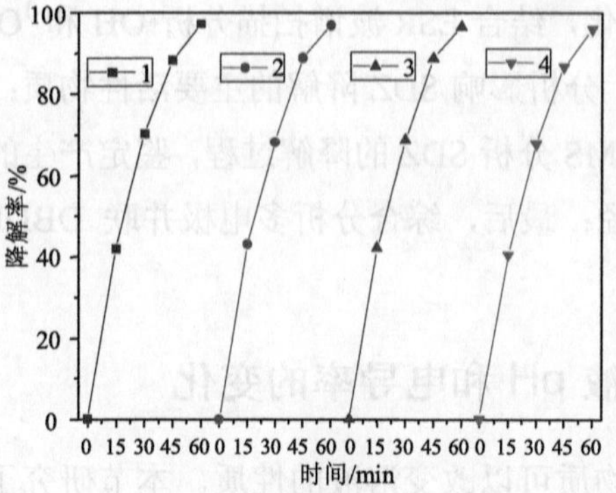

（a）降解率

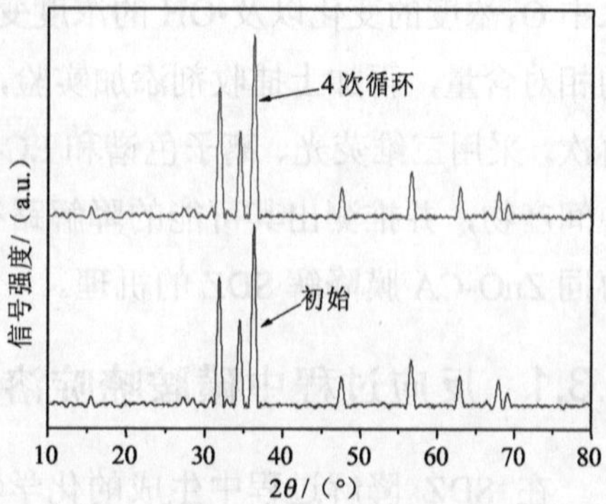

（b）XRD 图

图 6-8　ZnO-CA 膜循环使用次数的影响

图 6-8（a）为 3% ZnO-CA 膜催化循环使用 4 次过程中 SDZ 降解率的变化情况，结果表明，第 4 次使用时，反应 60 min 后 SDZ 的降解率相较第 1 次实验仅下降了 1.3%，说明经过 4 次循环使用后的 ZnO-CA 膜仍然具有催化作用，证实了所制备的 ZnO-CA 膜催化剂的稳定性。此外，未使用的 3% ZnO-CA 膜与经过 4 次循环使用的 3% ZnO-CA 膜的 XRD 表征结果表明 [图 6-8（b）]，经 4 次循环使用后的 XRD 图谱与未使用膜的图谱几乎一致，说明放电作用过程基本不影响 ZnO-CA 膜的结晶度。对于 4 次循环使用后 SDZ 降解率的略有降低，其原因可能是因为 ZnO-CA 膜催化剂在作用过程中受到了高能电子和气泡的击打造成了损耗，考虑到实验的误差，这些损耗对其催化作用的影响几乎可以忽略不计。综上所述，ZnO-CA 膜在 DBDP 体系中表现出较好的稳定性和可重复性，可以重复使用。

6.3　多电极并联 DBDP 协同 ZnO-CA 膜降解磺胺嘧啶机理研究

本节研究了 ZnO-CA 膜催化多电极并联 DBDP 降解 SDZ 的作用机理。首先，探究了 ZnO-CA 膜催化剂添加前后，DBDP 体系中 SDZ 溶液 pH、电导率、TOC 和 COD 的变化规律；其次，通过测定 ZnO-CA 膜催化剂添加前后去离子

水中 O_3 浓度的变化以及•OH 的浓度变化，结合 ESR 波谱扫描分析•OH 和 $^1O_2$ 的相对含量，再加上捕收剂添加实验，分析影响 SDZ 降解的主要活性物质；再次，采用三维荧光、离子色谱和 LC-MS 分析 SDZ 的降解过程，鉴定产生的中间产物，并推测出其可能的降解路径；最后，综合分析多电极并联 DBDP 协同 ZnO-CA 膜降解 SDZ 的机理。

6.3.1　反应过程中磺胺嘧啶溶液 pH 和电导率的变化

在 SDZ 降解过程中生成的化学物质可以改变溶液的性质。本节研究了 ZnO-CA 膜催化剂添加前后，SDZ 降解过程中溶液 pH 及电导率的变化规律，结果如图 6-9 所示。

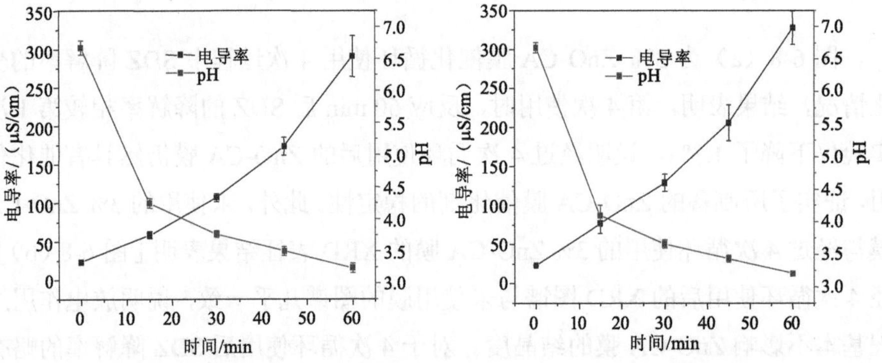

（a）DBDP　　（b）DBDP/ZnO-CA

图 6-9　反应过程中 SDZ 溶液电导率及 pH 的变化

从图 6-9 中可以看出，在单独 DBDP 体系和 DBDP/ZnO-CA 膜协同体系中，SDZ 溶液的 pH 在反应的前 15 min 内均有一个较为迅速的下降，之后随反应时间的延长变化幅度相对较小，溶液的电导率则呈持续上升趋势。这主要是因为放电过程中 SDZ 上的苯环受到活性物质（O_3、H_2O_2、•OH）的攻击，断裂分解成小分子的有机酸（如甲酸、乙酸、丙二酸等）。同时，载入反应体系中的 N_2 分子可以被电离并进一步反应生成 HNO_3 和 HNO_2，这同样是促成溶液 pH 下降的因素，同时增加了溶液中的离子浓度，导致溶液电导率升高。除此之外，SDZ 的苯环在分解开环的过程中会生成 CO_3^{2-}、HCO_3^-等离子，同样会导致溶液电导率的提高。添加了 ZnO-CA 膜催化剂的 DBDP 体系中可以产生更多的活性物质，对 SDZ 的降解程度也更深，生成更多的酸性分子、无机离子，从而导致了其溶液 pH 比单独 DBDP 体系更低，电导率更高。

6.3.2　磺胺嘧啶溶液 COD 与 TOC 去除效果分析

本节为了考察 SDZ 溶液在放电过程中的可生化性和矿化程度，研究了催化剂添加前后溶液中 COD 及 TOC 的去除率，结果如图 6-10 所示。

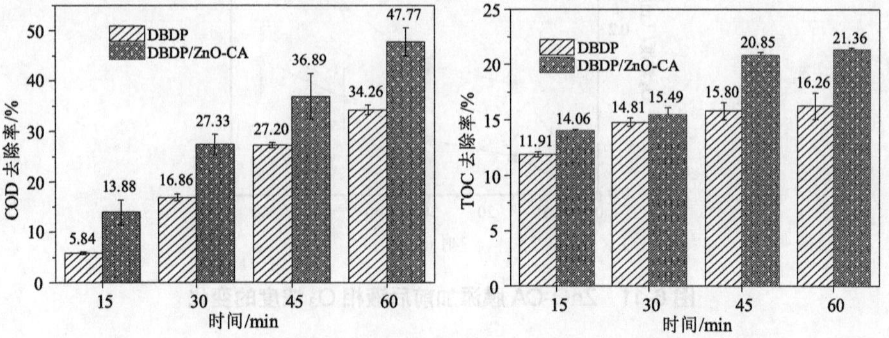

（a）COD　　（b）TOC

图 6-10　ZnO-CA 膜添加前后 SDZ 溶液的 COD 及 TOC 去除率

从图 6-10 中可以看出，SDZ 溶液的 COD 和 TOC 去除率随着反应时间的延长而增加，且加入 ZnO-CA 膜催化剂的反应体系中 SDZ 溶液的 COD 和 TOC 去除率均高于单独 DBDP 体系，说明 DBDP 放电过程中 SDZ 不断地被氧化降解，而 ZnO-CA 膜催化剂的加入加快了这一进程。添加 ZnO-CA 膜催化剂后，反应 60 min 时，SDZ 溶液的 COD 去除率从 34.26% 提高到 47.77%，而 DBDP/ZnO-CA 膜协同体系中的 TOC 去除率为 21.36%，比单独 DBDP 体系提高了 5.1%。在相同反应条件下，SDZ 溶液 TOC 的去除率明显低于其降解率，说明 SDZ 降解过程中有难以矿化的中间产物生成。上述研究结果证明 ZnO-CA 膜催化剂的添加可以改善 SDZ 溶液的矿化程度和可生化性能。

6.3.3 反应过程中 O_3 浓度的变化

本节研究了 ZnO-CA 膜催化剂添加前后去离子水中 O_3 浓度的变化，结果如图 6-11 所示。

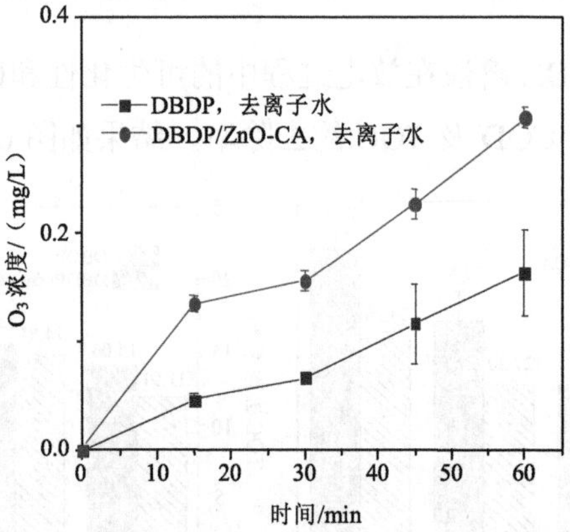

图 6-11 ZnO-CA 膜添加前后液相 O_3 浓度的变化

由图 6-11 可知，随着反应时间的延长，O_3 浓度呈不断上升的趋势。在 DBDP/ZnO-CA 膜协同体系中测得的 O_3 浓度比单独 DBDP 体系中高，添加 ZnO-CA 膜催化剂后，O_3 浓度从 0.163 mg/L 提高到 0.306 mg/L。其原因可能是 ZnO-CA 膜被反应体系中的光激发，生成的光生电子捕获 O_2 生成•O，•O 又与 O_2 碰撞进而生成了 O_3。该结果证实了 ZnO-CA 膜的催化作用。

6.3.4 反应过程中•OH 浓度的变化

•OH 作为一种强氧化性自由基，其氧化活性远高于 O_3 和 H_2O_2。为了研究 DBDP 体系中添加 ZnO-CA 膜后对反应过程中•OH 浓度的影响，本节考察了 ZnO-CA 膜催化剂添加前后 DBDP 体系中•OH 的相对浓度，研究过程中的目标溶液为去离子水，结果如图 6-12 所示。

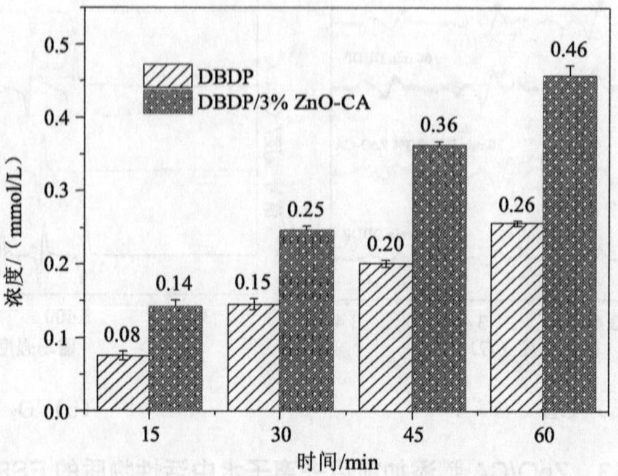

图 6-12　ZnO-CA 膜添加前后•OH 相对浓度的变化

由图 6-12 可知，在 DBDP 体系中引入 ZnO-CA 膜催化剂后，反应体系中的•OH 产量有所增加。经单独 DBDP 体系作用 60 min 后，水体中•OH 的浓度为 0.26 mmol/L，添加有 ZnO-CA 膜催化剂的 DBDP 体系产生的•OH 浓度为 0.46 mmol/L，这证实了 ZnO-CA 膜催化剂添加对反应体系中•OH 浓度增加的促进作用。在 DBDP 作用过程中，•OH 的生成主要是由于水分子遭到高能电子的电离作用而生成；在 DBDP 体系中添加 ZnO-CA 膜催化剂后，DBDP 作用过程可诱导 ZnO 的光催化活性产生 e^--h^+对，一方面，h^+可以与 H_2O 或 OH^- 反应生成•OH；另一方面，e^-可以捕获周围的 O_2、O_3和 H_2O_2，经过一系列的链反应生成•OH，从而提高了 DBDP/ZnO-CA 膜协同体系中•OH 的浓度。

6.3.5　ESR 分析

本节采用 ESR 监测反应体系中•OH 与 $^1O_2$ 的强度。在 DBDP 和 DBDP/ZnO-CA 膜协同体系中添加捕获•OH 的捕获剂 DMPO 和捕获 $^1O_2$ 的捕获剂 TEMP，以去离子水为目标溶液，结果如图 6-13 所示。

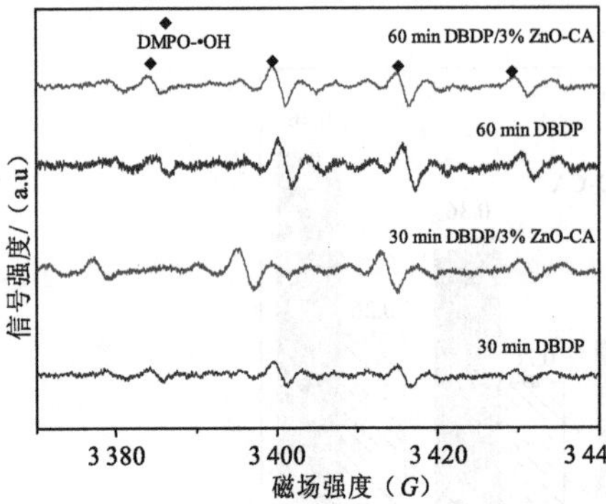

（a）•OH

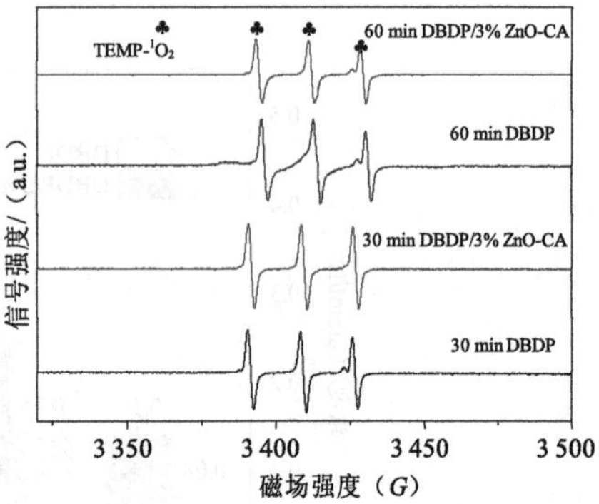

（b）$^1O_2$

图 6-13　ZnO/CA 膜添加前后去离子水中活性物质的 ESR 图谱

从图 6-13 中可以看出，在单独 DBDP 体系和 DBDP/ZnO-CA 膜协同体系中均能检测 DMPO-•OH 和 TEMP-$^1O_2$ 的特征峰，说明在 DBDP 和 DBDP/ZnO-CA 膜协同体系中都生成了•OH 和 $^1O_2$，并且 DBDP/ZnO-CA 膜协同体系中四线峰 DMPO-•OH 和三线峰 TEMP-$^1O_2$ 特征峰的响应强度均比单独 DBDP 体系有一定程度的提高，说明 ZnO-CA 膜的添加能够催化各种活性物质（O_2、O_3、H_2O_2）生成更多的•OH 和 $^1O_2$，从而证实了 ZnO-CA 膜催化剂的添加对 DBDP 体系中 SDZ 降解效果的提升作用。

6.3.6　捕收剂添加实验

为了比较 DBDP/ZnO-CA 膜协同体系中•OH、$^1O_2$、•O_2^-在 SDZ 降解中发挥的重要作用，本研究设计了自由基捕收实验，以确定对 SDZ 降解起主要作用的自由基。本节选取典型的•OH 捕收剂异丙醇（isopropyl alcohol，IPA）、•O_2^-捕收剂对苯醌（*p*-benzoquinone，BQ）和 $^1O_2$ 捕收剂三乙烯二胺（triethylenediamine，TEDA）为研究对象，考察捕收剂添加浓度分别为 1 mmol/L 和 2 mmol/L 时，SDZ 降解效果的变化，结果如图 6-14 和表 6-1 所示。

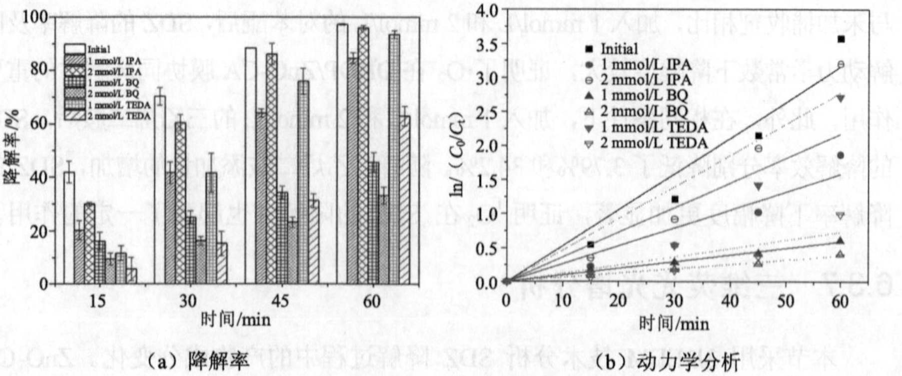

（a）降解率　　（b）动力学分析

图 6-14　捕收剂对 SDZ 降解的影响

表 6-1　不同捕收剂添加下 SDZ 降解的动力学参数

捕收剂名称	动力学常数 k/min^{-1}	相关系数 R^2
无	0.052 73	0.978 11
1 mmol/L 异丙醇	0.026 29	0.958 83
2 mmol/L 异丙醇	0.046 36	0.964 39
1 mmol/L 对苯醌	0.009 77	0.997 47
2 mmol/L 对苯醌	0.006 36	0.995 56
1 mmol/L 三乙烯二胺	0.036 2	0.914 55
2 mmol/L 三乙烯二胺	0.012 14	0.997 66

从图 6-14 中可以看出，添加捕收剂后，SDZ 的降解率均出现了下降的情况，表明 SDZ 的降解得到了抑制。与未添加捕收剂相比，异丙醇、对苯醌和三乙烯二胺的加入使 SDZ 的降解率降低，证明了 $^1O_2$、$\cdot O_2^-$、•OH 对反应体系中 SDZ 的降解作用。与未加捕收剂相比，在反应体系中添加 1 mmol/L 的异丙醇后，SDZ 的降解率下降了 12.76%。从表 6-1 可以看出，无论加入哪一种捕收剂，DBDP/ZnO-CA 膜协同体系中 SDZ 降解的动力学常数均比未加捕收剂时要低，同样说明了 $^1O_2$、$\cdot O_2^-$、•OH 在降解 SDZ 中所起到的关键作用。需要指出，随着异丙醇添加浓度的增加，SDZ 的降解率出现了反弹趋势。其原因可能是过量的异丙醇捕获了体系中的 h^+，提高了 e^-的利用效果，增加了其与水分子、O_2 的碰撞概率，进而生成了新的•OH 和 O_3，促进了 SDZ 的降解率。

与未加捕收剂相比，加入 1 mmol/L 和 2 mmol/L 的对苯醌后，SDZ 的降解率及降解动力学常数下降幅度较大，证明了$\cdot O_2^-$在 DBDP/ZnO-CA 膜协同降解中的重要作用。此外，在相同条件下，加入 1 mmol/L 和 2 mmol/L 的三乙烯二胺后，SDZ 的降解效率分别降低了 3.79%和 34.2%。随着三乙烯二胺添加量的增加，SDZ 的降解率下降幅度更加显著，证明$^1O_2$在 SDZ 的降解中也起到了一定的作用。

6.3.7　三维荧光光谱分析

本节采用 3DEEM 技术分析 SDZ 降解过程中的产物成分变化。ZnO-CA 膜催化剂添加前后，DBDP 体系中 SDZ 溶液的三维荧光光谱随反应时间的变化如图 6-15 所示。荧光光谱各区域所代表的物质种类列于表 6-2 中。

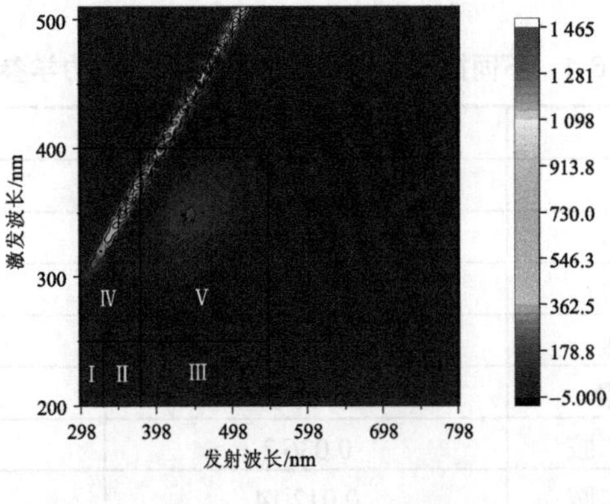

（a）0 min 初始 SDZ 溶液

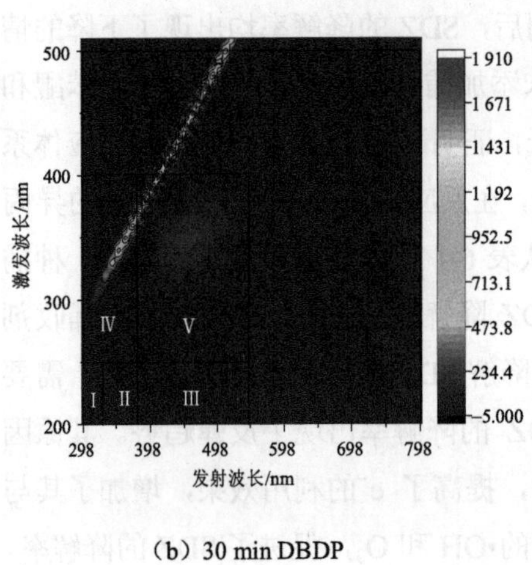

（b）30 min DBDP

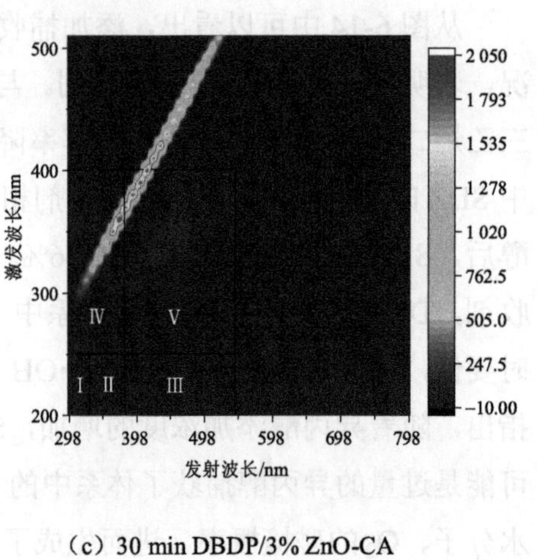

（c）30 min DBDP/3% ZnO-CA

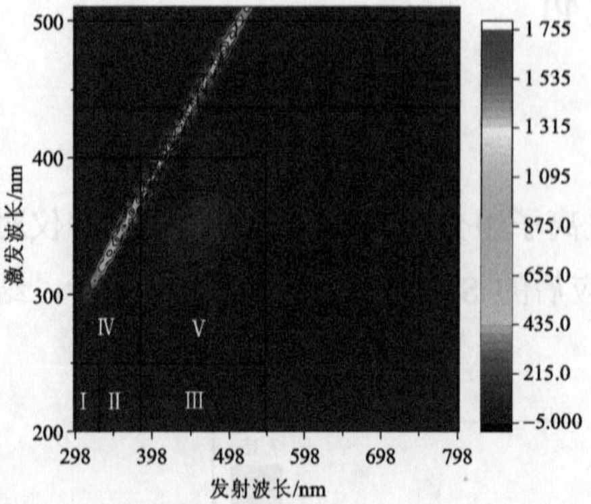

（d）60 min DBDP

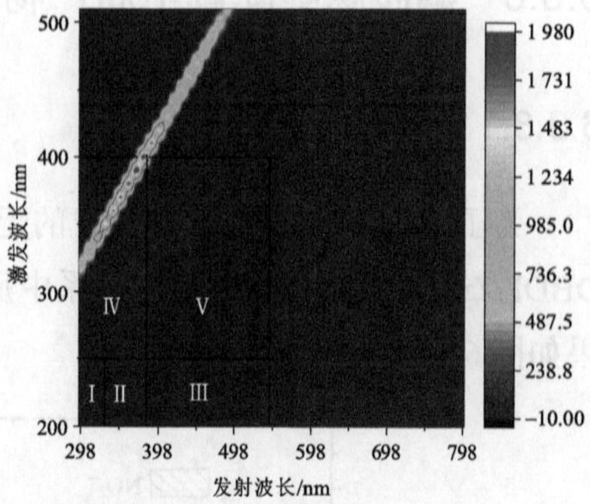

（e）60 min DBDP/3% ZnO-CA

图 6-15　ZnO/CA 膜添加前后 SDZ 的三维荧光光谱分析

表 6-2　各区域代表的成分

区域	成分
Ⅰ、Ⅱ	芳香族类蛋白化合物
Ⅲ	富里酸物质
Ⅳ	微生物代谢类蛋白物质
Ⅴ	类腐殖酸物质

由表 6-2 可知，Ⅰ区域、Ⅱ区域代表芳香族类蛋白化合物，Ⅲ区域代表富里酸物质，Ⅳ区域代表微生物代谢类蛋白物质，Ⅴ区域代表类腐殖酸物质。从图 6-15 中可以看出，与未放电处理的水样相比，在 DBDP/ZnO-CA 膜协同体系中所有区域的荧光峰都逐渐消失，这表明 SDZ 在反应体系中生成的•OH、O_3、H_2O_2 等活性物质的作用下，化学键发生断裂，官能团被取代，随后不断被降解成其他小分子化合物。与单独 DBDP 体系相比，DBDP/ZnO-CA 膜协同体系中的 SDZ 溶液在降解过程中，其荧光光谱在Ⅳ区域和Ⅴ区域的峰强度明显降低，并且没有出现新的荧光峰，说明 ZnO-CA 膜催化剂的添加没有改变 SDZ 的降解途径，只是加快了氧化还原反应的速率，继而提高了 SDZ 的降解率。

6.3.8 磺胺嘧啶降解中间产物分析

6.3.8.1 无机离子分析

为了解 SDZ 降解过程中生成的无机离子组分，本研究采用离子色谱仪对 DBDP/ZnO-CA 膜催化剂协同体系中反应后的 SDZ 溶液进行了取样分析，结果如图 6-16 所示。

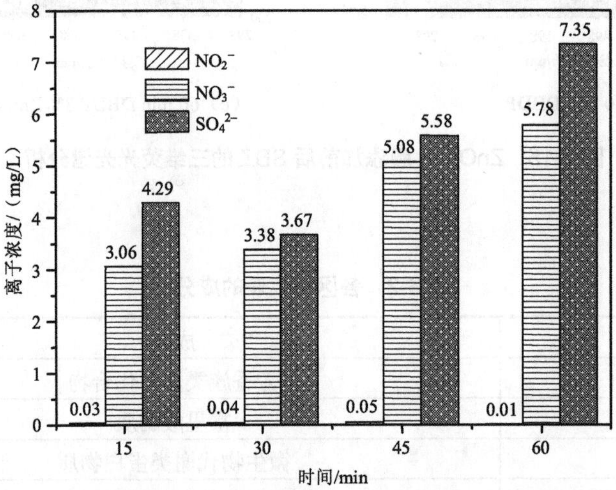

图 6-16 SDZ 降解过程中无机离子的生成

由图 6-16 可知，在 SDZ 降解过程中，反应体系中生成了 NO_2^-、NO_3^-和 SO_4^{2-}等无机离子。NO_3^-和 SO_4^{2-}的浓度随着时间的增加而不断提高，60 min 后分别达到了 5.78 mg/L 和 7.35 mg/L。与 NO_3^-和 SO_4^{2-}的生成量相比，反应体系中生成的 NO_2^-含量非常低，仅为 NO_3^-和 SO_4^{2-}浓度的 0.17%和 0.13%。溶液中 NO_2^-、NO_3^-和 SO_4^{2-}等离子的存在证明 SDZ 在放电过程中被活性物质氧化降解。SDZ 分子的化学键断裂导致 N、S 元素被氧化生成 NO_2^-、NO_3^-和 SO_4^{2-}，除了 SDZ 提供 N 元素，空气中的 N_2 也可以被电离氧化生成 NO_2^-、NO_3^-。整个体系中 NO_2^-浓度不高的原因是 NO_2^-遇到氢离子会生成亚硝酸，而亚硝酸不稳定易分解为水分子和 NO、NO_2，NO、NO_2 又会被电离氧化而重新

产生 NO_2^-、NO_3^-。溶液中总离子浓度的不断提高会导致电导率升高，这一结果与 6.3.1 节的研究结果一致。

6.3.8.2　有机物分析

本节采用 LC-MS 对 SDZ 降解过程中不同时间点取出的样品进行检测分析。根据获得的质谱图分析了 SDZ 降解产生的中间产物，鉴定结果列于表 6-3 中。根据查阅的资料和鉴定出的中间产物，推测出 DBDP/ZnO-CA 膜协同体系中 SDZ 降解的 4 条可能路径，如图 6-17 所示。

表 6-3　SDZ 降解中间产物鉴定

序号	分子式	*m/z*	化学结构
1	$C_{10}H_{10}O_2N_4S$	251	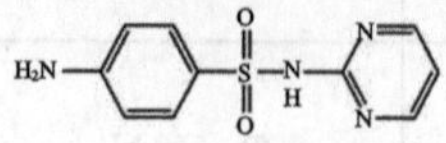
2	$C_6H_7O_3NS$	174	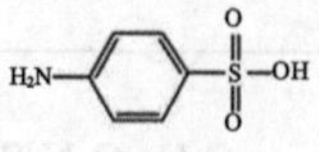
3	$C_9H_{10}O_2N_4S$	96	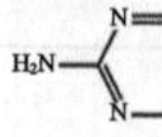
4	$C_6H_8O_2N_2S$	174	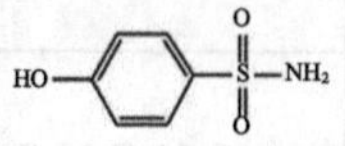
5	$C_4H_5N_3$	158	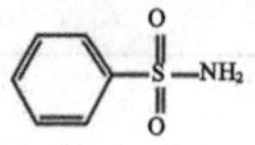
6	$C_6H_7O_3NS$	283	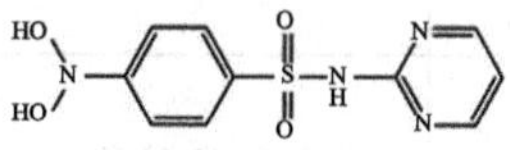
7	$C_6H_7O_2NS$	281	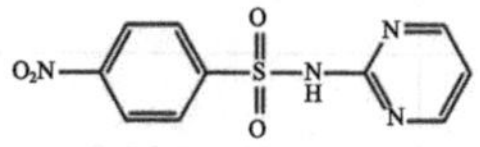
8	$C_{10}H_8O_4N_4S$	245	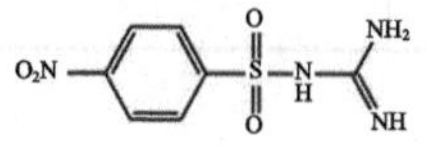

序号	分子式	*m/z*	化学结构
9	$C_7H_8O_4N_4S$	181	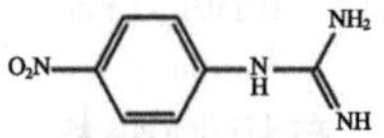
10	$C_7H_8O_2N_4$	187	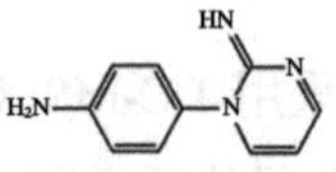
11	$C_{10}H_{10}N_4$	217	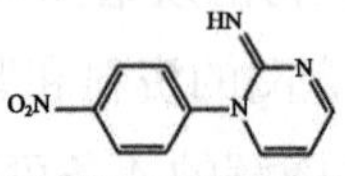
12	$C_{10}H_8O_2N_4$	172	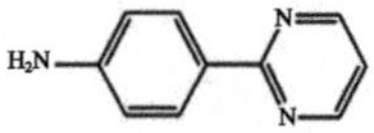
13	$C_{10}H_9N_3$	159	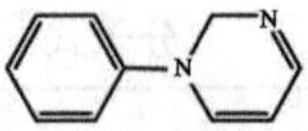
14	$C_{10}H_{10}N_2$	239	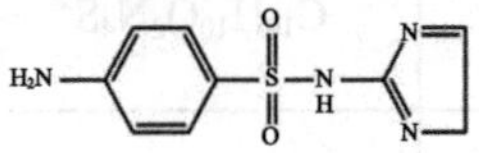
15	$C_8H_{10}O_2N_4S$	227	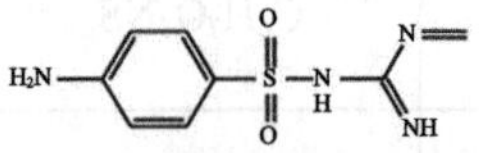
16	$C_8H_{14}O_3N_4S$	247	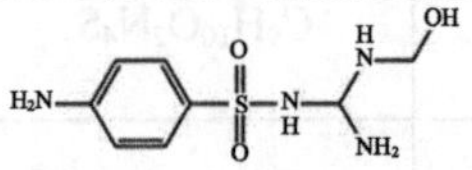
17	$C_7H_8O_4N_4S$	245	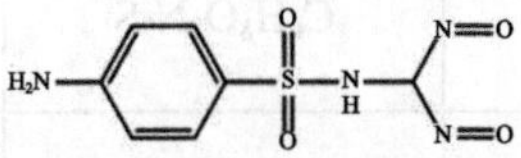
18	$C_7H_{12}O_2N_4S$	217	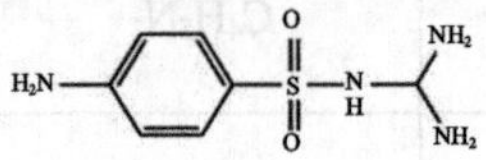
19	$C_7H_8O_6N_4S$	277	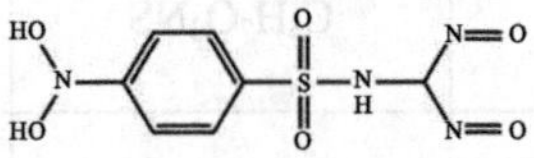
20	$C_7H_{11}O_2N_3S$	$2O_2$	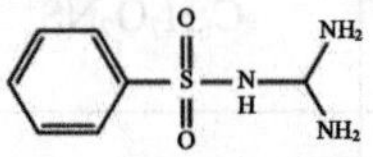

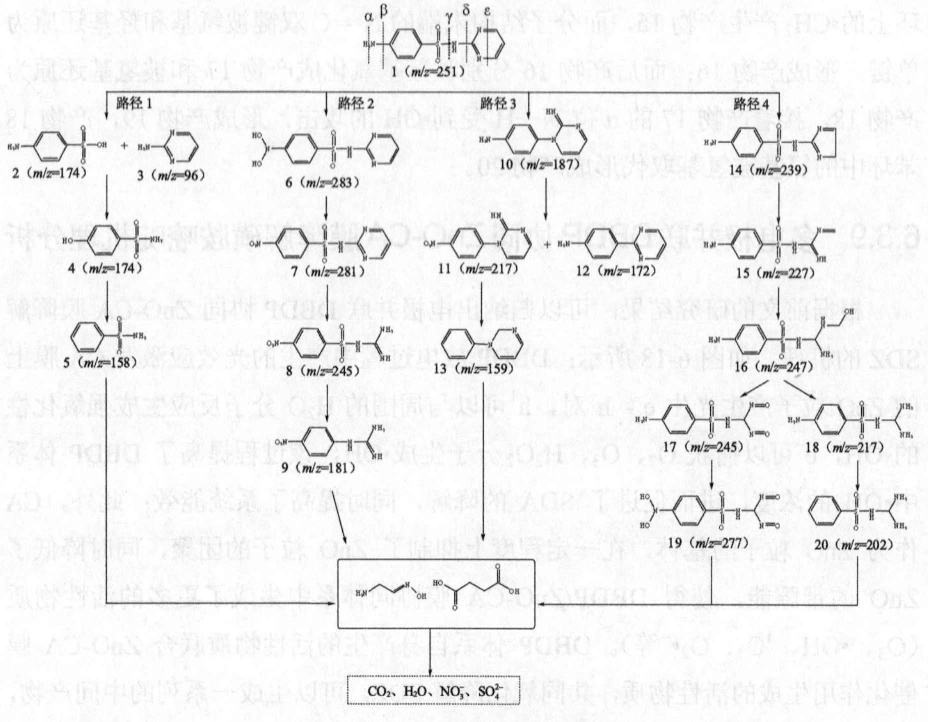

图 6-17　SDZ 可能的降解路径

路径 1：首先，γ 位的 S—N 键被 ROS 攻击而断裂，生成产物 2 和产物 3；之后产物 2 的 β 位 N—C 键和 γ 位 S—N 键断裂，导致氨基和羟基相互取代，生成产物 4；随后产物 4 苯环上的羟基被氢基取代形成产物 5。

路径 2：•OH 与 α 位氨基上发生抽氢取代反应生成产物 6，接着 ROS 攻击 α 位的 N—OH 键，氧化形成硝基，生成产物 7；嘧啶环 ε 位的 N—C 键受到 ROS 攻击形成产物 8，产物 8 在•OH 攻击下断裂 γ 位 S—N 键，之后再聚合取代苯环上的 C—S 键形成产物 9。

路径 3：SDZ 上的磺酰胺受到 ROS 攻击，导致 γ 位的 S—N 键断裂，并经过 Smiles 重排反应生成产物 10；之后苯环上的氨基被•OH 氧化生成产物 11，同时 δ 位的碳碳双键断开，并通过重排生成产物 12；产物 11 断开苯环上的氨基和嘧啶环上的碳碳双键，生成产物 13。

路径 4：SDZ 断开嘧啶环上一个•CH，重组形成产物 14；继续断开原嘧啶环上的•CH_2产生产物 15，而分子结构末端的 N═C 双键被氢基和羟基还原为单键，形成产物 16；而后产物 16 分别被羟基氧化成产物 17 和被氢基还原为产物 18，接着产物 17 的 α 位 N—H 受到•OH 的攻击，形成产物 19，产物 18 苯环中的氨基被氢基取代形成产物 20。

6.3.9　多电极并联 DBDP 协同 ZnO-CA 膜降解磺胺嘧啶机理分析

根据前文的研究结果，可以归纳出电极并联 DBDP 协同 ZnO-CA 膜降解 SDZ 的机理，如图 6-18 所示：DBDP 放电过程中产生的光效应激发 CA 膜上的 ZnO 粒子产生光生 e^-- h^+对，h^+可以与周围的 H_2O 分子反应生成强氧化性的•OH，e^-可以捕获 O_2、O_3、H_2O_2分子生成•OH，该过程提高了 DBDP 体系中•OH 的浓度，进而促进了 SDA 的降解，同时提高了系统能效；此外，CA 作为 ZnO 粒子的基体，在一定程度上抑制了 ZnO 粒子的团聚，同时降低了 ZnO 的带隙能，使得 DBDP/ZnO-CA 膜协同体系中生成了更多的活性物质（O_3、•OH、$^1O_2$、O_2•$^-$等）。DBDP 体系自身产生的活性物质联合 ZnO-CA 膜催化作用生成的活性物质，共同氧化降解 SDZ，可以生成一系列的中间产物，并随着反应时间的延长将其最终矿化为 CO_2、H_2O 和 NO_3^-、SO_4^{2-}等无机离子。

图 6-18　DBDP 协同 ZnO-CA 膜降解 SDZ 的机理

第7章

循环式DBDP/Cu-CeO_2-醋酸纤维素膜协同有机废水处理技术

7.1 Cu-CeO_2-醋酸纤维素膜催化剂

7.1.1 纳米 Cu-CeO_2 的特点及其作为催化剂的应用

随着催化技术的不断发展，近年来，各种贵金属催化剂（noble metals catalysts，NMCs）和过渡金属氧化物催化剂（transition metal oxides catalysts，TMOCs）被用于促进各种有机污染物的降解。与 NMCs（如 Au、Ag、Pt、Pd 等）相比，TMOCs（如 Co_3O_4、Fe_2O_3、MnO_2、CeO_2、CuO、NiO）因活性高、成本低、绿色环保而被广泛应用。在各种 TMOCs 中，二氧化铈（CeO_2）已被应用于多个研究领域，如有机物的合成、挥发性有机物的燃烧、CO 氧化、燃料电池和各种有机分子的转化等。CeO_2 具有优异的储氧能力和酸碱特性，稳定的 Ce^{3+}/Ce^{4+} 氧化还原电位，这使其具有丰富的氧空位（oxygen vacancies，OVs）进而提高了其对可见光的吸收能力。因此，CeO_2 常作为光催化剂应用于有机污染物的降解。此外，在催化 O_3 氧化过程中，CeO_2 优异的电化学和光化学性质可以导致 O_3 的分解和•OH 的原位生成。然而，CeO_2 在实际催化应用过程中也存在一些问题，如光催化中 e^--h^+ 对复合率高、催化氧化中的热稳定性差等，这些都影响了其催化性能。为了克服这些缺陷，掺杂铜离子被认为是一种提高 CeO_2 催化活性和稳定性的有效办法。一方面，Cu^+/Cu^{2+} 与 Ce^{3+}/Ce^{4+} 的离子转换之间存在协同作用，可以提高 CeO_2 界面的氧化还原活性和 OVs；另一方面，铜离子可以捕获光生电子，抑制 e^--h^+ 对复合而提高光生载流子的利用率，进而增强 CeO_2 的光催化活性。

目前，已有学者将 Cu-CeO_2 作为高效催化剂用于气体处理和有机废水的降解，取得了良好的应用效果。如 Zhang 等[109]发现，3.9%铜掺杂的 Cu-CeO_2 具有更大的比表面积和介孔结构，其对 N_2 还原的电催化活性远高于纯的 CeO_2。Ranjith 等[110]的研究表明，7%铜掺杂的 CeO_2 纳米粒子在自然阳光和可见光照射下对亚甲基蓝的降解速率分别为 $1.41\times10^{-2}\ min^{-1}$ 和 $1.12\times10^{-2}\ min^{-1}$，这比未掺杂铜的 CeO_2 和 CuO 纳米粒子分别快 23.5 倍和 1.61 倍。Deng 等采用水热法合成了掺杂铜的 CeO_2 纳米粒子，并对其催化活性进行了研究，结果表明，铜的掺杂增加了 CeO_2 纳米粒子的表面积和 CO 的化学吸附位点，并增强了催化材料 OVs 的存储和转移以及氧化还原能力，这使 Cu-CeO_2 在较低的温度下即可有效地将 CO 转化为 CO_2。

7.1.2 DBDP 与 Cu-CeO_2 耦合形成的催化作用

作为一种复合金属氧化物催化剂，Cu-CeO_2 在催化降解水体有机物过程中表现出优异的性能。其催化作用主要体现在：①具有良好的光催化性能，可在紫外光激发下产生 e^--h^+对，进一步通过与水分子和氧分子的链式反应生成•OH、•O_2^-、$^1O_2$ 等强活性基团；②具备催化 O_3 的性能，其丰富的 OVs 和活性位点可以催化分解 O_3，将其转化为各种 ROS。DBDP 系统放电时会产生多种活性物质和物理效应，但部分氧化电位低或半衰期短的活性物质无法与有机污染物充分反应，且放电产生的紫外光也没有得到有效利用，导致能量损失。将 Cu-CeO_2 引入 DBDP 系统后，不仅可以利用系统产生的光进行光催化作用，还能催化 O_3 分解为氧化性能更强的•OH 等活性基团，形成协同作用，从而有效提升 DBDP 系统能效和有机物降解效果。然而，现有研究中，使用的 Cu-CeO_2 催化剂多为粉体，如果直接将其与 DBDP 系统联用，不便于分离回收，还会造成催化剂的流失和二次污染。因此，可考虑将 Cu-CeO_2 纳米粒子负载于一种绿色环保的基底材料上，使该复合催化剂具有更加良好的稳定性和循环使用性能。CA 即是符合该条件的绿色环保基底材料。

7.2 循环式 DBDP 协同 Cu-CeO_2-CA 复合膜降解环丙沙星的效果研究

通过前期的研究，确定了以 10 目金属网为放电电极的循环式体-沿面复合 DBDP 系统具有较好的有机物处理效果与能量利用率。在此基础上，本节研究以喹诺酮类抗生素中的环丙沙星（ciprofloxacin，CIP）为目标污染物，将 Cu-CeO_2-CA 膜引入该循环式 DBDP 系统中，建立 DBDP/Cu-CeO_2-CA 复合膜协同体系，以期达到污染物的高效降解，并探究 Cu-CeO_2-CA 膜的催化效果。

首先通过水热法合成了 Cu-CeO_2 纳米粒子，而后采用溶剂蒸发法制备了

$Cu-CeO_2-CA$ 膜，并使用多种表征技术对 $Cu-CeO_2-CA$ 复合膜进行表征，以确定该复合膜的成功制备。其次考察不同 DBDP/$Cu-CeO_2-CA$ 复合膜协同体系中 CIP 的降解和系统能效，以确定 $Cu-CeO_2-CA$ 膜的协同催化作用，并在此基础上考察 $Cu-CeO_2$ 负载量对 CIP 降解效果的影响；在获得最优的 $Cu-CeO_2-CA$ 复合膜催化剂添加条件后，对 $Cu-CeO_2-CA$ 复合膜催化剂添加前后 DBDP 系统的放电特性进行分析，并研究溶液初始 pH 对 CIP 降解的影响规律，以及降解过程中溶液紫外-可见吸收光谱的变化。最后考察 $Cu-CeO_2-CA$ 膜的循环使用性能和稳定性。

7.2.1　$Cu-CeO_2-CA$ 复合膜的催化作用

图 7-1 为循环式 DBDP 协同不同 $Cu-CeO_2-CA$ 复合膜催化剂对 CIP 的降解作用，以及不同协同体系中 CIP 降解的动力学分析结果和系统能效计算结果。研究中，设定 CIP 的初始浓度为 20 mg/L，施加的电压为 5.5 kV，载气为空气，流速为 0.5 L/min，溶液的循环速度为 333 mL/min，反应时间为 40 min，每间隔 10 min 取样 1 次。

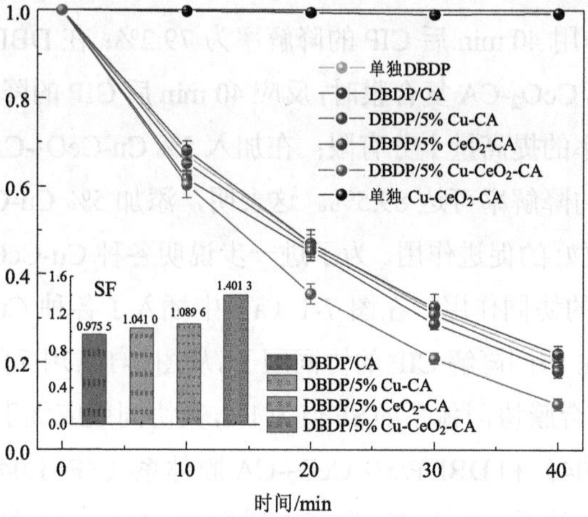

（a）CIP 的去除和 SF 值

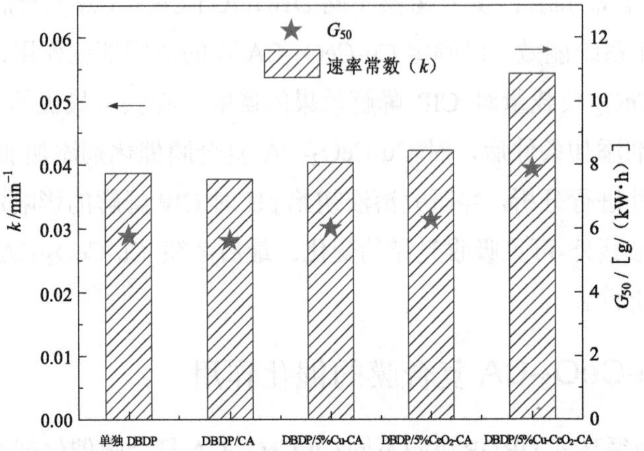

（b）动力学分析及系统能效

图 7-1　不同协同体系中 CIP 的降解

如图 7-1（a）所示，反应 40 min 后，5% Cu-CeO_2-CA 复合膜对 CIP 的吸附率仅为 0.7%，因此可以忽略 Cu-CeO_2-CA 复合膜的吸附作用；在单独 DBDP 体系中，放电作用 40 min 后 CIP 的降解率为 79.2%；在 DBDP 体系中加入 5% Cu-CA 膜和 5% CeO_2-CA 复合膜时，反应 40 min 后 CIP 的降解率分别为 80.8% 和 82%，降解率的提高量十分有限；在加入 5% Cu-CeO_2-CA 复合膜后，反应 40 min 后 CIP 的降解率可达 89.5%。这表明，添加 5% Cu-CeO_2-CA 复合膜对 CIP 的去除有更好的促进作用。为了进一步说明各种 Cu-CeO_2-CA 复合膜催化剂与 DBDP 间的协同作用，在图 7-1（a）中插入了各种 Cu-CeO_2-CA 复合膜催化剂与 DBDP 协同降解 CIP 的协同因子。从图 7-1(a)中可以看出，DBDP/5% Cu-CeO_2-CA 复合膜协同体系的 SF 值为 1.4，其协同效应优于 DBDP/5% Cu-CA 膜体系（SF=1.04）和 DBDP/5% CeO_2-CA 膜体系（SF=1.041）。如图 7-1（b）所示，在 DBDP 体系中加入 5% Cu-CA 膜和 5% CeO_2-CA 复合膜后，CIP 降解动力学常数从单独 DBDP 体系中的 0.038 75 min^{-1} 提高到 0.040 34 min^{-1} 和 0.042 22 min^{-1}。而加入 5% Cu-CeO_2-CA 膜后，CIP 降解动力学常数进一步提高到 0.054 3 min^{-1}，分别为单独 DBDP 体系、DBDP/5% Cu-CA 体系和

DBDP/5% CeO_2-CA 体系中的1.4倍、1.35倍和1.29倍。

以上分析结果表明5% Cu-CeO_2-CA膜具有复合催化活性。其原因是一方面，在DBDP放电过程中形成的光子可以通过与氧化铈的相互作用，诱导 e^--h^+ 对的形成，从而促进反应体系中ROS的生成；另一方面，CeO_2 表面的OVs可以通过吸附和臭氧分解产生额外的•OH。此外，Cu离子的引入可以增强 CeO_2 表面的化学吸附位点，引发其结构缺陷和OVs，以及相应的协同效应。不同反应体系的 G_{50} 分析结果如图7-1（b）所示，在DBDP/5% Cu-CeO_2-CA协同体系中 G_{50} 可达7.88 g/（kW·h），比单独DBDP体系高出36.8%。

7.2.2　Cu-CeO_2 的负载量的影响

为了探究能使Cu-CeO_2-CA复合膜发挥出最佳催化效果的Cu-CeO_2 纳米颗粒负载量，本节考察了Cu-CeO_2 纳米粒子负载量分别为3%、5%和7%的Cu-CeO_2-CA复合膜催化剂协同DBDP对CIP的降解效果和反应速率常数的影响，并与单独DBDP体系中的结果进行对比，结果如图7-2所示。

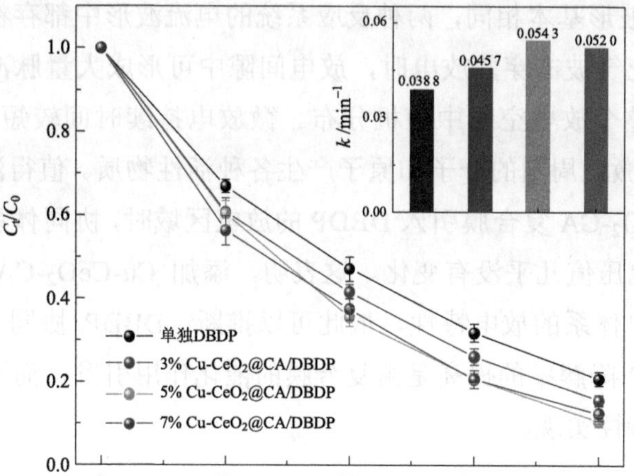

图7-2　Cu-CeO_2 负载量对CIP降解效果和反应速率常数的影响

从图 7-2 中可以看出，随着 Cu-CeO_2 负载量的增加，CIP 的降解效果呈先上升后下降的趋势，当 Cu-CeO_2 纳米粒子的负载量为 5%时，CIP 的降解率达到最高(89.5%)。不同反应体系中 CIP 降解的动力学常数如图 7-2 的插图所示，当 Cu-CeO_2 的负载量为 3%、5%和 7%时，相应的动力学常数分别为 0.045 7 min^{-1}、0.054 3 min^{-1} 和 0.052 0 min^{-1}，这与 CIP 降解率的变化趋势一致。负载少量的 Cu-CeO_2-CA 膜（3%）催化剂上的活性位点相对较少，影响其催化效果；而负载量较高的 Cu-CeO_2-CA 膜（7%）催化剂上会形成 Cu-CeO_2 纳米粒子的团聚，影响复合膜的比表面积，进而影响其催化效果。以上研究结果表明，5%的 Cu-CeO_2-CA 复合膜具有最佳的催化效果，相应的系统能效也较高。因此，在接下来的研究中，均使用 5% Cu-CeO_2-CA 的复合膜开展相关研究。

7.2.3 系统放电特性分析

对单独 DBDP 系统和 DBDP/Cu-CeO_2-CA 协同体系施加 5.5 kV 电压，相应的电压-电流波形图如图 7-3 所示。从图中可以看出，两种反应体系中的电压-电流波形基本相同，两种反应系统的电流波形中都存在一些间歇电流脉冲。当空气被击穿并放电时，放电间隙中可形成大量脉冲电流细丝，这些细丝在整个放电空间中随机分布。微放电持续时间较短一般为 10～100 ns，可以激发周围的分子和原子产生各种活性物质。值得注意的是，当将 5% Cu-CeO_2-CA 复合膜引入 DBDP 的放电区域时，协同体系中的微放电次数和峰值电压值几乎没有变化。这表明，添加 Cu-CeO_2-CA 膜并不改变介质阻挡放电体系的放电特性。依此可以推断，DBDP 协同 Cu-CeO_2-CA 复合膜对 CIP 降解率的提高是由复合膜的催化作用引发，而不是通过改变系统的放电特性实现。

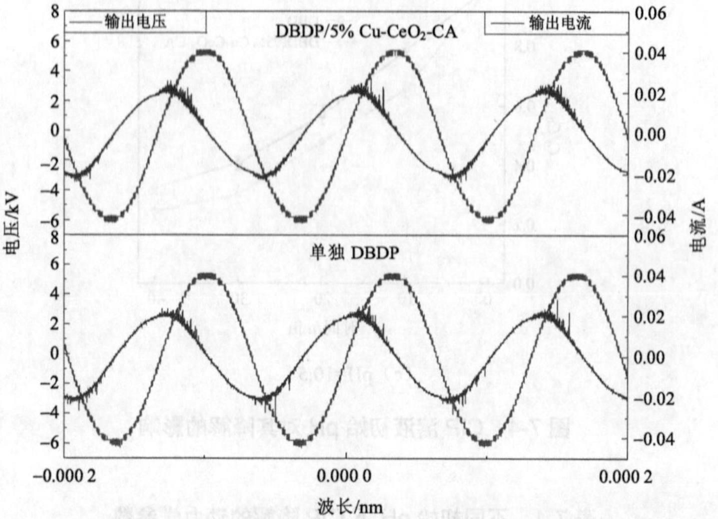

图 7-3　Cu-CeO$_2$-CA 复合膜添加前后 DBDP 系统内的电压、电流波形图

7.2.4　溶液初始 pH 对环丙沙星降解效果的影响

本研究选取了 3 个 pH 梯度，即 3.3、7.1 和 10.5，考察 CIP 在不同初始 pH 溶液中的降解情况。通过测定，CIP 溶液在调节前的初始 pH 为 4.72，其他梯度的 pH 通过 0.1 mol/L HCl 溶液和 0.1 mol/L NaOH 溶液进行调节，研究结果列于图 7-4 和表 7-1 中。

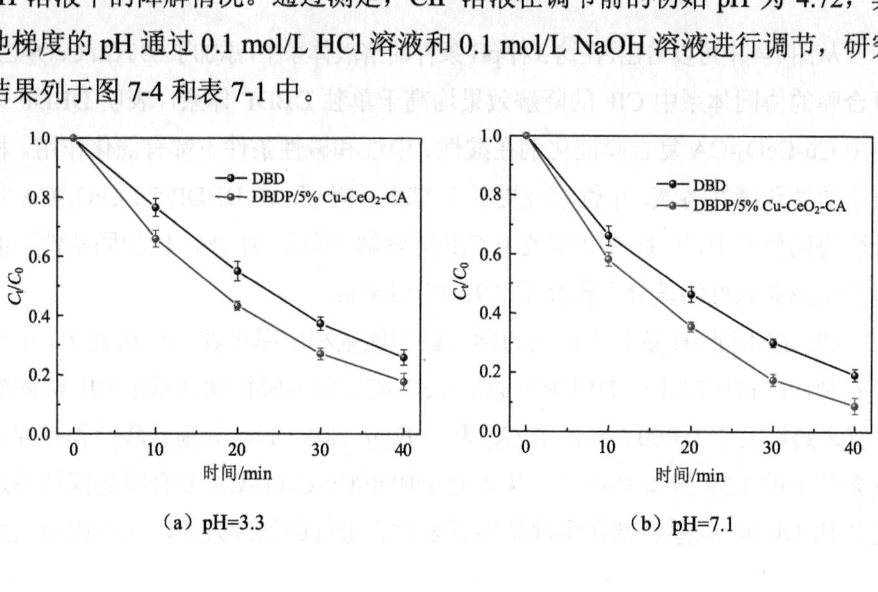

（a）pH=3.3　　（b）pH=7.1

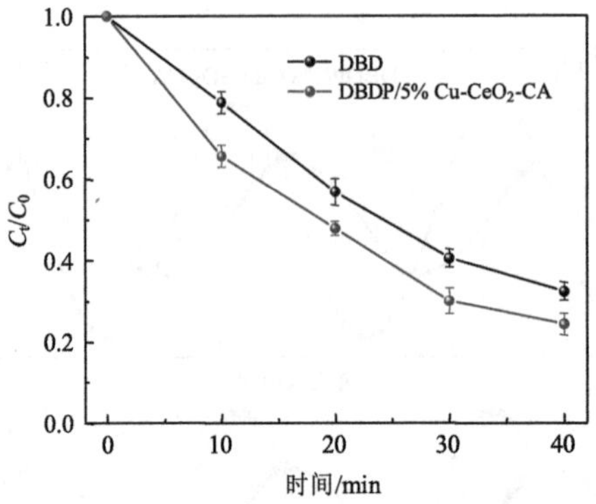

（c）pH=10.5

图 7-4 CIP 溶液初始 pH 对其降解的影响

表 7-1 不同初始 pH 下 CIP 降解的动力学参数

溶液 pH	DBDP 体系		DBDP/5% $Cu-CeO_2-CA$ 协同体系	
	动力学常数 k / min^{-1}	能量利用率 G_{50} /［g/（kW·h）］	动力学常数 k / min^{-1}	能量利用率 G_{50} /［g/（kW·h）］
3.3	0.034 2	5.04	0.043 5	6.41
7.1	0.040 9	6.02	0.060 6	8.92
10.5	0.029 2	4.3	0.036 2	5.33

从图 7-4 中可以看出，在这 3 种 pH 条件的溶液体系中，添加了 5% $Cu-CeO_2-CA$ 复合膜的协同体系中 CIP 的降解效果均高于单独 DBDP 体系，表明 DBDP 体系中 $Cu-CeO_2-CA$ 复合膜催化剂在酸性、中性和碱性条件下都有催化作用。相较于酸性和碱性溶液，中性溶液更益于 CIP 的降解。在 DBDP/$Cu-CeO_2-CA$ 复合膜协同体系中，中性 CIP 溶液中 CIP 的降解率可达 91.2%，比相同条件下的酸性溶液和碱性溶液分别提高了 8.9%和 15.4%。

CIP 在不同 pH 条件下的动力学常数和能量利用率见表 7-1。从表 7-1 中可以看到，在 pH=7.1 时，DBDP/5% $Cu-CeO_2-CA$ 复合膜协同体系中 CIP 降解的 k 值达到最大值 0.060 6 min^{-1}，G_{50} 为 8.92 g/（kW·h），分别是酸性和碱性溶液条件下的 1.39 倍和 1.67 倍。无论是 DBDP/$Cu-CeO_2-CA$ 复合膜协同体系还是单独 DBDP 体系，都在中性条件下表现出最好的处理效果，这是因为在酸性条件下，•OH 会与 H^+反应，从而消耗一定数量的活性自由基（反应式 7.1）。此外，酸性溶液条件下，O_3的氧化作用以直接氧化为主，但 O_3的氧化能力低于•OH；而在碱性条件下，溶液中的碳酸盐离子和碱性离子会与 DBDP 放电产生的•OH 发生相互作用，从而消耗•OH，影响 CIP 的降解。

$$\cdot OH + H^+ + e^- \longrightarrow H_2O \tag{7.1}$$

7.2.5　反应过程中环丙沙星溶液紫外-可见吸收光谱的变化

图 7-5 为添加和不添加 5% Cu-CeO_2-CA 复合膜的条件下，原始 CIP 溶液及其在各个处理时间段溶液的紫外-可见吸收光谱图。从图 7-5 中可以看出，CIP 分子在 261 nm 处有一个初级吸收峰，在 325 nm 处有一个二级吸收峰，这与苯基团的结构有关。单一苯环所引起的 B 吸收带位于 250～300 nm 的位置。当分子中存在多个共轭苯时，B 吸收带扩大到 350 nm。随着反应时间的延长，在这两个反应体系中对应的两个吸收峰的强度均逐渐降低，表明 CIP 得到了有效降解。同时，在 200 nm 左右的吸收强度有所增加，表明 CIP 分子被破坏并产生新的降解副产物。此外，在 DBDP/5% Cu-CeO_2-CA 复合膜协同体系中溶液主峰的下降速度快于单独 DBDP 体系，这表明 5% Cu-CeO_2-CA 复合膜添加所引发的催化作用能够促进反应体系中 CIP 的降解。

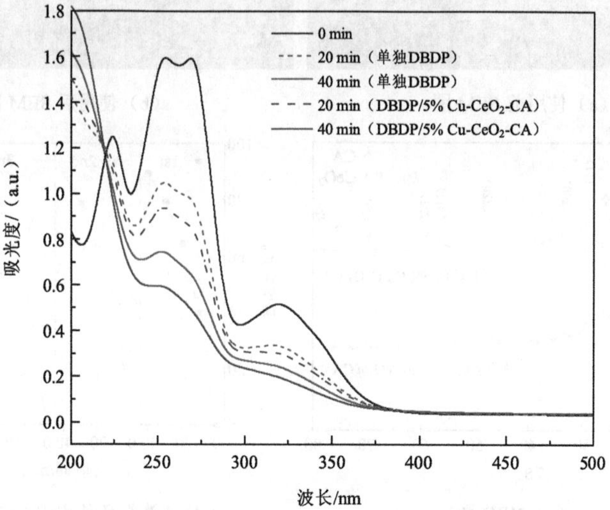

图 7-5　CIP 降解的紫外-可见光谱分析

7.2.6　$Cu-CeO_2$-CA 复合膜稳定性测试

为了验证 $Cu-CeO_2$-CA 复合膜催化剂的稳定性和重复使用性能，本研究在相同实验条件下，对 DBDP 系统添加相同的 5% $Cu-CeO_2$-CA 复合膜进行了 4 次循环实验。每次实验结束后，从反应器中取出复合膜，用去离子水清洗，然后在空气中干燥后用于后续的循环试验，结果见图 7-6。如图 7-6（d）所示，5%的 $Cu-CeO_2$-CA 复合膜经过 4 次循环使用后，反应 40 min 后 CIP 的降解率仅降低了 2.4%，说明该复合膜具有一定的循环使用性能。此外，对比 5% $Cu-CeO_2$-CA 复合膜使用前后的 SEM 图［图 7-6（a）、（b）］，可发现复合膜经过 4 次实验后表面形貌并没有明显变化；同时，5% $Cu-CeO_2$-CA 复合膜连续 4 次循环使用后的 XRD 图谱与原始样品基本相同［图 7-6（c）］，这说明该复合膜催化剂在循环使用后仍具有较高的结晶度。

（a）使用前 SEM 图

（b）使用后 SEM 图

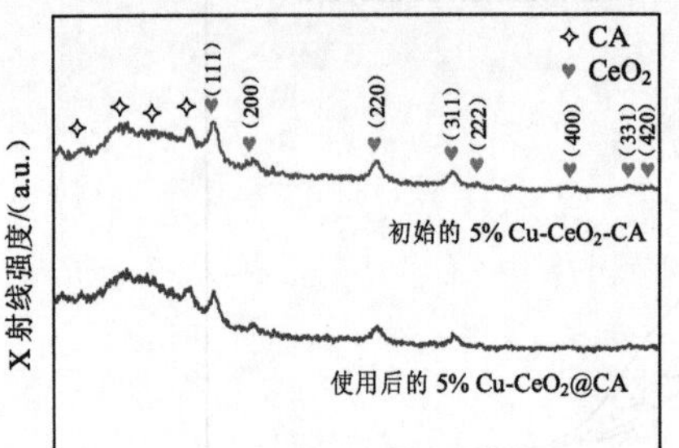

（c）XRD 图

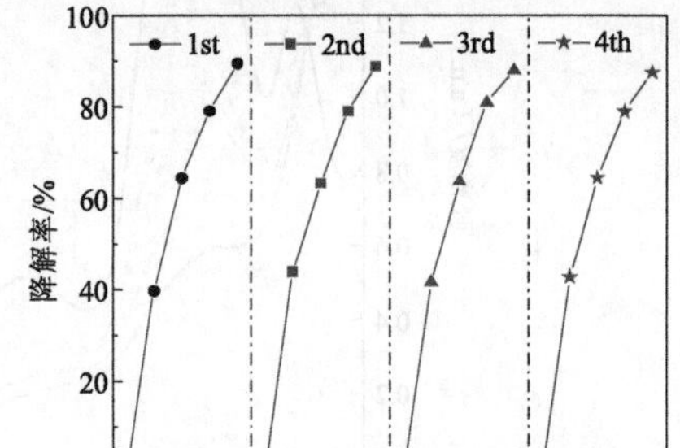

（d）4 次循环使用中 CIP 的降解

图 7-6　$Cu-CeO_2$-CA 复合膜循环使用次数的影响

7.3 循环式 DBDP 协同 $Cu-CeO_2$-CA 复合膜降解环丙沙星的机理研究

本节主要研究循环式 DBDP 协同 5% $Cu-CeO_2$-CA 复合膜降解 CIP 的作用机理。首先，考察了 $Cu-CeO_2$-CA 复合膜添加前后 CIP 溶液在反应系统降解过程中 pH、电导率、TOC、COD 的变化；其次，测定了单独 DBDP 与 DBDP/5% $Cu-CeO_2$-CA 协同体系在去离子水中生成的 O_3 和 H_2O_2 的浓度变化；再次，通过活性物质捕获实验和 ESR 波谱扫描，分析确定了促进 CIP 降解的主要活性物质，并采用三维荧光光谱和 LC-MS 对 CIP 降解过程中的中间产物进行测定和分析，推测出 CIP 可能的降解路径；最后，使用毒性分析软件（TEST）对 CIP 及其副产物进行毒性评估，并对 DBDP/$Cu-CeO_2$-CA 协同体系降解 CIP 的机理进行了总结。

7.3.1 反应过程中环丙沙星溶液 pH 和电导率的变化

为了初步探究 CIP 的降解过程，本节对 DBDP 体系添加 5%的 $Cu-CeO_2$-CA 复合膜前后 CIP 溶液的 pH 和电导率进行了测定，结果如图 7-7 所示。

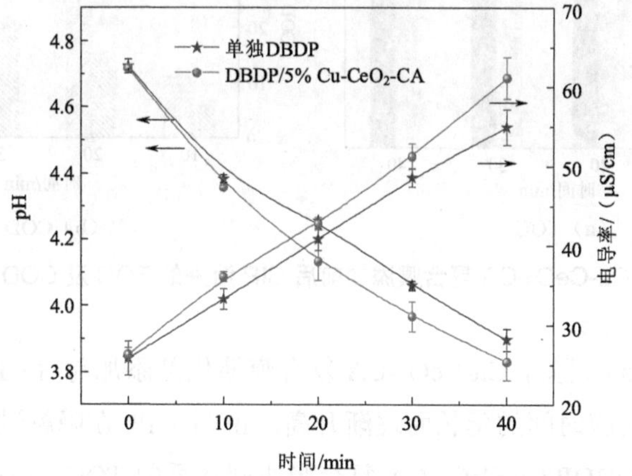

图 7-7　不同反应体系中溶液 pH 和电导率随反应时间的变化

如图 7-7 所示，单独 DBDP 和 DBDP/$Cu-CeO_2$-CA 复合膜协同体系这两个反应体系中的 CIP 溶液 pH 均随着处理时间的延长而降低，而溶液电导率的变化呈相反的变化趋势。这是因为在放电过程中，空气中的 N_2 与放电过程中形成的高能电子发生碰撞，形成氮自由基，进入水溶液后进一步转化为硝酸盐和亚硝酸盐。此外，CIP 的矿化过程中还可以产生一些酸性物质和无机离子。这一系列反应导致 CIP 溶液 pH 降低、电导率上升。而复合膜催化剂的加入可以诱导反应体系中有更多的 ROS 生成，从而加速了 CIP 的矿化，促进了酸性物质的累积。因此，在 DBDP/Cu-CeO_2-CA 复合膜协同体系中，溶液 pH 和电导率的变化更为明显。

7.3.2 CIP 溶液 COD 与 TOC 去除效果分析

为了探究 CIP 溶液在不同反应体系中降解过程中的矿化程度，对 DBDP 体系添加 Cu-CeO_2-CA 复合膜催化剂前后 CIP 溶液的 COD 和 TOC 进行了测定，并计算相应的去除率，结果如图 7-8 所示。

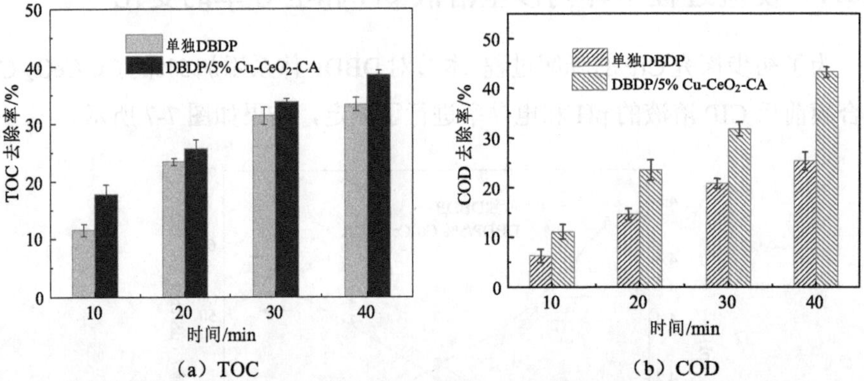

(a) TOC　　(b) COD

图 7-8　Cu-CeO_2-CA 复合膜添加前后 CIP 溶液的 TOC 及 COD 去除率

由图 7-8（a）可知，Cu-CeO_2-CA 复合膜催化剂添加前后 CIP 溶液的 TOC 去除率均随着反应时间的延长而逐渐升高，说明 CIP 在降解过程中发生了氧化和分解。在 DBDP/Cu-CeO_2-CA 复合膜协同体系中 TOC 的去除率高于单独 DBDP 体系，表明 5% Cu-CeO_2-CA 膜与 DBDP 的耦合可以促进 CIP 的矿化。这两个反应体系对 CIP 溶液 COD 的去除情况如图 7-8（b）所示，可以看出，放电处理 40 min 后，DBDP/Cu-CeO_2-CA 复合膜协同体系中 CIP 溶液的 COD

去除率比单独 DBDP 体系高出 17.95%。不同反应体系中 CIP 溶液 TOC 和 COD 的去除结果表明，Cu-CeO_2-CA 复合膜催化剂的引入可以和 DBDP 产生协同效应，促进 CIP 的降解和矿化，提高 CIP 溶液的可生化性。

7.3.3 H_2O_2 和 O_3 浓度变化

为了研究 Cu-CeO_2-CA 复合膜对 DBDP 系统中活性物种生成的影响，本节比较了 Cu-CeO_2-CA 复合膜加入前后去离子水中 O_3 和 H_2O_2 浓度的变化。实验中的溶液为去离子水，结果见图 7-9。

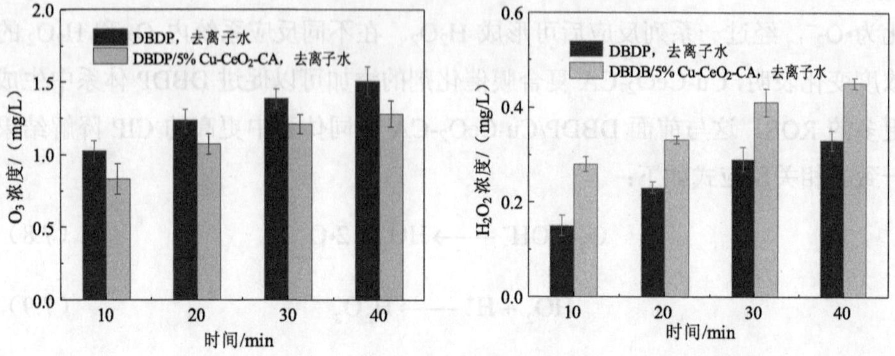

（a）O_3　　（b）H_2O_2

图 7-9　Cu-CeO_2-CA 膜添加前后 O_3 和 H_2O_2 浓度的变化

由图 7-9（a）可知，反应 40 min 后，单独 DBDP 体系中 O_3 的浓度为 1.506 mg/L，DBDP/Cu-CeO_2-CA 复合膜协同体系中 O_3 浓度下降到 1.282 mg/L，这表明，Cu-CeO_2-CA 复合膜的加入可以加速 O_3 的分解。其原因主要是等离子体诱导 Cu-CeO_2-CA 复合膜催化剂形成了 e^--h^+对，e^-可以与 O_3 分子反应生成•OH。此外，等离子体中的高能电子可以与 Ce^{4+}相互反应产生 Ce^{3+}离子，从而促使 OVs 的增强和 O_3 的进一步分解。相关反应式如下：

$$CeO_2 + hv \xrightarrow{\text{等离子体}} e_{CB}^- + h_{VB}^+ \tag{7.2}$$

$$O_3 + e_{CB}^- \longrightarrow \bullet O_3^- \tag{7.3}$$

$$\bullet O_3^- + H^+ \longrightarrow \bullet HO_3 \tag{7.4}$$

$$Ce^{4+} + e^-_{CB} \longrightarrow Ce^{3+} \tag{7.5}$$

$$Ce^{3+} + O_3 + H^+ \longrightarrow Ce^{4+} + \bullet HO_3 \tag{7.6}$$

$$\bullet HO_3 \longrightarrow \bullet OH + O_2 \tag{7.7}$$

如图 7-9（b）所示，在 DBDP 体系中加入 5% Cu-CeO_2-CA 的复合膜后，H_2O_2 的浓度增加，高于同时间点单独 DBDP 反应体系中获得的结果。反应 40 min 后，DBDP/Cu-CeO_2-CA 复合膜协同体系中 H_2O_2 的浓度增加了 0.12 mg/L。这主要是由于在复合膜表面发生的催化臭氧化过程形成了•OH，进而生成了 H_2O_2。此外，Cu-CeO_2-CA 复合膜上的 OVs 可以促进对 O_2 的吸附，并将其转化为$\bullet O_2^-$，经过一系列反应后可形成 H_2O_2。在不同反应系统内 O_3 和 H_2O_2 的浓度变化表明，Cu-CeO_2-CA 复合膜催化剂的添加可以促进 DBDP 体系中生成更多的 ROS，这与前面 DBDP/Cu-CeO_2-CA 协同体系中更高的 CIP 降解结果一致。相关反应式如下：

$$O_3 + OH^- \longrightarrow HO_2^- + 2\bullet O \tag{7.8}$$

$$HO_2^- + H^+ \longrightarrow H_2O_2 \tag{7.9}$$

$$\bullet O + H_2O \longrightarrow 2\bullet OH \tag{7.10}$$

$$Ce^{3+} + OVs + O_2 \longrightarrow Ce^{4+} + \bullet O_2^- \tag{7.11}$$

$$\bullet O_2^- + H_2O \longrightarrow \bullet HO_2 + OH^- \tag{7.12}$$

$$\bullet HO_2 + H_2O \longrightarrow H_2O_2 + OH^- \tag{7.13}$$

7.3.4 捕收剂添加实验

为了探讨不同活性物质在 DBDP/Cu-CeO_2-CA 复合膜协同体系中对 CIP 降解的贡献，本研究使用三乙烯二胺（TEDA，2 mmol/L）、磷酸二氢钠（NaH_2PO_4，3 mmol/L）、对苯醌（p-BQ，0.3 mmol/L）和叔丁醇（TBA，3 mmol/L）分别作为 $^1O_2$、电子（e^-）、$\bullet O_2^-$、•OH 的捕收剂，初步考察 DBDP/Cu-CeO_2-CA 协同体系中捕收剂的添加对 CIP 降解的影响。需要说明的是，TBA 是一种较强的•OH 捕获剂，但由于其表面亲和力较差，不能捕获吸附的•OH（OHads，吸附在复合膜表面的•OH），因此，TBA 可以用来捕获溶液中的游离的•OH，结果如图 7-10 所示。

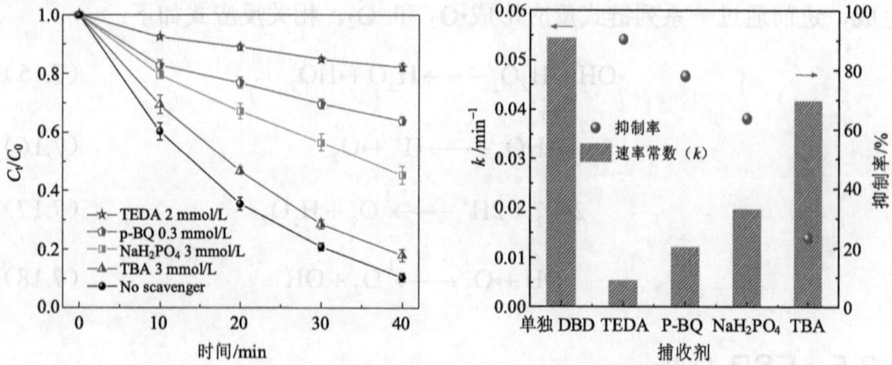

（a）CIP 去除率　　（b）反应速率常数和抑制效率

图 7-10 捕收剂添加对 CIP 降解的影响

由图 7-10（a）可知，在 DBDP/Cu-CeO_2-CA 复合膜协同体系中分别加入 TBA、NaH_2PO_4、p-BQ 和 TETA 后，CIP 的降解率从 89.5%分别降至 82%、54.8%、36.1%和 17.8%。当 TBA 作为捕收剂时，CIP 降解率的下降量相对较少（7.5%），这表明 O_3 催化分解时只形成少量的游离•OH。从图 7-10（b）中可以看到，加入 TEDA 后，CIP 降解过程中的 k 值下降了 90%（从 0.054 3 min^{-1} 下降到 0.005 3 min^{-1}）；加入 p-BQ 后，CIP 降解的 k 值下降了 78%（从 0.054 3 min^{-1} 下降到 0.012 0 min^{-1}）；加入 NaH_2PO_4 后，CIP 降解的 k 值下降了 63%（从 0.054 3 min^{-1} 下降到 0.02 min^{-1}）；这表明 $^1O_2$、•O_2^- 和 e^- 在反应系统中对 CIP 的降解起着关键作用。此外，本节还通过计算抑制效率（I_n，%）来评估不同自由基的贡献，计算公式如下。

$$I_n = \frac{k_0 - k_n}{k_0} \times 100 \tag{7.14}$$

式中，k_0 为未添加捕获剂时 DBDP/Cu-CeO_2-CA 协同体系中 CIP 降解的反应速率常数；k_n 为添加不同活性物质捕获剂时 DBDP/Cu-CeO_2-CA 协同体系 CIP 降解的反应速率常数。

由图 7-10（b）可以看出，当添加 p-BQ 或 TEDA 时，反应系统对 CIP 降解的抑制率较高，因此，$^1O_2$ 和$\cdot O_2^-$对 CIP 降解的贡献最大。这是因为在 DBDP/Cu-CeO_2-CA 复合膜协同体系中 CeO_2 的催化作用可以促进•OH 和 H_2O_2 的生成，进而通过一系列链式反应形成$\cdot O_2^-$和 $^1O_2$。相关反应式如下：

$$\cdot OH + H_2O_2 \longrightarrow H_2O + \cdot HO_2 \tag{7.15}$$

$$\cdot HO_2 \longrightarrow H^+ + \cdot O_2^- \tag{7.16}$$

$$2\cdot O_2^- + 2H^+ \longrightarrow {}^1O_2 + H_2O_2 \tag{7.17}$$

$$\cdot OH + \cdot O_2^- \longrightarrow {}^1O_2 + OH^- \tag{7.18}$$

7.3.5 ESR 分析

为了进一步验证 DBDP/Cu-CeO_2-CA 协同体系中主要活性物质的存在，本节通过在 DBDP/Cu-CeO_2-CA 协同体系添加自旋捕获试剂 DMPO 和 TEMP 进行 ESR 分析。实验以去离子水作为检测溶液，结果显示见图 7-11。

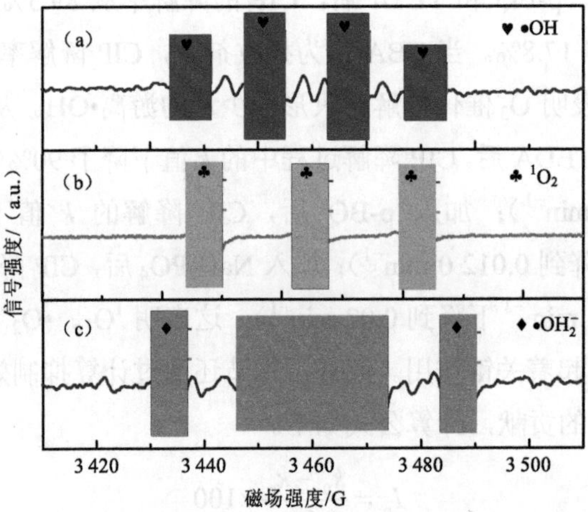

（a）DMPO/•OH；（b）TEMP/$^1O_2$；（c）DMPO/$\cdot O_2^-$

图 7-11 DBDP/Cu-CeO_2-CA 协同体系中的 ESR 图谱

由图 7-11（a）可知，在 DBDP/Cu-CeO_2-CA 协同体系中可以观察到特征峰比例为 1∶2∶2∶1 的 DMPO-OH 加合物信号，这代表溶液中存在•OH（游离和/或吸附）。从图 7-11（b）中可以看到，在加入 TEMP 后，ESR 图谱上出现了一个典型的三重态 TEMP-$^1O_2$ 特征峰（比例为 1∶1∶1），这证明协同体系中产生了 $^1O_2$。由于甲醇可以作为•OH 的清除剂（约 109 $M^{-1}s^{-1}$），因此，为了避免溶液中•OH 的干扰，采用甲醇代替去离子水作为目标溶液，用以检测•O_2^-的存在，从而延长了•O_2^-的存在时间。从图 7-11（c）的 ESR 图谱中可以观察到特征峰比例为 1∶1∶1∶1∶1∶1 的 DMPO-•O_2^-加合物信号，这也验证了 DBDP/Cu-CeO_2-CA 协同体系中存在•O_2^-。对 DBDP/Cu-CeO_2-CA 的 ESR 分析进一步验证了 7.3.4 节中关于主要活性自由基贡献的结论。

7.3.6　三维荧光光谱分析

为了深入研究 CIP 降解过程，采用三维荧光光谱（3DEEM）对 CIP 溶液中有机物质的荧光信息进行了检测。在荧光光谱中不同区域所显示的荧光代表有机分子的不同组成成分，有机化合物的含量可以用荧光强度来表示。实验总反应时间为 40 min，每隔 20 min 取样 1 次。图 7-12 列出了单独 DBDP 体系和 DBDP/Cu-CeO_2-CA 复合膜协同体系在不同处理时间下 CIP 溶液的三维荧光光谱变化以及相应的定量分析结果。

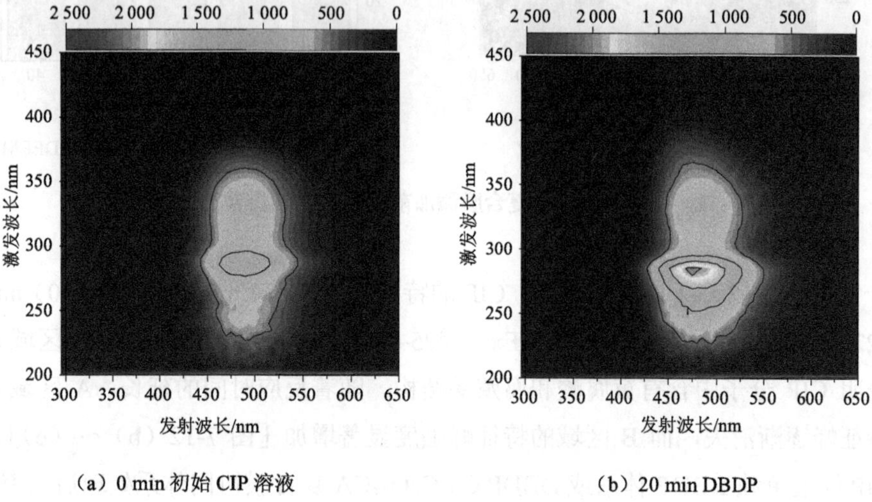

（a）0 min 初始 CIP 溶液　　（b）20 min DBDP

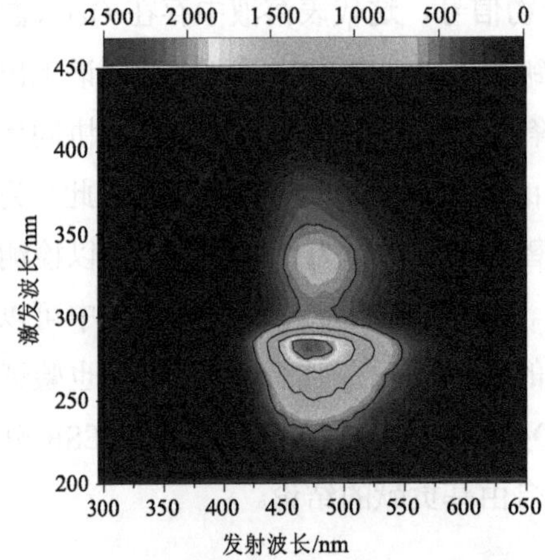

（c）40 min DBDP

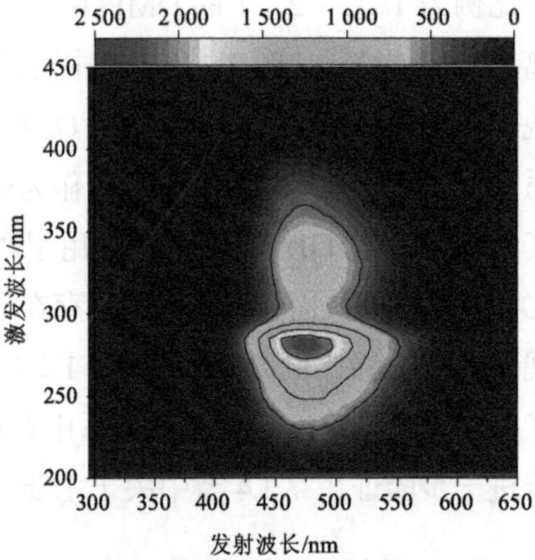

（d）20 min 5% Cu-CeO$_2$@CA/DBDP

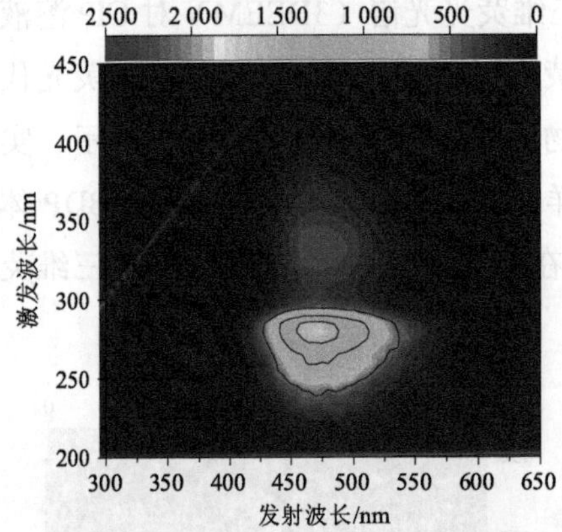

（e）40 min 5% Cu-CeO$_2$@CA/DBDP

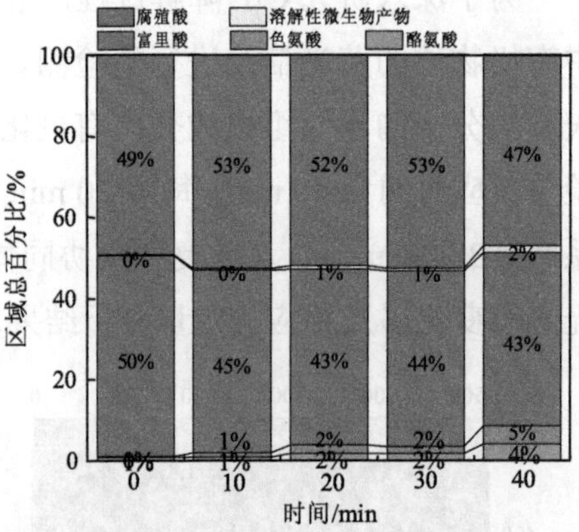

（f）Quantitative analysis of the 3DEEM

图 7-12　Cu-CeO$_2$-CA 复合膜添加前后 CIP 的三维荧光光谱分析

从图 7-12（a）中可以看出，CIP 的特征峰出现在 Em/Ex=（425–550）nm/（225–300）nm（A 区域）和 Em/Ex=（425–550）nm/（300–375）nm（B 区域），表明 CIP 分子中含有黄腐酸和腐殖酸结构。随着反应时间的延长，A 区域的特征峰逐渐消失，而 B 区域的特征峰强度显著增加［图 7-12（b）～（e）］。CIP 经过单独 DBDP 体系或 DBDP/Cu-CeO$_2$-CA 复合膜协同体系处理后，溶液中腐殖酸和黄腐酸的总百分比下降，色氨酸、酪氨酸和可溶性微生物产物的总百分比增加，对荧光光谱相应的定量分析结果也证明了这一点[图 7-12(f)]。结果表明，CIP 在降解过程中分子结构被破坏，形成了具有新的结构性质的中间体，经过 40 min 处理后，DBDP/Cu-CeO_2-CA 协同体系中 A 区域的荧光光谱基本消失，B 区域的峰值强度明显降低，这表明 CIP 和中间体分子中的共轭杂环结构被分解或矿化。对不同反应体系 CIP 溶液降解过程的三维荧光光谱的分析证明了 Cu-CeO_2-CA 复合膜催化剂的催化作用，其可以与 DBDP 形成协同作用，促成 CIP 的深度降解。

7.3.7　环丙沙星降解路径及产物毒性分析

为了进一步明确 CIP 在 DBDP/Cu-CeO_2-CA 复合膜协同体系中降解氧化生成的中间产物，研究采用 LC-MS 对反应系统中不同时间段的 CIP 样品进行检测分析。研究分析得出的 CIP 在 DBDP/Cu-CeO_2-CA 复合膜协同体系中降解的中间产物总结在表 7-2 中。根据分析结果，初步推测了 CIP 3 种可能的降解途径，如图 7-13 所示。

表 7-2　CIP 降解的主要中间产物

化合物	分子式	质荷比（m/z）	化学结构
CIP	$C_{17}H_{18}FN_3O_3$	332	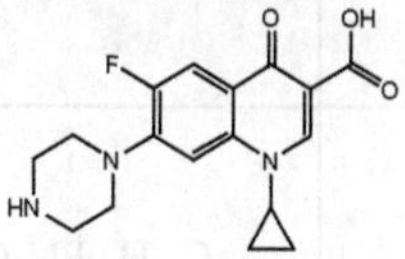
P1	$C_{17}H_{19}N_3O_4$	330	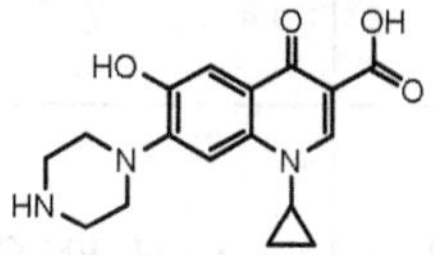
P2	$C_{15}H_{17}N_3O_4$	304	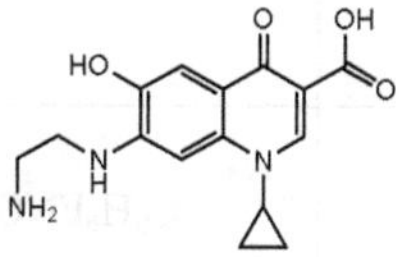

化合物	分子式	质荷比（*m/z*）	化学结构
P3	$C_9H_8N_2O_2$	177	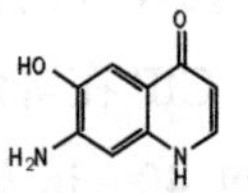
P4	$C_{17}H_{18}FN_3O_4$	348	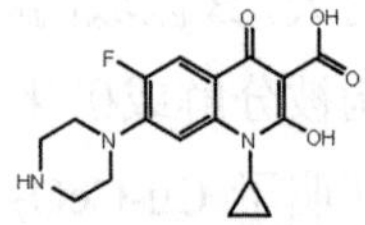
P5	$C_{17}H_{19}N_3O_6$	362	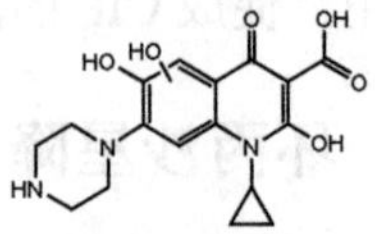
P6	$C_{16}H_{19}N_3O_5$	334	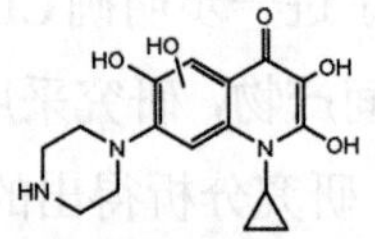
P7	$C_{17}H_{16}FN_3O_5$	362	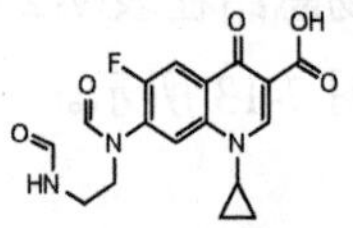
P8	$C_{16}H_{16}FN_3O_4$	334	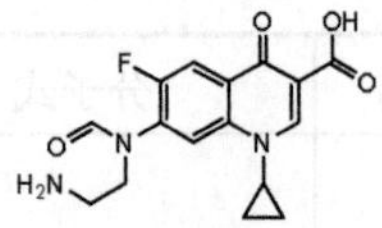
P9	$C_{14}H_{11}FN_2O_4$	291	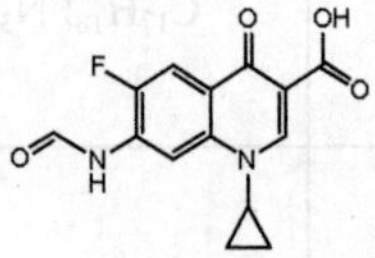
P10	$C_{13}H_{11}FN_2O_3$	263	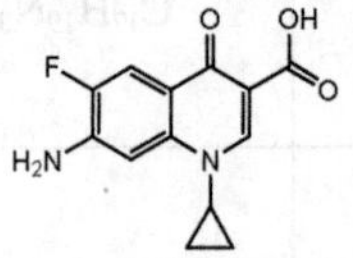
P11	C_9H_6FNO	164	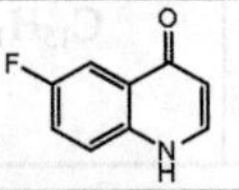

化合物	分子式	质荷比（m/z）	化学结构
P12	$C_7H_7NO_3$	156	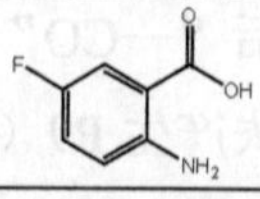
P13	C_6H_6FN	112	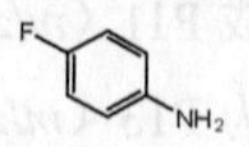

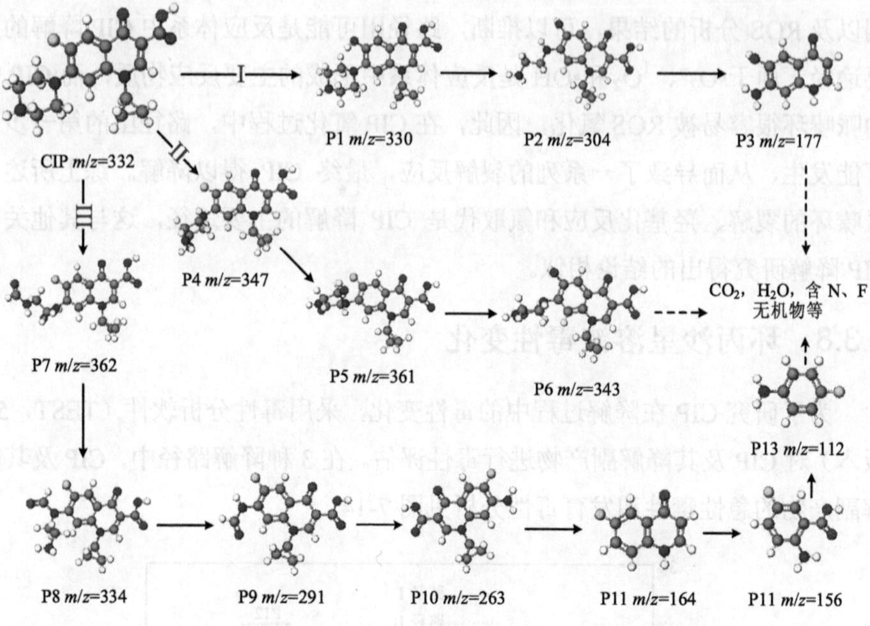

图 7-13 DBDP/Cu-CeO₂-CA 协同体系中 CIP 的 3 种可能降解路径

路径Ⅰ：首先 CIP 中的氟被羟基取代形成了产物 P1（m/z 330），随后，P1 中喹诺酮环的哌嗪环、环丙基和羧基发生氧化裂解，形成产物 P2（m/z 304）和 P3（m/z 177）。

路径Ⅱ：此路径主要归因于喹诺酮环的羟基化。CIP 的喹诺酮类环首先遭到羟基自由基的攻击，产生 P4（m/z 348）；P4 和 F/OH 取代物的进一步羟基化可生成 P5（m/z 362），随后通过脱羧反应形成 P6（m/z 334）。

路径Ⅲ：首先，CIP 的哌嗪环被 ROS（$\cdot O_2^-$、$^1O_2$）氧化，形成酰胺 P7（*m*/*z* 362），随后"—CO"基团的丢失产生 P8（*m*/*z* 334），紧接着"$CH_2CH_2NH_2$"基团的丢失产生 P9（*m*/*z* 291）；P9 脱碳生成 P10（*m*/*z* 263），随后失去氨基、环丙基生成 P11（*m*/*z* 164）；P11 经喹诺酮环裂解转化为 P12（*m*/*z* 156），再经脱羧转化为 P13（*m*/*z* 112）。

最终，在这些降解路径中产生的中间体被进一步裂解成小分子化合物，或直接矿化成 CO_2、水和含有 N 和 F 的无机分子，根据对 3 种降解途径的推测以及 ROS 分析的结果，可以推断，路径Ⅲ可能是反应体系中 CIP 降解的主要途径。由于$\cdot O_2^-$、$^1O_2$ 和$\cdot OH$ 是反应体系中形成的主要反应物质，而 CIP 中的哌嗪环很容易被 ROS 氧化，因此，在 CIP 氧化过程中，路径Ⅲ的第一步最可能发生，从而导致了一系列的裂解反应，最终 CIP 得以降解。综上所述，哌嗪环的裂解、羟基化反应和氟取代是 CIP 降解的主要途径，这与其他关于 CIP 降解研究得出的结论相似。

7.3.8 环丙沙星溶液毒性变化

为了研究 CIP 在降解过程中的毒性变化，采用毒性分析软件（TEST，5.1 版本）对 CIP 及其降解副产物进行毒性评估。在 3 种降解路径中，CIP 及其降解副产物的急性毒性和发育毒性分析见图 7-14。

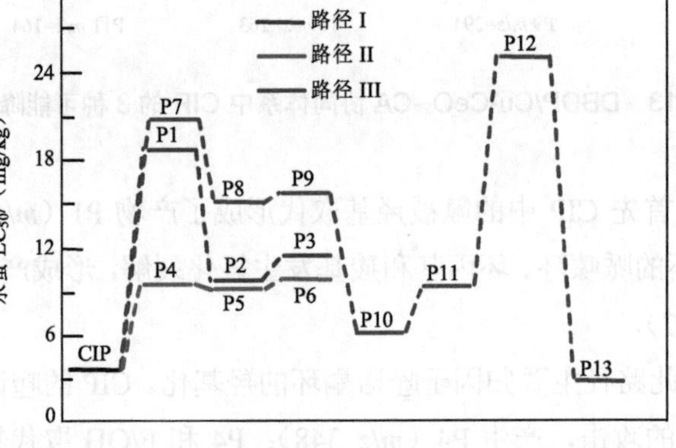

（a）急性毒性

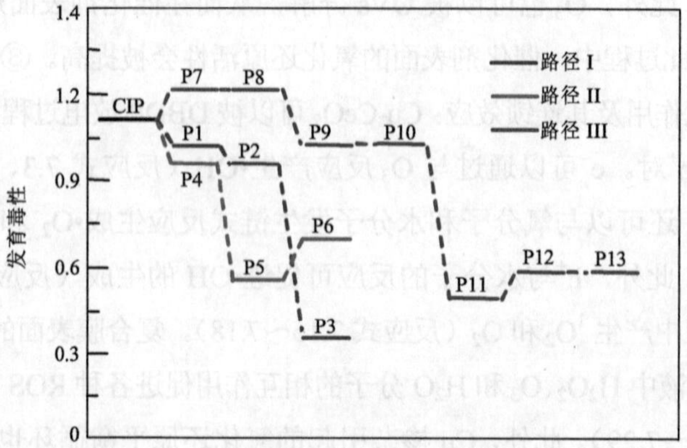

（b）发育毒性

图 7-14　CIP 及其降解副产物的毒性分析

从图 7-14（a）中可以看出，路径Ⅰ和路径Ⅱ产生的所有降解副产物以及路径Ⅲ产生的大部分副产物的急性毒性都得到降低，只有路径Ⅲ中形成的 P13 的毒性高于 CIP，但 P13 的发育毒性却低于 CIP［图 7-14（b）］。此外，虽然 P7 和 P8 的发育毒性较高，但其进一步降解的副产物（P9～P13）的发育毒性要低于 CIP。综上所述，CIP 溶液经过 DBDP/Cu-CeO_2-CA 复合膜协同体系处理后的总体毒性降低。

7.3.9　循环式 DBDP 协同 Cu-CeO_2-CA 复合膜降解环丙沙星的机理分析

基于前文的研究结果和分析，本节对 DBDP/Cu-CeO_2-CA 复合膜协同体系中 CIP 的降解机理进行了总结，如图 7-15 所示。DBDP 在放电时可以诱导多种强氧化性自由基和分子的形成，它们在促进 CIP 氧化降解的过程中起着重要作用。在将 Cu-CeO_2-CA 复合膜加入至 DBDP 体系后，以下催化过程可能会被触发：①CeO_2 的催化作用：Ce^{3+}诱导 O_3 分解促进•OH 的生成（反应式 7.5～7.7），并相应地在协同系统中产生 $^1O_2$ 和•O_2^-（反应式 7.15～7.18）。②Cu-CeO_2 的复合催化作用：掺杂铜的氧化铈可以产生高密度的 OVs 和化学吸附位点，OVs 可以促进 Ce^{3+}向 Ce^{4+}的转变，并在转化过程中产生•O_2^-和 H_2O_2（反应式

7.11～7.13）。此外，O_3也可以被 OVs 分解，从而在催化剂表面形成•O（反应式 7.19），在此过程中，催化剂表面的氧化还原活性会被提高。③Cu-CeO_2不可忽视的光催化作用及其连锁效应：Cu-CeO_2可以被 DBDP 放电过程产生的光子激发，形成 e^--h^+对。e^-可以通过与 O_3反应产生•OH（反应式 7.3、反应式 7.4、反应式 7.7），还可以与氧分子和水分子发生链式反应生成•O_2^-和•OH（反应式 7.20～7.23）。此外，h^+与水分子的反应可促进•OH 的生成（反应式 7.24），并在后续的反应中产生 $^1O_2$和 O_2（反应式 7.15～7.18）。复合膜表面的 Ce^{3+}、Cu^+和 Cu^{2+}通过与溶液中 H_2O_2、O_3和 H_2O 分子的相互作用促进各种 ROS 的生成和转化（反应式 7.25～7.29）。此外，Cu 掺杂引起的氧化还原平衡循环也能促进 Cu 和 Ce 离子的形成（反应式 7.30），而形成的 Cu^{2+}能进一步捕获 e^-（反应式 7.31），从而抑制 e^-、h^+复合。综上所述，上述 3 个过程的结合促成了 DBDP/Cu-CeO_2-CA 复合膜协同体系中 CIP 的降解。循环式 DBDP/Cu-CeO_2-CA 复合膜协同体系中的上述 3 种复合催化过程促进了反应体系内 CIP 的深度降解和矿化。相关反应式如下：

$$O_3 + OVs \longrightarrow O_2 + \bullet O \tag{7.19}$$

$$e_{CB}^- + O_2 \longrightarrow \bullet O_2^- \tag{7.20}$$

$$\bullet O_2^- + H_2O \longrightarrow \bullet OH + \bullet HO_2 \tag{7.21}$$

$$\bullet HO_2 + H_2O \longrightarrow \bullet OH + H_2O_2 \tag{7.22}$$

$$H_2O_2 \longrightarrow 2\bullet OH \tag{7.23}$$

$$h_{VB}^+ + H_2O \longrightarrow \bullet OH + H^+ \tag{7.24}$$

$$Ce^{3+} + H_2O_2 \longrightarrow Ce^{3+}(OH)_2 \tag{7.25}$$

$$Ce^{3+}(OH)_2 + O_3 \longrightarrow Ce^{3+} - OOH + \bullet HO_3 \tag{7.26}$$

$$Ce^{3+} - OOH \longrightarrow Ce^{4+} + \bullet O_2^- + \bullet OH \tag{7.27}$$

$$Cu^{2+} + H_2O \longrightarrow Cu^+ + \bullet OH + H^+ \tag{7.28}$$

$$Cu^{+} + H_2O_2 \longrightarrow Cu^{2+} + \bullet OH + OH^{-} \tag{7.29}$$

$$Ce^{4+} + Cu^{+} \longleftrightarrow Ce^{3+} + Cu^{2+} \tag{7.30}$$

$$Cu^{2+} + e^{-}_{CB} \xrightarrow{\text{捕收}} Cu^{+} \tag{7.31}$$

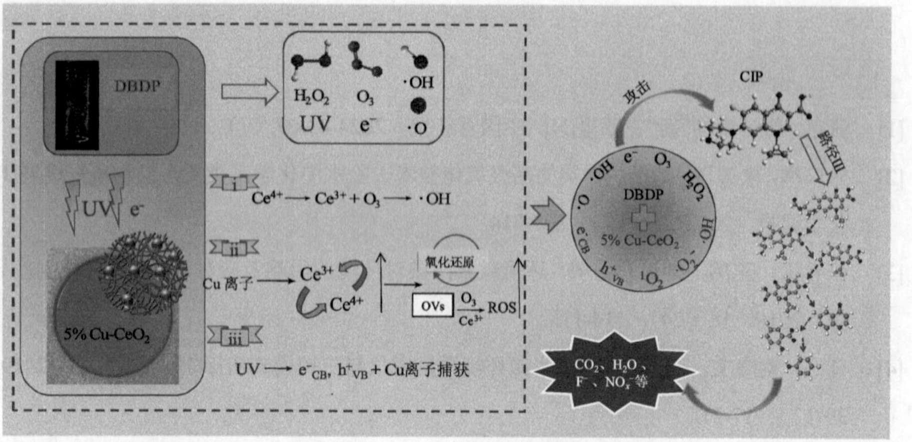

图 7-15 DBDP/Cu-CeO₂-CA 复合膜协同降解 CIP 的机理

参考文献

[1] 张艺. 新污染物“新”在哪里[N]. 中国青年报，2024-03-07（7）.

[2] 朱广举，朱志良，基于生物炭的高级氧化技术去除水中化学品类新污染物研究进展[J]. 化学通报，2023，86（7）：807-814.

[3] 张春玉，王然，胡競丹，等. 环境激素污染对环境的影响及应对策略[J]. 科技创新导报，2019，16（24）：114-115.

[4] 任杰，刘晓文，李杰. 饮用水水源环境激素现状与防控模式初探[J]. 现代化工，2019，39（7）：17-21.

[5] Van E E，Wittekoek B，Kuijper E J，et al. DNA replication proteins as potential targets for antimicrobials in drug-resistant bacterial pathogens[J]. Journal of Antimicrobial Chemotherapy，2017，72（5）：1275-1284.

[6] 郭春晓. 微波无极紫外光灯直接光降解去除水中抗生素恩诺沙星机理研究[D]. 北京交通大学，2017.

[7] Huang F Y，Chen L P，Zhang C，et al. Prioritization of antibiotic contaminants in China based on decennial national screening data and their persistence，bioaccumulation and toxicity[J]. Science of The Total Environment，2022，806：150636.

[8] Wu Y Q，Chen Z Q，Wen Q X，et al. Mechanism concerning the occurrence and removal of antibiotic resistance genes in composting product with ozone post-treatment[J]. Bioresource Technology，2021，321：124433.

[9] Tang S F，Yuan D L，Rao Y D，et al. Persulfate activation in gas phase surface discharge plasma for synergetic removal of antibiotic in water[J]. Chemical Engineering Journal，2018，337：446-454.

[10] 郭贺. 脉冲放电等离子体-活性炭联合降解水体中有机污染物的研究[D]. 镇江：江苏

大学，2016.

[11] 张美华，蒲富永. 聚铁絮凝处理淀粉废水的试验研究[J]. 重庆环境科学，1996，18（02）：28-30.

[12] 赵若尘，周黎，姚阔为. 染料废水处理工程实例[J]. 环境科学与管理，2007，32（04）：110-112.

[13] 张林生，蒋岚岚. 染料废水的混凝脱色特性及机理分析[J]. 东南大学学报：自然科学版，2000，30（4）：72-76.

[14] 亓丽丽. 非均相臭氧催化氧化对氯苯酚机理研究及其工艺应用[D]，哈尔滨工业大学，2013.

[15] Trapido M，Veressinina Y，Munter R. Ozonation and advanced oxidation processes of polycyclic aromatic hydrocarbons in aqueous solution：A kinetic study[J]. Evironmental Technology，1995，16（18）：729-740.

[16] 许芝. 臭氧氧化难生化降解有机物的研究[J]. 大连铁道学院学报，2011，22（04）：82-86.

[17] 郭晶晶，陈建中. Fenton 试剂在废水处理中的应用研究[J]. 西南给排水，2008，30（05）：26-28.

[18] 唐世刚. 二氧化氯对苯酚废水处理的研究[J]. 安徽农业科学，2007，35（13）：3943-3973.

[19] 金小元，陈金龙，李爱民，等. 二氧化氯催化氧化处理含酚废水的研究[J]. 离子交换与吸附，2003，19（01）：61- 66.

[20] 丁浩. 高锰酸钾氧化水中典型二级芳香胺类污染物动力学与机理[D]. 哈尔滨工业大学，2013.

[21] 蔡东鸣，李圭白. 高锰酸钾去除水中染料色度的研究[J]. 哈尔滨理工大学学报，2004，09（04）：130-133.

[22] 李国亭，郭宇杰，汪宁改，等. 紫外光协助高锰酸钾降解四环素的研究[J]. 环境工程学报，2010，04（15）：1013-1016.

[23] 刘敏敏，吴云海，杨 凤. 生物活性炭处理废水中有机物的研究探讨[J]. 江苏环境科学，2006，19（6）：40-42.

[24] Bolto B，Dixon D，Eldridge R，et al. Removal of THM precursors by coagulation or ion exchange[J]. Water Research，2002，36（20）：5066-5073.

[25] 周岩梅，张琼，汤鸿霄. 多环芳烃类有机物在腐殖酸上的吸附行为研究[J]. 环境科学

学报，2010，30（08）：1564 -1571.

[26] 万辉，黄德英，蔡源，等. BF4 离子液体萃取酚类化合物的研究[J].高校化学工程学报，2008，22（01）：162-165.

[27] 卢卫国，孙立伟，王淑豪，等. 离子交换法分离提取谷氨酸转化液中的γ-氨基丁酸[J]. 精细化工，2009，26（08）：776-780.

[28] 陈 卫，韩志刚，刘成，等. 磁性离子交换树脂对原水中有机物去除效能的研究[J]. 中国环境科学，2009，29（07）：707-712.

[29] 李碧柳. 电渗析法处理苯胺废水[D]. 北京化工大学，2011.

[30] 雷智平. 双极膜电渗析技术处理氨基酸废水的研究[D]. 太原理工大学，2003.

[31] 仲惟雷，彭立新，余锋智等. 反渗透技术在印染废水回用中的应用[J]. 工业水处理，2012，32（07）：87-89.

[32] 曾杭成，张国亮，孟琴等. 超滤/反渗透双膜技术深度处理印染废水[J]. 环境工程学报，2008，2（08）：1021-1025.

[33] 刘可. 超滤膜法微污染原水处理技术研究[D]. 青岛理工大学，2008.

[34] 马立艳. 超滤法处理含油废水技术研究[D].长安大学，2004.

[35] 官宝红. 活性污泥处理碱减量印染废水的研究[D]. 浙江大学，2001.

[36] 林伟雄，孙水裕，黄绍松，等. 生物膜法处理硫化铅锌矿尾矿库外排废水. 环境工程学报，2014，08（10）：67-71.

[37] Razo-Flores E，Luijten M，Donlon B，et al. Biodegradation of selected azo dyes under methanogenic conditions[J]. Water Science and Technology，1997，36（06）：65-72.

[38] Frijters C, Vos R H, Scheffer G, et al. 厌氧-好氧法处理漂白和染色废水[J]. 印染，2005，31（02）：47-51.

[39] 毕学军，高廷耀. 缺氧/厌氧/好氧工艺的脱氮除磷研究[J]. 上海环境科学，1999，18（01）：19-21.

[40] 李亚峰，李进，姚敬博. 多级厌氧，好氧，缺氧交替 SBR 工艺脱氮除磷试验启动研究[J]. 沈阳建筑大学学报 (自然科学版)，2009，25（02）：316-319.

[41] 王慧娟. 脉冲放电等离子体—流光光催化协同降解水中典型有机污染物[D]. 大连：大连理工大学，2007.

[42] 张会会. 介质阻挡放电等离子体协同 Fe_3O_4-MnO_2-醋酸纤维素膜降解磺胺甲恶唑效果

及机理研究[D]. 镇江：江苏大学，2023.

[43] Urbano V R，Maniero M G，Pérez-Moya M，et al. Influence of pH and ozone dose on sulfaquinoxaline ozonation[J]. Journal of Environmental Management，2016，195（part 2）：224-231.

[44] Vassilakis C，Pantidou A，Psillakis E，et al. Sonolysis of natural phenolic compounds in aqueous solutions: degradation pathways and biodegradability[J]. Water Research，2004，38（13）：3110-3118.

[45] 彭晓云，冯流，刘路. 超声/Fenton 试剂氧化耦合处理染料废水[J]. 北京化工大学学报（自然科学版），2007，34（2）：122-125.

[46] Ragaini V，Selli E，Bianchi C L，et al. Sono-photocatalytic degradation of 2-chlorophenol in water: kinetic and energetic comparison with other techniques[J]. Ultrasonics Sonochemistry，2001，8（03）：251-258.

[47] 官赟赟，顾锡慧，雷太平，等. 两段超声波技术对丙烯酸废水的降解处理试验[J]. 净水技术，2017，36（6）：86-90.

[48] Zhou X J，Guo W Q，Yang S S，et al. Ultrasonic-assisted ozone oxidation process of triphenylmethane dye degradation: evidence for the promotion effects of ultrasonic on malachite green decolorization and degradation mechanism[J]. Bioresour Technol，2013，128（1）：827-830.

[49] Joglekar H S，Samant S D，Joshi J B. Kinetics of wet air oxidation of phenol and substituted phenols[J]. Water Research，1991，25（02）：135-145.

[50] Hua L, Ma H, Zhang L. Degradation process analysis of the azo dyes by catalytic wet air oxidation with catalyst CuO/γ-Al2O3[J]. Chemosphere，2013，90（02）：143-149.

[51] Bermejo M D，Cocero M J. Destruction of an industrial wastewater by supercritical water oxidation in a transpiring wall reactor[J]. Journal of Hazardous Materials，2006，137（02）：965-971.

[52] Lee S H，Park K C，Mahiko T，et al. Supercritical water oxidation of polychlorinated biphenyls based on the redox reactions promoted by nitrate and nitrite salts[J]. The Journal of Supercritical Fluids，2006，39（01）：54-62.

[53] 沈舟. ZnO/醋酸纤维素膜催化多电极并联 DBD 等离子体降解磺胺嘧啶效果与机理研

究[D]. 镇江：江苏大学，2022.

[54] Zhang X L，Shi P H，Zhao W B，et al. Research on methylene blue degradation based on multineedle-to-plane liquid dielectric barrier discharge mode[J]. Separation and Purification Technology，2022，286：120476.

[55] Sang W J，Cui J Q，Feng Y J，et al. Degradation of aniline in aqueous solution by dielectric barrier discharge plasma: Mechanism and degradation pathways[J]. Chemosphere, 2019, 223: 416-424.

[56] Hafeez A, Javed F, Fazal T, et al. Intensification of ozone generation and degradation of azo dye in non-thermal hybrid corona-DBD plasma micro-reactor[J]. Chemical Engineering and Processing-Process Intensification, 2021, 159: 108205.

[57] Tang S F，Yuan D L，Rao Y D，et al. Evaluation of antibiotic oxytetracycline removal in water using a gas phase dielectric barrier discharge plasma[J]. Journal of Environmental Management，2018，226：22-29.

[58] Hu X Y，Wang B W. Removal of pefloxacin from wastewater by dielectric barrier discharge plasma: Mechanism and degradation pathways[J]. Journal of Environmental Chemical Engineering，2021，9：105720.

[59] Zhao L X，Sun Y B，Qiu R，et al. Application of liquid film dielectric barrier discharge plasma reactor in the degradation of rhodamine B: Performance optimization, mechanism and pathways[J]. Journal of Water Process Engineering，2022，50：103231.

[60] Zhang X L，Shi P H，Zhao W B，et al. Research on methylene blue degradation based on multineedle-to-plane liquid dielectric barrier discharge mode[J]. Separation and Purification Technology，2022，286：120476.

[61] Liu Y N，Wang C H，Shen X，et al. Degradation of glucocorticoids in aqueous solution by dielectric barrier discharge: Kinetics, mechanisms，and degradation pathways[J]. Chemical Engineering Journal，2019，374：412-428.

[62] 岳维明，黄俊，刘思奇. 介质阻挡等离子体液中放电降解盐酸四环素影响因素探究[J]. 广东化工，2022，49（22）：60-63.

[63] Hu S，Liu X，Xu Z，et al. Degradation and mineralization of ciprofloxacin by gas-liquid discharge non-thermal plasma [J]. Plasma Science & Technology，2019，21（2）：015501.

[64] Kim K .S，Yang C.S，Mok Y. S. Degradation of veterinary antibiotics by dielectric barrier discharge plasma[J]. Chemical Engineering Journal，2013，219：19-27.

[65] Wang X J, Xu P, Yang C Y, et al. Removal of 4-fluorophenol by dielectric barrier discharge plasma in three different structures: Comparison, optimization and mechanism[J]. Journal of Environmental Chemical Engineering，2021，9（2）：105160.

[66] He Y，Wang L，Chen Z，et al. Catalytic ozonation for metoprolol and ibuprofen removal over different MnO_2 nanocrystals: Efficiency, transformation and mechanism[J]. Science of the Total Environment，2021，785：147328.

[67] Lin Q，Peng H，Xie W，et al. Evaluation catalytic performance of Ag/TiO_2 in dielectric barrier discharge plasma[J]. Vacuum，2022，197：110844.

[68] Wang L，Yu Z，Peng Z，et al. Catalytic Properties of TiO_2/Fe_3O_4 nanoparticles in plasma chemical treatment [J]. Russian Journal of Physical Chemistry A，2016，90（4）：777-782.

[69] Nian P，Peng L，Feng J，et al. Aqueous methylparaben degradation by dielectric barrier discharge induced non-thermal plasma combined with ZnO-rGO nanosheets[J]. Separation and Purification Technology，2018，211：832-842.

[70] 闫欣，依成武，毛丹妮，等. 纳米氧化锌协同介质阻挡放电等离子体降解双酚 A[J]. 环境工程学报，2021，15（1）：152-161.

[71] 闫欣. 纳米金属氧化物催化介质阻挡放电等离子体降解双酚 A 的研究[D]. 镇江：江苏大学，2020.

[72] 胡坤. 循环式 DBD 等离子体水处理体系耦合 $Cu\text{-}CeO_2$@醋酸纤维素膜降解典型抗生素的研究[D]. 镇江：江苏大学，2023.

[73] 董乾英，张保林，程亮，等. 纳米氧化锌的制备及应用研究[J]. 化工矿物与加工，2012，41（05）：34-38.

[74] Deka M K，Bailung H，Adhikary N C. Analysis of electron energy distribution function in a magnetically filtered complex plasma[J]. Chinese Physics B，2013，22（04）：324-329.

[75] Lukes P，Clupek M，Sunka P，et al. Degradation of phenol by underwater pulsed corona discharge in combination with TiO_2 photocatalysis[J]. Research on Chemical Intermediates，2005，31（4-6）：285-294.

[76] Guo H，Jiang N，Wang H，et al. Pulsed discharge plasma induced WO_3 catalysis for

synergetic degradation of ciprofloxacin in water: Synergetic mechanism and degradation pathway[J]. Chemosphere,，2019，230：190-200.

[77] Ghezzar M R，Abdelmalek F，Belhadj M，et al. Enhancement of the bleaching and degradation of textile wastewaters by Gliding arc discharge plasma in the presence of TiO_2 catalyst[J]. Journal of hazardous materials，2009, 164（2-3）：1266-1274.

[78] 毛丹妮. 介质阻挡放电等离子体联合石墨烯-WO_3复合催化剂降解水体典型环境激素的研究[D]. 镇江：江苏大学，2021.

[79] Nian P，Peng L，Feng J，et al. Aqueous methylparaben degradation by dielectric barrier discharge induced non-thermal plasma combined with ZnO-rGO nanosheets[J]. Separation and Purification Technology，2018，211：832-842.

[80] Guo H，Jiang N，Wang H，et al. Pulsed discharge plasma assisted with graphene-WO_3 nanocomposites for synergistic degradation of antibiotic enrofloxacin in water[J]. Chemical Engineering Journal，2019，372：226-240.

[81] Zhang G，Sun Y，Zhang C，et al. Decomposition of aceta minophen in water by a gas phase dielectric barrier discharge plasma combined with TiO_2-rGO nanocomposite: Mechanism and degradation pathway - ScienceDirect[J]. Journal of Hazardous Materials，2017，323（B）:719-729.

[82] Li S，Chen H，Wang X，et al. Catalytic degradation of clothianidin with graphene/TiO_2 using a dielectric barrier discharge (DBD) plasma system[J]. Enviro nmental Science and Pollution Research，2020，27（23）：29599-29611.

[83] Chen H，Wang J. Catalytic ozonation of sulfamethoxazole over Fe_3O_4/Co_3O_4 composites[J]. Chemosphere，2019，234：14-24.

[84] 李元卿. 二氧化锰及其复合毫米球催化臭氧化降解水中药物研究[D]. 兰州大学，2022.

[85] Xu J，Li Y，Qian M，et al. Amino-functionalized synthesis of MnO_2-NH_2-GO for catalytic ozonation of cephalexin[J]. Applied Catalysis B：Environmental，2019，256：117797.

[86] Ponnusamy G，Farzaneh H，Tong Y，et al. Enhanced catalytic ozonation of ibuprofen using a 3D structured catalyst with MnO_2 nanosheets on carbon microfibers[J]. Scientific Reports，2021，11（1）：85651-2.

[87] Xia P，Zhu B，Cheng B，et al. 2D/2D g-C_3N_4/MnO_2 Nanocomposite as a Direct Z-Scheme

Photocatalyst for Enhanced Photocatalytic Activity[J]. ACS Sustainable Chemistry & Engineering，2017，6（1）：965-973.

[88] Wang M，Shen M，Zhang L，et al. 2D-2D MnO_2/g-C3N4 heterojunction photocatalyst: In-situ synthesis and enhanced CO_2 reduction activity[J]. Carbon，2017，120：23-31.

[89] 李欣然，李震彪，何孟兵. 同轴式 DBD 水处理技术用于有机废水处理的研究进展[J]. 应用化工，2020，49（10）：2662-2669.

[90] Jiang Y，Ran J B，Mao K，et al. Recent progress in Fenton/Fenton-like reactions for the removal of antibiotics in aqueous environments[J]. Ecotoxicology and Environmental Safety，2022，236：113464.

[91] Kim S H，Seo J，Hong Y，et al. Construction of an underwater plasma and Fenton hybrid system for the rapid oxidation of organic dyes and antibiotics[J]. Journal of Water Process Engineering，2023，52：103519.

[92] Guo H，Li Z，Zhang Y，et al. Degradation of chloramphenicol by pulsed discharge plasma with heterogeneous Fenton process using Fe_3O_4 nanocomposites[J]. Separation and Purification Technology，2020，253：117540.

[93] Zhang H，He Y，Lai L，et al. Catalytic ozonation of Bisphenol A in aqueous solution by Fe_3O_4-MnO_2 magnetic composites: Performance, transformation pathways and mechanism[J]. Separation and Purification Technology，2020，245：116449.

[94] Nawaz F，Xie Y，Xiao J，et al. Insights into the mechanism of phenolic mixture degradation by catalytic ozonation with a mesoporous Fe_3O_4/MnO_2 composite[J]. RSC Advances，2016，6（35）：26974-29684.

[95] Pan X H，Cheng S Y，Su T，et al. Fenton-like catalyst Fe_3O_4@polydopamine-MnO_2 for enhancing removal of methylene blue in wastewater[J]. Colloids and Surfaces B: Biointerfaces，2019，181：226-233.

[96] Khan S. A，Khan N，Irum U，et al. Cellulose acetate-Ce/Zr@CuO catalyst for the degradation of organic pollutant[J]. International Journal of Biological Macromolecules，2020，153：806-816.

[97] Peng R，Zhang H，Gui L，et al. Facile Synthesis of MnO_2@Cellulose Composite Film[J]. Environmental Engineering Science，2019，36（5）：583-588.

[98] Li H P，Liu J X，Wang C，et al. Oxygen vacancies-enriched and porous hierarchical structures of ZnO microspheres with improved photocatalytic performance[J]. Vacuum，2022，199：110891.

[99] Nejman E K，Wojnarowicz J，Morawski A W，et al. Size-dependent effects of ZnO nanoparticles on the photocatalytic degradation of phenol in a water solution[J]. Applied Surface Science，2021，541：148416.

[100] Aldeen T S，Mohamed H E A，Maaza M. ZnO nanoparticles prepared via a green synthesis approach: Physical properties, photocatalytic and antibacterial activity[J]. Journal of Physics and Chemistry of Solids，2022，160：110313.

[101] Rodwihok C，Charoensri K，Wongratanaphisan D，et al. Improved photocatalytic activity of surface charge functionalized ZnO nanoparticles using aniline[J]. Journal of Materials Science & Technology，2021，76：1-10.

[102] Ali H，Hajir K，Javad F，et al. Heterogeneous photoelectro-Fenton using ZnO and TiO_2 thin film as photocatalyst for photocatalytic degradation Malachite Green[J]. Applied Surface Science Advances，2021，6：100126.

[103] Yan X,，Yi C W，Wang Y H，et al. Multi-catalysis of nano-zinc oxide for bisphenol A degradation in a dielectric barrier discharge plasma system: Effect and mechanism[J]. Separation and Purification Technology，2020，231：115897.

[104] Nian P，Peng L，Feng J W，et al. Aqueous methylparaben degradation by dielectric barrier discharge induced non-thermal plasma combined with ZnO-rGO nanosheets[J]. Separation and Purification Technology，2019，211：832-842.

[105] Rajeswari A，Vismaiya S，Pius A. Preparation, characterization of nano ZnO-blended cellulose acetate-polyurethane film for photocatalytic degradation of dyes from water[J]. Chemical Engineering Journal，2017，313: 928-937.

[106] Zhao X Y，Wu Q，Huang C，et al. Highly efficient separation film based on cellulose acetate/chitosan fibrous composite substrate with activated carbon functional adsorption layer[J]. Journal of Chemical Technology and Biotechnology，2021，96（3）：672-679.

[107] Khan S A，Khan S，Farooq，A，et al. A facile synthesis of CuAg nanoparticles on highly porous ZnO/carbon black-cellulose acetate sheets for nitroarene and azo dyes reduction/

degradation[J]. International Journal of Biological Macromolecules，2019，130：288-299.

[108] Wang S Y，Dai X H，Wang C J，et al. Highly flexible and stable carbon nitride/cellulose acetate porous films with enhanced photocatalytic activity for contaminants removal from wastewater [J]. Journal of Hazardous Materials，2020，384：121417.

[109] Zhang S，Zhao C，Liu Y，et al. Cu doping in CeO_2 to form multiple oxygen vacancies for dramatically enhanced ambient N-2 reduction performance [J]. Chemical Communications，2019，55（20）：2952-2955.

[110] Ranjith K S，Dong C L，Lu Y R，et al. Evolution of Visible Photocatalytic Properties of Cu-Doped CeO_2 Nanoparticles: Role of Cu^{2+} Mediated Oxygen Vacancies and the Mixed Valence States of Ce Ions[J]. Acs Sustainable Chemistry & Engineering，2018，6（7）：8536-8546.

